地球温室效应与温室气体减排：以畜禽废物沼气化为例

黄兰椿　编著

中山大學出版社
SUN YAT-SEN UNIVERSITY PRESS
·广州·

图书在版编目（CIP）数据

地球温室效应与温室气体减排：以畜禽废物沼气化为例/黄兰椿编著 . —广州：中山大学出版社，2020.11
ISBN 978-7-306-07006-7

Ⅰ.①地…　Ⅱ.①黄…　Ⅲ.①温室效应—有害气体—大气扩散—污染防治—研究　Ⅳ.①X511

中国版本图书馆 CIP 数据核字（2020）第 206532 号

DIQIU WENSHI XIAOYING YU WENSHI QITI JIANPAI：YI CHUQIN FEIWU ZHAOQIHUA WEILI

出 版 人：王天琪
策划编辑：曾育林
责任编辑：梁嘉璐
封面设计：曾　斌
责任校对：袁双艳
责任技编：何雅涛
出版发行：中山大学出版社
电　　话：编辑部 020-84110771，84113349，84111997，84110779
　　　　　发行部 020-84111998，84111981，84111160
地　　址：广州市新港西路 135 号
邮　　编：510275　　传　　真：020-84036565
网　　址：http：//www.zsup.com.cn　E-mail：zdcbs@mail.sysu.edu.cn
印 刷 者：广州市友盛彩印有限公司
规　　格：787mm×1092mm　1/16　12.5 印张　283 千字
版次印次：2020 年 11 月第 1 版　2020 年 11 月第 1 次印刷
定　　价：40.00 元

内容简介

本书第1编系统地介绍了各种气候效应、温室气体以及地球碳循环的特点，阐述了地质历史时期、人类历史时期及近代的气候变化特征，探讨了在这三个时间尺度上影响气候变化的因素，归纳了温室效应的危害及其应对措施；第2编以广东省畜禽废物沼气化为例，以实例详细分析了畜禽污水处理工艺，并利用收集的数据分析了广东省的沼气池空间分布情况，探讨影响沼气池空间分布的因素，同时对大型沼气厂开展沼气工程的收益进行了分析，阐明畜禽废物沼气化的减排效果。本书既具有理论性，也有实用性，可作为地球科学与环境科学相关专业的教材或参考书，也适用于从事环境保护、地球科学、环境科学研究工作的人员阅读。

本书的研究成果在贵州省教育厅青年科技人才成长项目（黔教合KY字〔2017〕280）及贵州省安顺学院院士工作站开放基金项目（黔科合平台人才〔2016〕5602－NO.5）的支持下完成。

前　言

地球环境与人类生存息息相关，温室效应及由此引起的全球气候变暖问题已经成为人类关注的热点问题。对地质历史时期气候变化的研究发现，气候变暖与空气中二氧化碳含量升高并不总是相吻合，地球上的气候的变化呈现波浪式，冷暖干湿相互交替，变化的周期长短不一。20世纪以来，人为活动造成大气中温室气体的浓度不断增加，现代工业社会大量燃烧煤炭、石油和天然气，这些燃料燃烧后排放的大量的二氧化碳进入大气，工业、农业等生产过程中产生的甲烷、氧化亚氮、氢氟碳化物、全氟化碳、氯氟烃和六氟化硫等温室气体也大量进入大气。这些温室气体使太阳辐射到地球上的热量大部分无法向外层空间发散，导致地球气候变暖。目前，学界主流观点认为，短时间尺度上的全球气候变暖主要是由温室气体的增加引起的。排放到大气中的温室气体含量持续升高，导致全球气候变暖及洪灾、旱灾等气候异常事件发生。我国作为《京都议定书》的签约国之一，积极应对气候变化，公布了《中国应对气候变化国家方案》，并且明确指出要大力节能减排，以应对温室气体增加导致的全球气候变暖现象。

农业对全球温室气体排放具有突出贡献。农业中的畜禽废物排放不仅会加剧全球气候变暖，还会对生态环境造成污染。多数畜禽养殖场废物仅经鱼塘初步处理后就排放到河流，其产生的污水、固体粪便和废气会对环境造成严重的污染，污水经过厌氧分解产生含甲烷的气体，排入大气后会进一步加剧气候变暖。因此，畜禽废物的沼气化利用与温室气体减排是本书研究的重点。本书将广东省畜禽废物沼气化作为研究案例，分析影响该地区沼气化的因素，计算沼气工程带来的效益及温室气体的减排效果。

本书分为2编，共11章，第1编包括第1章至第5章，第2编包括第6章至第11章。

本书第1编总结了前人对温室气体、气候效应及气候变化的研究工作。第1章系统描述了地球的气候效应，如温室效应、热岛效应、阳伞效应、城市干岛效应、城市湿岛效应和城市雨岛效应；第2章详细说明了温室气体种类及其吸收特征；第3章阐述了地质历史时期、人类历史时期及近代的气候变化特征，探讨了在这3个时间尺度上影响气候变化的因素；第4章总结了对温室效应贡献最大的二氧化碳气体中的碳元素在全球四大碳库中的储存方式，阐明了碳在四大碳库之间的循环方式；第5章指出温室效应的危害，并提出了应对措施。

本书第2编全面调查并分析了广东省畜禽养殖情况，对畜禽废水处理模式进行实地调研、采样，收集了广东省畜禽养殖及沼气池建设数量的数据，操作 SPSS 13.0、Origin 7.0、Arcview 3.2 等软件，应用多元统计分析、基尼系数及 BRT 指数，分析广东省农村户用沼气池的空间分布格局及其影响因素。第6章概述了畜禽废物沼气化的研究背景；第7章介绍了广东省畜禽养殖的污染情况；第8章对畜禽废物的污水处理工艺进行了简单介绍；第9章分析了广东省的沼气池空间分布数据，探讨影响沼气池空间分布的因素；第10章计算了畜禽废物沼气化的减排效应与大型沼气工程的收益；第11章总结第2编的主要研究结论，给出畜禽养殖管理与沼气建设发展的建议。

本书所涉及内容较多，外业和内业较为繁重。为此特别感谢中山大学地球科学与工程学院周永章教授，广东省生态环境与土壤研究所万洪富研究员、周建民研究员对本书的写作指导；感谢刘宇博士对本书第9章的指导；感谢侯梅芳教授和高杨博士对本书数据处理与制图的指导。

笔者从2009年开始从事温室效应与温室气体减排的研究，由于学术水平有限，研究深度尚需挖掘，且对书中所涉及的科学问题和分析计算存在诸多不足，书中错漏在所难免，恳请读者批评指正。

黄兰椿

2020年5月

目　录

第1编　地球气候变化与温室效应、温室气体的关系

第1编 地球气候变化与温室效应、温室气体的关系

第 1 章　地球的气候效应

1.1　温室效应

近 200 年来，人们是如何了解温室效应的呢？

1820 年之前，没有人研究过地球是如何获取热量的。1824 年，法国数学家 Fourier 主要研究热传递，他发表了论文《地球及其表层空间温度概述》，认为地球将大量的热量反射回太空，但大气层还是拦下了其中的一部分并将其重新反射回地球表面。他将此比作一个巨大的钟形容器，顶端由云和气体构成，能够保留足够的热量，使生命能够存在。他认为大气环境和温室玻璃内的环境条件非常相似，这也是温室效应得名的原因。此后，英国科学家 John Tyndall 在 1860 年测出二氧化碳（CO_2）和水汽对红外辐射的吸收率，大胆猜测了冰期的形成与大气中 CO_2 含量的减弱有关。这些研究说明人类已经开始注意到大气中的温室气体浓度变化与气候变化的关系。

1896 年 4 月，瑞典科学家 Svante Arrhenius 在《伦敦、爱丁堡、都柏林哲学与科学杂志》上发表题为《空气中碳酸对地面温度的影响》的论文，这是人类首次尝试量化大气 CO_2 浓度对地表温度的影响，是世界上第一次估算人为造成的全球温度的变化（Henning and Robert，1998）。据他估算，大气中 CO_2 浓度加倍将使地球的平均气温升高 5 ～ 6 ℃。1909 年，Wood 首次在大气 - 地球系统中使用“温室效应”（Greenhouse Effect）一词（Manabe，1997）。1940 年前后，G. S. Callendar 首次计算了化石燃料燃烧使大气中 CO_2 浓度增加而导致的气候变暖效应。1957 年，美国加利福尼亚斯克里普斯海洋研究所的 Roger Revelle 和 Hans Sues 发表的论文指出，CO_2 浓度的增加将会带来气候变暖的后果。同年，美国国家海洋和大气管理局（National Oceanic and Atmospheric Administration，NOAA）开始在夏威夷的莫纳罗亚火山进行大气中 CO_2 浓度值的观测。该火山高约 3400 m，位于太平洋的正中心，基本不受陆地上污染的影响，是观测大气自然状况的理想地点。他们的观测结果表明，近年来大气中 CO_2 的浓度值一直在直线上升。

1982 年，Kiuvinen 对生长于格陵兰的南部地区的桦木进行树木年轮分析，发现气温有升高的趋势。在遥感方面，1987 年，Goddard 空间站的科学家 James

Hamsen 综合研究和对比了卫星观测数据和地面资料，也认为近年来地球的迅速变暖是不容置疑的。1996 年，Jacoby 等人对蒙古国中西部高山林线附近的西伯利亚松的树木年轮进行分析，结果也表明不同时期的气温均有升高。1999 年，挪威南森环境和遥感中心的 Joan Nessen 等科学家利用卫星微波遥感数据研究了北冰洋上永久冰层的变化，结果表明，1978—1998 年，北冰洋永久冰层覆盖面积正以每 10 年减小 3% 的速度缩减，该数据还显示，这里的永久冰层面积和实际单位面积上的冰层平均厚度显著正相关，他们把这个结果视为全球气候变暖和温室效应增强的直接证据之一。

通过近 200 年的研究，科学家已经认识到地球大气的温室效应，并且认为地表温度是由接受外部能量和失去能量之间的平衡所决定的，大气在地球表层和地球外界能量交换的过程中起到了缓冲作用。据估计，温室效应使地表的温度增加了 30 ℃。大气中的各种气体对不同的辐射基本都有吸收能力，只是强弱有所不同。在这样的情况下，各种气体都会暂时保存地表的热量散失，或者阻挡一部分太阳辐射到达地表。地表大气的存在对地表热量的散失起到了减缓作用。大气中温室气体对地表具有一定的增温性，但其增温效果会是什么样的趋势？据资料显示，增温效果以指数函数形式上升，且指数小于 1，并且有温室效应上限值。辐射一般是由高能向低能辐射，和热传递的过程一样，在自然状态下，由高温物体向低温物体进行热传递。当地表大气的温度超过地表温度时，大气就不再吸收地表辐射，会迅速把多余的热量向宇宙空间散射出去。在地表向宇宙空间发射长波辐射的过程中，大气是中间媒介，其储存的热量是地表热量与地外宇宙的中间值。

温室效应是如何形成的呢？根据物理学原理，自然界的任何物体都在向外辐射能量，物体热辐射的波长由该物体的绝对温度决定。温度越高，热辐射的强度越大，短波所占的比例越大；温度越低，热辐射的强度越低，长波所占的比例越大。大气层中存在水汽、CO_2 等强烈吸收红外线的气体成分，这些气体通过吸收红外辐射来使地球表面获得更多的热量，从而减少了散失到大气层以外的热量，地球表面的温度得以维持，这就是大气的温室效应。这些可以吸收红外辐射的气体被称为温室气体。温室气体吸收红外线的能力是由其本身分子结构所决定的，分子极性的强弱可以用偶极矩 $\boldsymbol{\mu}$ 来表示，分子的偶极矩发生振动才能产生可观测的红外吸收光谱，因此，拥有偶极矩的分子就是红外活性分子，而 $\Delta\boldsymbol{\mu}=\mathbf{0}$ 的分子振动不能产生红外振动吸收，这样的分子就是非红外活性分子。温室气体是拥有偶极矩的红外活性分子，因此具有吸收红外线和保存红外热能量的能力。这种能力能够改变大气的热平衡：吸收地球的红外辐射，引起近地面大气温度增高，近地面大气变暖会使地面蒸发增强，造成大气中的水汽增多，从而又会使近地面

大气对地球红外辐射的吸收进一步增强。如此相互作用，大气中温室气体增加的结果就是形成了无形的隔离区域，太阳辐射透过大气层到达地球表面后，被岩石、土壤等吸收，地球表面温度上升，同时地球表面物质向大气发射红外辐射，这些热量大部分无法向外层空间发散，造成温室效应。除温室效应外，太阳辐射、云和气溶胶、火山爆发、地表覆盖率等因素都可影响地气系统的能量平衡。

1.2　热岛效应

温室效应会使全球气候变暖，而局部地区的气候变暖情况也是存在的。比如，城市的温度会比周边郊区的温度更高，这种现象在 1833 年就被英国人 Lake Howard 发现并记录下来。由于城市建筑群密集，柏油路面和水泥路面比郊区的土壤、植被具有更大的吸热率和更小的比热容，因此，城市地区升温较快，并向四周和大气进行红外辐射，造成了同一时间段内，城区的温度普遍高于周围的郊区的温度，高温城区处于低温郊区包围之中，如同汪洋大海中的岛屿。这种现象被称为城市热岛效应，Manley 在 1958 年首次提出城市热岛效应的概念。

当天气晴朗无风时，城区温度与郊区温度的差值更大。例如，1984 年 10 月 22 日 20 时，上海天晴，风速 1.8 m/s，广大郊区的温度为 13 ℃左右，可一进入城区，气温陡然升高，等温线密集，气温梯度陡峻，老城区的温度为 17 ℃以上，好像一个“热岛”矗立在农村这一较凉的“海洋”之上。城市中人口密集区和工厂区温度最高，成为热岛中的“高峰”，又称为热岛中心。城中心的某中学的温度高达 18.6 ℃，比近郊的高出 5.6 ℃，比远郊的高出 6.5 ℃。类似此种强热岛在城市中的一年四季均可出现，尤以秋冬季节晴稳无风天气下出现频率最高。

世界上大大小小的城市，无论其纬度位置、海陆位置、地形起伏有何不同，都能观测到热岛效应。而其热岛强度又与城市规模、人口密度、能源消耗量和建筑物密度等密切相关。城市热岛的形成有多种因素，如下垫面因素、人为热和温室气体的排放。但在同一城市，在不同天气形势和气象条件下，热岛效应有时非常明显（晴稳、无风），有时则很微弱或不明显（大风、极端不稳定）。由于热岛效应经常存在，因此大城市城区的月平均和年平均气温经常高于附近郊区。城市热岛中心的温度一般比周围郊区的高 1 ℃左右，有时可达高 6 ～ 10 ℃。大城市散发的热量可以达到所接收的太阳能的 2/5，从而使城区的温度迅速升高。在城市热岛作用下，近地面产生由郊区吹向城区的热岛环流。城市热岛增强空气对流，空气中的烟尘提供了充足的水汽凝结核，故城区降水比郊区多。欧美许多大城市城区的降水量一般比郊区多 5% ～ 10% 。

城市热岛的水平分布表现在热岛出现在人口密集、建筑物密度大、工商业集中的地区。热岛的空间分布因高度的不同而有所差别，表现在白天城郊差别不明显，夜晚城郊热岛强度差别大，并且这种强度差别随高度的升高而下降，但到一定的高度又会出现“交叉”现象。

热岛强度随时间主要表现出两种周期性的变化，即日变化和年变化。在晴朗无风的天气下，日变化表现为夜晚强，白昼午间弱，最大值出现在晴朗无风的夜晚；年变化表现为秋冬季强，夏季弱。季节分布还与城市特点和气候条件有关，如北京是冬季最强，夏季最弱，春秋季居中。年均气温的城乡差值为 1 ℃左右，如北京为 0.7 ～1.0 ℃，上海为 0.5 ～1.4 ℃，洛杉矶为 0.5 ～1.5 ℃。

城市热岛强度不但有周期性变化，而且还有明显的非周期性变化。引起热岛强度非周期性变化的原因主要与当时的风速、云量、天气形势和低空气温直减率相关，主要表现为：风速越大，云量越多，天气形势越不稳定，低空气温直减率越大，热岛强度就越小，甚至不存在热岛；反之，热岛强度就越大。根据我国过去 50 年的年平均气温数据研究，城市热岛效应对年平均温度的影响主要包括 3 个方面，即年平均温度值升高、年际间温度差异下降和气候趋势的改变。我国热岛的平均强度不到 0.06 ℃，与全球的 0.05 ℃接近；也有研究认为，从 20 世纪 70 年代到 20 世纪 90 年代的 20 年里，热岛强度以每 10 年 0.1 ℃的速度上升，而珠江三角洲都市群热岛强度由 1983 年前的 0.1 ℃上升到 1993 年的 0.5 ℃；还有人估计城市化和土地利用性质的改变会使热岛强度以每个世纪 0.27 ℃的幅度上升。我国主要城市的热岛区域面积也随时间持续增加，如上海城市热岛区域面积由 20 世纪 80 年代的 100 km^2 增加到 20 世纪 90 年代的 800 km^2。

城市热岛可影响近地层温度层结，并达到一定高度。城市全天以不稳定层结为主，而乡村夜晚多逆温。水平温差的存在使城市暖空气上升，到一定高度向四周辐散，而附近乡村气流下沉，并沿地面向城市辐合，形成热岛环流（图 1 - 1），称为“乡村风”，这种流场在夜间尤为明显。城市热岛还在一定程度上影响城市空气湿度、云量和降水。对植物的影响表现为提早发芽和开花，推迟落叶和休眠。对居民生活和消费构成影响的主要是夏季高温天气下的热岛效应。为了降低室内气温和使室内空气流通，人们使用空调、电扇等电器，而这些都需要消耗大量的电力。气温升高还会加快光化学反应速度，使近地面大气中臭氧浓度增加，影响人体健康。此外，空气中的各种污染物在这种局地环流的作用下，聚集在城市上空，如果没有很强的冷空气，城市空气污染将会加重。

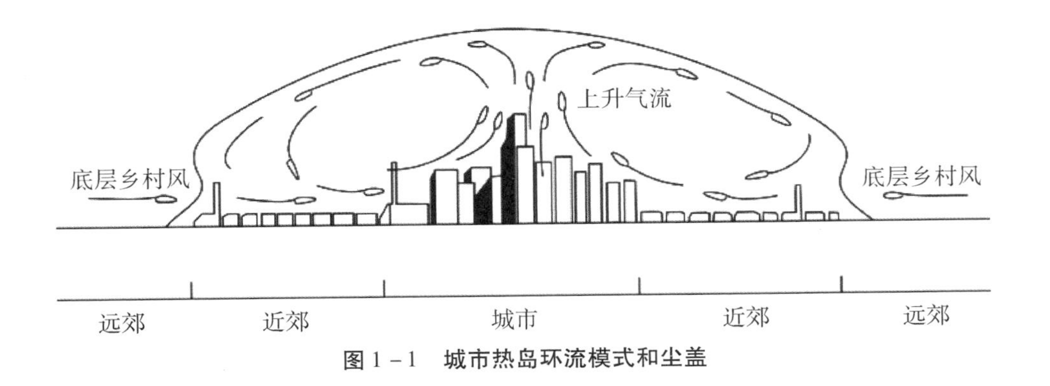

图 1－1　城市热岛环流模式和尘盖

城市热岛效应受到下垫面、人为热、温室气体、天气形势以及气象条件等因素影响。城市中除少量绿地外，绝大部分为人工铺砌的道路、广场建筑物和构筑物，其下垫面不透水面积远比郊区绿野大，降雨后，雨水很快从排水管道流失，因此其可供蒸发的水分比郊区少。城区在能量平衡中所获得的净辐射用于蒸发的潜热远比郊区少，而用于下垫面增温和向空气输送的显热则比郊区多，这就使城区下垫面温度比郊区高，形成“城市下垫面温度热岛”，并通过湍流交换和长波辐射使城区气温高于郊区。

城市下垫面的导热率和热容量及由此而计算出的热导都比郊区大，使城区下垫面的储热量显著高于郊区。城区白天储存热量多，夜晚地面降温比郊区慢，通过地－气热交换，城区气温比郊区高。城市中建筑物参差错落，形成许多高宽比不同的“城市街谷”。在白天太阳照射下，由于街谷中墙壁与墙壁间、墙壁与地面之间多次的反射和吸收，因此在其他条件相同的情况下，城区能比郊区获得更多的太阳辐射能。若墙壁和屋顶涂制较深的颜色，则其反射率会更小，吸收的太阳能将更多。此外，因为墙壁、屋顶和地面的建筑材料具有较大的导热率和热容量，所以“城市街谷”于日间吸收和储存的热能远比郊区多。在“城市街谷”中，底部长波辐射能的交换中的长波逆辐射值除了来自大气的逆辐射外，还有墙壁、屋檐等向下方的长波辐射，因此，其长波净辐射的热能损失就比郊区旷野小，再加上“城市街谷”中风速比较小，热量不易外散，这些都导致其温度高于郊区的温度。

工厂生产、交通运输以及居民生活都需要燃烧各种燃料，每天都在向外排放大量的热量。在中高纬度城市，特别是在冬季，城市中排放的大量人为热是热岛形成的一个重要因素。许多城市冬季热岛强度大于夏季，周一至周五热岛强度大于周末，即受此影响。城市中因能源消耗量大，排放至大气中的 CO_2 等温室气体远比郊区多，其增温效应很明显。城市中的机动车、工业生产以及居民生活，产生了大量的氮氧化物、CO_2 和粉尘等排放物。这些大气污染物浓度大，气溶胶微粒多，会吸收下垫面热辐射，在一定程度上起到了保温作用，产生温室效应，从而引起大气进一步升温。白天它大大地削弱了太阳直接辐射，城区升温减缓，有时可在城市产生“冷岛”效应；夜间它将大大减少城区地表有效长波辐射所造成的热量损耗，起到保温作用，使城区比郊区“冷却”得慢，形成夜间热岛现象。

稳定的、气压梯度小的天气形势有利于城市热岛的形成。在强冷锋过境时，即无热岛现象。当风速大、空气层结不稳定时，城郊之间空气的水平方向和垂直方向的混合作用强，城区与郊区间的温差不明显。一般情况是夜晚风速小，空气稳定度增大，热岛强度增强。当晴天无云时，城郊之间的反射率差异和长波辐射差异明显，有利于热岛的形成。

大量研究表明，城市植被、水体及湿地是城市生态系统中的重要组分，它们可减缓城市的环境压力，减轻热岛效应，最终实现城市生态系统的良性循环。城市植被通过蒸腾作用，从环境中吸收大量的热量，降低环境空气温度，增加空气湿度；同时大量吸收空气中的 CO_2，抑制温室效应。另外，植物还能滞留大气中的粉尘，减少城市大气中总悬浮颗粒物的浓度。当一个区域的植被覆盖率达到30%时，城市绿地即对热岛效应有较明显的削弱作用；相反，植被减少则是城市热岛形成的首要贡献因子。因此，加强城市绿化，改善城市下垫面的热属性是缓解热岛效应的关键措施。研究还发现，城市森林在调节城市小气候中具有明显的效果，而草地效果不明显。因此，城市合理的乔、灌、草比率是十分重要的，时下风行的草坪热不宜提倡，至少在缓解城市热岛效应上没有起到最佳的效果。屋顶绿化是增加绿化面积或总体绿量较为有效的方法之一，特别是在城市用地紧张、建筑密度比较大的情况下，显得更为重要。

因为水的比热大于混凝土的比热，所以在吸收相同的热量的条件下，两者升高的温度不同而形成温差，这就必然加大热力环流的循环速度，而在大气的循环过程中，环市水系又起到了二次降温的作用，这样就可以使城区温度不致过高，达到防止城市热岛效应产生的目的。

解决城市大气热污染的首要办法是增大蒸发量。受城市化的影响，城市湿地形成了分布不均匀、面积较小、孤岛一样的湿地斑块，斑块之间的连接度下降，湿地内部生境破碎化。即便是这种破碎化的湿地斑块，也可能会因城市土地开发而被侵占，挪作他用。随着城市化的进程加快，城市湿地与水体的面积急剧下降，其调节城市气候与热量收支平衡的生态服务功能受到很大的削弱。实际上，在城市进行人工湿地的构建，保护并增大城区的绿地、水体面积，对减弱城市热岛效应起着十分重要的作用。

城市热岛强度随着城市发展而加强，因此，在控制城市发展的同时，要控制城市人口密度、建筑物密度，因为人口高密度区也是建筑物高密度区和能量高消耗区，常形成温度的高值区。例如，北京市位于平原中部，三面环山，由于山谷风的影响，盛行南、北转换的风向，夜间多偏北风，白天多偏南风，因此，在扩建新市区或改建旧城区时，应适当拓宽南北走向的街道，以加强城市通风，减小城市热岛强度，同时减少人为热的释放，尽量将民用煤改为液化气、天然气，并扩大供热面积，以减缓热岛效应。

1.3　阳伞效应

阳伞效应又称为微粒效应，或者混浊岛效应，主要由烟尘增多导致。悬浮在大气中的烟尘或气溶胶，一方面将部分太阳辐射反射回宇宙空间，削弱了到达地面的太阳辐射能，使地面接受的太阳能减少；另一方面吸湿性的微尘又作为凝结核，促使周围水汽在它上面凝结，导致低云、雾增多。存在于大气中的颗粒物可以反射部分太阳光，减少阳光的入射，降低地表温度，也能吸收地面辐射到大气中的热量，起到保温作用。但两者相比，前者作用效果大于后者，因此总的效应是使气温降低。这种现象类似于遮阳伞，因而称为“阳伞效应”。

阳伞效应的产生使地面接收太阳辐射能减少且阴天天气增多，影响城市交通。大气中颗粒物的来源有自然源和人为源。自然颗粒有土壤、岩石粉屑和林火灰烬等，还有火山喷出的大量尘埃以及海水浪花飞溅将各种盐分带入大气等；人为颗粒物源自化石燃料燃烧、露天采矿、建筑尘土、耕种作业等，也有来自二次污染物，如大气中的二氧化硫（SO_2）、氮氧化物、碳氢化合物等在大气中进行一系列化学反应后的产物。此外，农业生产和植被破坏，可能导致许多灰尘由地面进入大气环境，使悬浮在大气中的颗粒物增加。这些气溶胶粒子会吸收和反射太阳辐射，减少紫外线通过，使到达地面的太阳辐射大大减弱，导致地面温度降低。大气中气溶胶粒子增加，增多了凝结核，使云量、降水量、雾的出现频率增多，对地表起到冷却作用。

工业燃料的燃烧排放出的硫化物气体进入大气层后，在阳光和水蒸气的作用下形成硫酸（H_2SO_4）或硫酸盐雾滴——人工气溶胶。这种气溶胶对太阳的辐射有一定的反射和吸收作用，且有利于形成云雨，对地面产生降温，也是一种“阳伞效应”。全球由 SO_2 形成的 H_2SO_4 气溶胶所产生的降温作用可以部分抵消温室气体的增温作用，而在北半球中纬度一些发达的地区，如北美东部、北欧和我国东部地区，硫化物的排放量更为显著。这些地区的硫化物气溶胶的降温作用可以完全抵消甚至超过温室效应的作用，因此，国际上将以上三地区称为三大人工冷源区。

可以说，整个大气层是一个庞大的气溶胶体系，除 SO_2 外，由地表进入大气层的粉尘及各种污染物都可能以气溶胶的形式存在，特别是大气中大量水蒸气的存在，更能加速气溶胶的形成。这些气溶胶由于其组成和结构的复杂性，除了能散射太阳辐射能之外，还能储存和释放大量的热量。它的冷却效应绝不是简单地减缓温室效应，而是在相当大的程度上改变了大气层内能量的分配过程，破坏了原有大气层的能量平衡，它可能使冬季和夜间的最低气温上升，使夏季和白天的最高气温下降。其结果是使部分地区气候出现反常现象，还可能引起灾害性天气的频繁出现。

城市中的阳伞效应主要有 4 个方面的表现。

第一，城市大气中的污染物质比郊区多。仅就凝结核一项而论，海洋上大气平均凝结核含量为940 粒/立方厘米，绝对最大值为 3.98×10^4 粒/立方厘米，而大城市的空气中平均凝结核含量为 1.47×10^5 粒/立方厘米，为海洋上的156 倍，绝对最大值达 4×10^6 粒/立方厘米，是海洋上绝对最大值的100 倍以上。再以上海为例，根据 1986—1990 年的监测结果，大气中 SO_2 和 NO_x 气体污染物城区平均浓度分别比郊县高 7 ～8 倍和 2.4 倍。

第二，城市大气中因凝结核多，低空的热力湍流和机械湍流又比较强，因此其低云量和以低云量为标准的阴天天数（低云量的天数）远比郊区的多。据上海 1980—1989 年的统计，城区平均低云量为 4.0，郊区为 2.9。城区一年中阴天（低云量）有 60 d，而郊区平均只有 31 d；晴天则相反，城区有 132 d，而郊区平均有 178 d。在欧美大城市，如慕尼黑、布达佩斯和纽约等，亦观测到类似的现象。

第三，城市大气中因污染物和低云量多，故日照时数减少，太阳直接辐射（S）大大削弱；而因散射粒子多，其太阳散射辐射（D）却比干洁空气中更强。在以 D/S 表示的大气混浊度（又称混浊度因子）的地区分布上，城区明显大于郊区。根据上海 1959—1985 年的观测资料统计计算，上海城区混浊度因子比同时期郊区平均高 15.8%；在上海混浊度因子分布图上，城区呈现出一个明显的“混浊岛”。在国外，许多城市亦有类似现象。

第四，城市阳伞效应还表现在城区的能见度小于郊区。这是因为城市大气中颗粒状污染物多，它们对光线有散射和吸收作用，有减小能见度的效应。当城区空气中二氧化氮（NO_2）浓度极大时，会使天空呈棕褐色，在这样的天色背景下，分辨目标物的距离发生困难，造成视程障碍。此外，城市中由汽车排出的废气中的一次污染物氮氧化合物和碳氢化物，在强烈阳光照射下，经光化学反应，形成一种浅蓝色烟雾，称为光化学烟雾，能导致城市能见度恶化。美国洛杉矶、

日本东京和我国兰州等城市均发生过此现象。

1.4　火山喷发效应

火山活动会引起气候的变化，大规模火山活动将大量喷发物由岩石圈或软流圈输送至大气圈、水圈和生物圈，从而引起气候、环境的快速变化。20 世纪 70 年代之前，研究者认为火山活动喷入大气圈的火山灰及火山尘埃微粒是造成气候变化的重要原因，因此早期有关火山活动气候效应方面的研究主要涉及火山灰。

火山灰是由火山活动产生细微的火山碎屑物，由岩石、矿物、火山玻璃碎片组成，直径小于 2 mm。火山灰在常温和有水的情况下可与石灰（CaO）反应，生成具有水硬性胶凝能力的水化物，常呈深灰、黄、白等色，堆积压紧后成为凝灰岩。

火山爆发向大气中排放出大量的尘埃、石块、火山灰及 CO_2 气体等物质。其中，尘埃等固体物质对大气层的影响是有限的、短暂的，它们在雨雪的冲刷下，一般在很短时间内都能落回地面。而大量的火山灰形成的巨大烟柱，通常在几个月内可升到高于地面 9.6 km 以上的稳定的平流层中。在平流层中，火山灰得不到雨雪的冲刷，长久飘浮滞留在平流层中的火山灰气溶胶会吸收和反射一部分短波辐射，减弱进入对流层的太阳辐射，从而引起气候的变冷。这就是火山灰导致的阳伞效应。20 世纪 80 年代以后，科学家逐渐认识到火山气体及其气溶胶是火山喷发对气候影响的主要原因。在之后的研究中，有关火山活动对气候的影响主要是讨论火山喷出的挥发性气体及其形成的气溶胶的气候效应。

第四纪以来的火山活动主要包括与地幔柱有关的中小规模玄武质火山喷发（如冰岛拉基火山活动、夏威夷火山活动等）和与板块构造有关的火山活动（如现代大洋中脊火山活动和现代岛弧火山活动等），缺少喷发物体积接近 10^6 km^3、属于大火成岩省级的火山活动。第四纪火山活动的一个特点是其喷发规模相对较小，但喷发频率高。1 万年以来，地球上保持活动的火山不少于 1343 座，它们至少都有过 1 次喷发，有的甚至有数次、数十次。仅过去的 2000 年中，记录下来的独立火山喷发就达 5000 多次，而近几十年每年都有 50 多次喷发。这些火山喷发不仅发生在大陆上，也发生在海洋中。第四纪火山作用的火山岩类型较齐全。如前所述，在整个第四纪期间，不仅有爆发性强的中酸性火山喷发，还有平静溢流的玄武质火山喷发。其喷发物既包括熔岩，也包括火山碎屑岩。既有陆地上的火山喷发，也有水下喷发。

第四纪火山活动与高频震荡的古气候变化之间存在着明显的对应关系。例如，McGuire（1992）指出，第四纪火山活动与海平面变化之间存在因果关系；

Zielinski 等（1996）认为，11 万年以来全球火山喷发与冰期/间冰期旋回之间存在对应关系。火山喷出的气体主要包括水蒸气（H_2O）、CO_2、SO_2、硫化氢（H_2S）、氟化氢（HF）和氯化氢（HCl），其次还有少量一氧化碳（CO）、氧气（O_2）、氢气（H_2）、氮气（N_2）、溴化氢（HBr）、碘化氢（HI）等。它们对气候的影响的持续时间是不同的，因此分为短期效应气体和长期效应气体。研究表明，SO_2、H_2S、HCl 和 HF 属于短期气候效应气体；CO_2 属于长期气候效应气体。火山喷发开始，SO_2 作为一种温室气体主要导致火山口周围地区地表温度升高。随后，SO_2 与大气中或火山喷出的水蒸气发生光化学反应，形成 H_2SO_4 气溶胶；同时，火山硫化物气体与卤化物气体可在大气圈中形成酸雨。此外，HCl 可以与臭氧（O_3）发生反应，最终导致大气圈 O_3 总量减少。火山气溶胶可以反射和吸收太阳辐射，造成地表温度下降。现代活火山观测结果表明，H_2SO_4 气溶胶和酸雨液滴在大气圈中滞留时间为数月至数年。由于破坏臭氧层的光化学反应是在火山灰及气溶胶表面进行的，因此与酸雨一样，火山活动对臭氧层破坏的持续时间也较短。如果火山喷发柱高达平流层，那么它对气候的影响可达半球甚至全球范围；如果火山喷发柱较低，那么其对气候的影响仅限于火山口及其周围附近地区。统计资料显示，火山喷出的 SO_2 总量与北半球气温下降幅度之间存在明显的正相关关系，即大规模富硫岩浆喷发可以导致地表气温明显下降。例如，7.4 万年前，托巴火山喷发形成 3000 km^3 岩浆，它喷入平流层的 4400 Mt H_2SO_4 气溶胶导致北半球地表温度平均降低 3.5 ℃。GISP2 冰芯研究结果显示，托巴火山喷发形成的气溶胶造成地表温度降低的持续时间约为 6 年。CO_2 作为最主要的温室气体，它在大气圈中停留的时间较长，它的气候效应主要是导致地表气温升高。卫星观测资料显示，地球上的火山活动平均每年向大气圈输送大约 10^{11} kg 的 CO_2，这一数值远小于近年来人类活动每年向大气圈排放的 CO_2 的量（10^{13} kg）。因此，一次短时间的火山喷发不可能造成大气圈温室气体浓度明显增加。但是，由于火山喷发的 CO_2 气体可以长期滞留在大气圈中，因此，长时间持续性火山喷发（如大火成岩省）的 CO_2 气体能够导致大气圈 CO_2 浓度显著增加，从而造成地表气温明显升高。

目前，国外有关火山喷发气体对气候影响的研究主要涉及 3 种不同类型的喷发，即中酸性普林尼式火山喷发、以溢流式为主的大火成岩省喷发和中小规模玄武质裂隙式喷发。

中酸性普林尼式喷发的爆发强度大，喷发能量大，喷发柱高，可达平流层中部。喷出岩浆黏度大，挥发份气体含量高。气体成分以 H_2O、SO_2、H_2S、HCl 和 HF 为主，CO_2 含量相对较低，因此，主要气候效应是降低地表温度、破坏臭氧层和形成大面积酸雨。现代活火山活动观测表明，中酸性喷发对气候影响的持续

时间较短，一般为 5 ～6 年，最长达 10 年。由于普林尼式喷发柱可深入平流层，大量火山气体进入平流层会迅速扩散至半球甚至全球范围，因此，火山喷发对气候影响的空间范围较大，但它们对陆地和海洋的气候影响有差异。研究表明，由于海水热容量较高，故大规模中酸性火山活动导致陆地温度降低的幅度比海洋大。早期研究认为，喷发物体积、爆发强度和喷发柱高度是制约火山活动对气候影响的幅度的关键因素。然而，1982 年墨西哥埃尔奇琼火山喷发观测结果表明，尽管它与 1980 年 5 月美国圣海伦斯火山喷出的中酸性岩浆体积相当，均为 0.3 ～0.4 km^3，并且二者都属于普林尼式喷发，但对气候的影响却明显不同，前者形成平流层气溶胶的浓度约为后者的 70 倍，故造成气温急剧下降的幅度也显著比后者大。后来一些研究者提出，火山活动对气候影响的幅度主要受输送至平流层内的火山喷发物（如火山灰、气体和气溶胶等）总量控制，因为只有喷至平流层的火山物质才能在大气圈中滞留时间较长，并对气候有严重影响。研究表明，火山硫化物气体和火山灰的质量比与平流层内火山喷发物总量呈正相关，因此认为硫化物气体和火山灰的质量比是控制火山喷发对气候影响幅度的重要参数。这一理论对“圣海伦斯火山喷发对气候影响较微弱”的事实做出了合理解释，但是 Chester（1993）对 200 年以来 3 次最大规模中酸性喷发（坦博拉火山喷发、喀拉喀托火山喷发和阿贡火山喷发）的气候效应进行了对比研究，结果显示它们对气温影响的范围和幅度相似，然而它们喷入平流层的 H_SO_4 气溶胶和硅酸盐火山灰的质量及其二者比值的差别都很大，因此，火山硫化物气体与火山灰的比值和气候变化幅度之间并不是线性关系。大气物理学研究表明，平流层对火山气溶胶的容纳程度是有极限的。火山喷发动力学实验及其气候模式模拟结果也显示，在大规模爆发性火山喷发过程中，随着输送至大气圈的硫化物气体总量及喷发速率增加，它们在平流层内形成硫酸盐气溶胶颗粒的粒径会以指数形式增加，这些大粒径的气溶胶粒子在大气圈中滞留时间更短，因此，平流层内气溶胶总量不会呈现大幅度增加。此外，伴随大量气溶胶形成，会造成大气圈中水蒸气含量降低和相对亏损，从而也限制了火山气溶胶在大气圈的形成速率。

上述研究表明，中酸性火山喷发对气候影响的幅度除受硫化物气体与火山灰的比值限制外，还受到大气圈平流层对 H_2SO_4 气溶胶容纳程度的约束，即使是大规模的中酸性喷发，它们对气候影响的幅度也比大火成岩省小。因此，中酸性普林尼式喷发对气候影响的时间短和幅度较小等特点决定了它不足以造成全球海平面大幅度变化。由于中酸性喷发质流速率（即单位时间内喷出的熔岩质量）大，火山气体扩散速率快，因此，火山喷发可以在喷发后短时间内导致大范围气候快速变化。例如，1991 年 5 月 15 日爆发的菲律宾皮纳图博火山被认为是 20 世纪喷出硫化物气体总量最高的一次火山活动，它将 20 Mt 的 SO_2 和 3×10^{13} g 的 H_2SO_4

气溶胶喷入 30 km 高的平流层，气溶胶在 10 d 之内扩散至中非地区，形成约 1.1×10^4 km 长的火山气溶胶带，导致 1992—1993 年北半球气温明显降低，造成 1992—1993 年南极上空臭氧洞面积显著扩大。

大火成岩省主要由席状基性熔岩组成，岩性以石英拉斑玄武岩为主。火山岩分布面积大，超过 106 km^2，最大厚度达数千米。地球物理研究结果显示，岩浆总体积达 106 km^3 数量级。整个火山喷发持续时间较长，但是高峰期喷发时间较短，仅为 1～2 Ma，有的甚至小于 1 Ma。在整个大火成岩省喷发过程中，岩浆喷溢速率十分不均匀。大火成岩省在喷发高峰期间的极大喷发速率是它造成环境急剧恶化的物质基础。早期研究认为，大火成岩省中火山碎屑岩含量很低，绝大多数由熔岩组成。然而，近年来对一些典型剖面详细的岩相学研究表明，大火成岩省中火山碎屑岩含量可达 10%～20%，表明其喷发具有一定的爆发性。

目前对大火成岩省成因认识尚存在争议，多数研究者认为它的形成与地幔柱有关。但是，也有一些研究表明它可能是富挥发份的上地幔岩石圈减压熔融的结果。这两种不同的成因观点导致估算出的火山气体总量大不相同，因此，深入研究大火成岩省成因对于准确估算它喷发的火山气体总量是至关重要的。研究表明，大火成岩省喷发早期会导致较短时间内地表温度降低，海平面下降，甚至造成冰期来临；随着岩浆不断喷发，会呈现长期地表温度升高，引起海平面上升，甚至出现大洋缺氧事件。下面分别阐述这两种不同的温度效应。

地表温度下降。能够导致地表温度明显降低的大火成岩省具有 2 个特点：①火山碎屑岩含量较高；②岩浆硫和水的含量较高。大面积火山碎屑岩露出表明岩浆喷发的爆发性较强，喷发柱较高；岩浆中高硫含量暗示火山喷出的硫化物气体总量大。大量硫化物气体与水蒸气随喷发柱进入对流层顶甚至平流层底，在大气圈中形成气溶胶，影响太阳辐射，最终导致地表温度快速下降。Campbell 等（1992）的研究表明，二叠纪末西伯利亚厚 3 km 的大陆玄武岩剖面中含有多层火山碎屑岩，它们的喷发在大气圈中形成高密度火山气溶胶，最终导致二叠纪末的冰期和大规模海平面下降，只是由于冰期存在时间较短（约 60 万年），没有残留明显的冰川遗迹。McCartney 等（1990）估算印度德干玄武岩喷发向大气圈输送了大约 6×10^{18} g 的硫（S），如此大量的 S 造成明显气候变冷；同时，也导致湖泊严重酸化和海水 pH 降低。Officer 等（1987）的定量计算结果显示，它们导致海洋碱化程度降低了 10%。Cox（1988）研究了德干玄武岩岩相学和火山物理学特征，认为对应于火山集块岩及角砾岩层位的喷发柱可达平流层，并指出多次火山碎屑流喷发可导致地表温度较长时期持续降低。

在上述研究的基础上，Widdowson 等（1997）定量模拟了德干玄武岩浆喷出硫化物气体的气候效应，结果表明在喷发高峰期间（约 1 Ma），火山向当时大气

圈平流层输送 H_2SO_4 气溶胶的质流速率为 1.7×10^{13} g/a，最终导致全球地表温度平均降低 10～15 ℃。Abramovich 等（1998）研究了大陆玄武岩喷发对地球不同纬度带气候影响的差异，结果表明，赤道及低纬度地区对大陆玄武岩喷发造成的降温效应响应最快，幅度也最大，随着纬度升高，它们对火山活动造成地表降温的响应滞后时间越长，并且幅度也越小。

地表温度升高。大陆玄武岩喷出的大量 CO_2 及其反馈效应是造成岩浆喷溢后长期地表温度升高和海平面上升的主要原因。Wignall（2001）利用 McCartney 等（1990）的模式，在 Courtillot 等（1999）计算的喷发物体积为 4×10^6 km^3 基础上，估算出西伯利亚玄武岩喷出的碳（C）总量为 20×10^{18} g，如此多的 CO_2 进入大气圈能够导致当时全球气候出现长时间变暖。古生物学研究也显示，在西伯利亚大陆玄武岩喷发后，大量低纬度钙质藻类出现向北半球高纬度区大规模迁移趋势，并且原来生长于高纬度的植物群大规模减少，在当时纬度为 80°S 的古极地地区大面积发育古土壤。氧同位素地球化学研究表明，在 P－T 边界（全球二叠纪与三叠纪的界限）古赤道地区地表温度出现快速增高趋势，升温幅度为 6 ℃。所有这些特征表明，伴随西伯利亚玄武岩喷发，地球表面温度出现长时间显著升高。Martin 等（1995）系统研究了全球 P－T 界限附近碳酸盐地层锶（Sr）同位素变化趋势，结果显示，从 P2（晚二叠世）末期至 T1（早三叠世）早期，$^{87}Sr/^{86}Sr$ 的值呈现快速增加趋势，并且在 T1 末期达到最大值。随着 $^{87}Sr/^{86}Sr$ 的值增加，海平面也呈现快速上升趋势，由此认为造成这一趋势的原因是西伯利亚火山活动向大气圈输送大量 CO_2 气体，导致大气圈 CO_2 浓度快速增加，造成地表温度上升。此外，其他火山气体（SO_2、HF、HCl 等）喷出导致酸雨形成，加速地表岩石淋滤作用，加快大陆岩石风化速率，最终造成 $^{87}Sr/^{86}Sr$ 的值快速增加。

Wignall 等（1996）在二叠纪末期发现大量厌氧海洋生物化石，认为当时存在一次大规模厌氧事件。同位素年龄显示，这一“超级”厌氧事件与西伯利亚大陆玄武岩喷发一致，暗示二者之间存在因果关系。研究表明，由于西伯利亚基性岩浆喷发，大气圈 CO_2浓度大幅度增加，引起温室效应，造成全球平均气温升高。一方面会引起赤道与极地温差减小，降低海水对流速率；另一方面会造成海水中氧溶解度下降，最终导致海底厌氧生物生存空间增大和异常繁盛。McElwain 等（1996）研究了格陵兰岛东部和波罗的海地区下侏罗统地层中植物化石叶子气孔密度，发现在早侏罗世（J1）存在一次明显大气 CO_2 浓度增加和气候变暖事件，由此认为这一事件由早侏罗世大西洋中部岩浆岩省喷发所致。Jenkyns 等（1998）对与 Karro 和 Ferrar 地区的大陆玄武岩同时代的剖面中 C 同位素研究结果表明，伴随 Karro 和 Ferrar 玄武岩喷发，由早到晚 Falciferum 的 $\delta^{13}C$ 呈现出

$-3‰$的偏移，二者时代相同表明 Karro 和 Ferrar 喷出 CO_2（火山成因 CO_2 的 $\delta^{13}C = -5‰$）是造成这一负偏差的原因之一。但是，定量模拟结果显示，Karro 和 Ferrar 玄武岩浆喷出的 CO_2 远远不足以造成 Falciferum 中 $\delta^{13}C$ 出现 $-3‰$的偏移。Bowring 等（1998）和 Hesselbo 等（2000）认为，火山喷出大量 CO_2 造成地表温度升高，导致海底冷藏的大量甲烷水合物（$\delta^{13}C = -65‰$）分解逸出，这是造成 $\delta^{13}C$ 大幅度偏移的另一个原因。甲烷（CH_4）从海洋进入大气圈，又会进一步增加温室效应，增加了地表温度升高的幅度。研究表明，西伯利亚和 Brito-Arctic 大火成岩省喷发不能引起 P－T 界限附近和早第三纪地层所出现的大幅度 $\delta^{13}C$ 偏移，研究者普遍认为，由火山成因 CO_2 引起的海洋中甲烷水合物分解是造成与西伯利亚和 Brito-Arctic 大火成岩省同时代地层中 C 同位素大幅度变化的另一个重要原因。

McLean（1985）利用 Leavitt 的模式计算得出德干玄武岩在喷发高峰期间（1.36 Ma）喷出的 CO_2 有 5×10^{17} mol（相当于 6×10^{18} g 的 C）。后来，McCartney 等（1990）采用不同的模式估算出整个喷发过程喷出的 C 总量为 13×10^{18} g。气候动力学研究表明，火山成因 CO_2 对气候的影响是一个动态过程，即在玄武岩喷发持续的时间内，喷出的 CO_2 并不会一直滞留在大气圈中，而是随着火山喷发，大气圈 CO_2 浓度的增加导致陆壳风化速率增大，从而增加碳循环速率，使大气圈 C 的消耗速率增加。另外，白垩纪末期海水温度升高导致海水中 CO_2 溶解度降低，造成大量 CO_2 从海水逸出到大气圈中。以此为基础，Caldeira 等（1990）定量模拟德干玄武岩喷出的 CO_2 造成 0.5 Ma 全球平均温度升高至少 2 ℃。

洋底侵位的大火成岩省造成全球温度升高的机理与上述大陆溢流玄武岩有所区别，前者不会造成 $\delta^{13}C$ 大幅度的负偏移。Bralower 等（1994）研究了早白垩世大洋内缺氧事件，认为这一缺氧事件与大幅度海平面上升相伴出现。Tarduno 等（1991）也指出，由于同时期翁通爪哇洋底高原玄武岩侵位，一方面抬升了洋底造成海平面上升，另一方面它加热了海底海水，使海水中 O_2 的溶解度减小，同时玄武岩浆喷出的 CO_2 被输送到大气圈，以及海水加热使海水中 CO_2 溶解度降低，最终引起地表气温升高，造成大洋内缺氧事件。研究显示，翁通爪哇洋底玄武岩喷出的硫化物及卤化物气体会溶解于水，因此它们对气候的影响相对较 微弱。Kerr（1998）利用上述机理解释了大西洋底加勒比－哥伦比亚岩浆溢流和马达加斯加玄武岩喷发造成白垩纪鳄鱼化石出现在北极的现象。但是，Kerr 估算的加勒比－哥伦比亚玄武岩浆喷出 SO_2 的质流速率高达 3×10^{17} kg/a，并认为与翁通爪哇玄武岩喷发不同的是，加勒比－哥伦比亚喷发造成大面积洋底海水酸化作用，并且火山喷发造成地表温度升高和潮湿气候条件增加了从大陆向海洋输送养分的速率，提高了海洋生物产率；洋底玄武岩喷溢增加了洋底海水中铁离子浓度，最终加速了海底有机碳埋藏速率。这种碳循环的负反馈效应造成在早土伦早期突然出现变暖趋势反转。

此类火山喷发的岩浆以玄武质为主，与大火成岩省相比其规模小（分布面积不足 105 km^2），露头主要由受断裂控制的中心式中小型火山锥和熔岩流组成，它们坐落于张性火山盆地内，火山锥成群出现，形成众多玛珥湖，如德国的艾费尔地区，我国的东北龙岗火山群和雷州半岛火山盆地等。在岩相学上，以熔岩为主，夹有成层的玄武质火山碎屑岩，岩石含大量地幔岩包体。这说明岩浆上升速率较快，并且盆地内地下水面较浅，火山喷发的爆发性强。Woods（1993）对其火山喷发物理学特征的研究表明，喷发开始形成熔岩喷泉，随着喷发物上升，在喷泉之上形成火山对流柱，对流柱在对流上升过程中将周围大气圈中不饱和状态的大量水蒸气卷入柱中，此时对流柱的热能将作为其上升动力源。随着对流柱高度增加，大气压逐渐减小，对流柱内水蒸气会达到饱和状态。水蒸气饱和的高度称为饱和高度，在饱和高度之上，水蒸气将冷凝形成液态微滴，水凝结过程释放出的大量能量在饱和高度之上推动对流柱继续上升，最终对流柱高度可达到对流层顶或平流层底部。实验室模拟与野外观察均表明，中等规模的喷发，熔岩流面积较大，由于空气热膨胀作用，因此可以在熔岩流上方大气圈中形成垂向温度梯度，出现对流环，这种大气对流环导致熔岩流上空形成类似飓风规模的上升流，甚至可以将大量火山气体和气溶胶直接输送至平流层。

这类火山喷出的气体富含 H_2S 和 SO_2，卤族气体含量相对较低，CO_2 含量较高。尽管岩浆总量少，与大气圈中 CO_2 总量相比，其喷出的 CO_2 气体量较少，但是会造成火山盆地内 CO_2 浓度明显增加。因此，火山活动的主要气候效应是：火山喷发导致火山盆地内 CO_2 和 SO_2 等温室气体浓度急剧增加，造成火山喷发后的较短时间里盆地内气温快速上升，之后火山喷出的硫化物气体形成 H_2SO_4 气溶胶，导致火山口周围地区温度急剧下降和形成酸雨。火山喷发对气候影响的时空范围较小，往往仅局限于火山盆地内，对盆地以外地区影响很小。因为喷出的主要气体在大气圈中停留时间短，所以对气候影响的时间也较短，一般小于 10 年。但是，由于喷发柱相对较低，火山盆地四周地势较高，火山气体扩散的空间范围较小，主要限于盆地内部，造成此处的气体和气溶胶密度较大，因此，对盆地内的气候变化影响较严重。1783 年 6 月 8 日—1784 年 2 月 7 日，冰岛拉基火山是这类喷发最典型的实例。

1784 年，作为驻法国公使的美国科学家本杰明·富兰克林第一次描述了此次火山喷发形成的干雾对气候的影响。拉基火山沿着 25 km 长的断裂共喷出玄武质岩浆 14.7 km^3，其中 60% 的岩浆是在开始 40 d 内喷出的。岩石学方法估算的火山喷出的 SO_2 气体为 122 Mt，H_2SO_4 气溶胶为 250 Mt，HF 为 15 Mt，HCl 为

7 Mt，喷发柱最高 13 km，H_2SO_4 气溶胶在大气圈中滞留时间最长为 2 年。如此大量的火山气体对冰岛及其周围地区的气候造成了极其严重的影响。历史记载显示，1783 年北欧地区夏天的气温异常高被认为由火山成因 CO_2 和 SO_2 的温室效应所致；1783—1784 年之交，冬天北半球的气温异常低，被认为是 SO_2 形成的 H_2SO_4 气溶胶造成的。异常低温造成 1783 年冰岛庄稼大幅度减产和严重的饥荒，结果大约 75% 的牲畜死于这场灾难（火山喷出的有毒气体和酸雨的影响），火山喷发后冰岛人口减少了 24%。目前广泛用于高分辨率古气候研究的玛珥湖就是由这种类型火山喷发形成的。研究表明，玛珥湖岩芯中可以提取年季尺度古气候记录，并且广泛发育纹层，岩芯中含有多层火山灰，这些火山灰暗示，在玛珥湖沉积过程中周围地区存在火山喷发。火山灰层上覆岩芯中所含的古气候信息，如温度快速变化和微量元素含量增加等，可能主要指示了火山活动造成的气候变化记录，因此它们往往与周围地区气候变化不协调。不同的地史时期和同一时期不同地区气候变化的驱动因子可能有差别。一般认为第四纪火山活动对气候影响的时间尺度相对较短，但是导致气候变化速率往往较大（郭正府、刘嘉麒，2002）。

1.5 其他气候效应

城市是人类活动的中心。城市里人口密集，下垫面变化最大。工商业和交通运输频繁，耗能最多，有大量温室气体、人为热、人为水汽、微尘和污染物排放到大气中。因此，人类活动对气候的影响在城市中表现最为突出。城市气候是在区域气候背景上，经过城市化后，在人类活动影响下而形成的一种特殊局地气候。在 20 世纪 80 年代初期，美国学者兰兹葆曾将城市与郊区各气候要素进行对比总结，见表 1 - 1。

从大量观测事实来看，城市气候的特征可归纳为城市“五岛”效应（指混浊岛、热岛、干岛、湿岛、雨岛）和风速减小、多变。以上已经详细介绍了热岛效应和阳伞（混浊岛）效应，接下来介绍其余几种城市气候变化效应。

1.5.1 城市干岛和湿岛效应

城市相对湿度比郊区小，有明显的干岛效应，这是城市气候中普遍的特征。城市对大气中水汽压的影响比较复杂。以上海为例，据资料显示，1984—1990 年，城区 11 个站水汽压和相对湿度的平均值与同时期周围 4 个近郊站平均水汽压和相对湿度相比较，皆是城区低于郊区。城郊水汽压和相对湿度都有明显的日变化。实测的绝对值虽有变化，但皆为负值。与全天皆呈现出干岛效应的日变化不同，若按一天中 4 个观测时刻（2 时、8 时、14 时、20 时），分别计算其

平均值，则发现在一年中多数月份的夜间 2 时城区平均水汽压高于郊区，出现湿岛效应。4—11 月有明显的干岛与湿岛昼夜交替的现象，其中以 8 月最为突出。

表 1－1　城市与郊区气候特征比较（Landsberg H. E.，1981）

要素	市区与郊区气候特征比较
大气污染物	凝结核比郊区多 10 倍，微粒比郊区多 10 倍，气体混合物比郊区多 5%～2500%
辐射与日照	太阳总辐射比郊区少 0～20%；紫外辐射冬季比郊区少 30%，夏季少 5%；日照时数比郊区少 5%～15%
云和雾	总云量比郊区多 5%～10%；雾冬季比郊区多 1 倍，夏季比郊区多 30%
降水	降水总量比郊区多 5%～15%，小于 5 mm 雨天数比郊区多 10%，雷暴比郊区多 10%～15%
降雪量	城区上风方向比郊区少 5%～10%，城区下风方向比郊区多 10%
气温	年平均气温比郊区高 0.5～3.0 ℃，冬季平均最低，高 1～2 ℃；夏季平均气温最高，高 1～3 ℃
相对湿度	年平均相对湿度比郊区小 6%，冬季小 2%，夏季小 8%
风速	年平均风速比郊区小 20%～30%，大阵风小 10%～20%，静风天数比郊区少 5%～20%

城市干岛和城市湿岛昼夜交替。在欧美许多城市，此类现象大多出现于暖季，这既与下垫面因素有关，又与天气条件密切相关。白天在太阳照射下，就下垫面通过蒸发作用进入低层空气中的水汽量而言，城区（绿地面积小，可供蒸发的水汽量少）小于郊区，特别是在盛夏季节，郊区农作物生长茂密，城郊之间自然蒸发量的差值更大。城区由于下垫面粗糙度大（建筑群密集、高低不齐），又有热岛效应，其机械湍流和热力湍流都比郊区强，通过湍流的垂直交换，城区低层水汽向上层空气的输送量又比郊区多。这两者都导致城区近地面的水汽压小于郊区，形成城市干岛。到了夜晚，风速减小，空气层结稳定，郊区气温下降快，饱和水汽压减低，有大量水汽在地表凝结成露水，存留于低层空气中的水汽量少，水汽压迅速降低。城区因有热岛效应，其凝露量远比郊区少，夜晚湍流弱，与上层空气间的水汽交换量小，城区近地面的水汽压高于郊区，出现城市湿岛。这种由于城郊凝露量不同而形成的城市湿岛，称为“凝露湿岛”，且大多在日落后若干小时内形成，在夜间维持。日出后，郊区气温升高，露水蒸发，很快郊区水汽压又高于城区，即转变为城市干岛。在城市干岛和城市湿岛出现时，必伴有城市热岛，因为城市干岛是城市热岛形成的原因之一（城市消耗于蒸散的热量少），而城市湿岛的形成又必须先有城市热岛的存在。

城区平均水汽压比郊区低，再加上有热岛效应，其相对湿度比郊区显得更低。以上海为例，上海1984—1990年的年平均相对湿度，城中心区不足74%，而郊区则在80%以上，表现出明显的城市干岛。经调查，发现即使在水汽压分布呈现城市湿岛时，在相对湿度的分布上，仍是城区小于四周郊区。

在国外，城市干岛与城市湿岛的研究以英国的莱斯特、加拿大的埃德蒙顿、美国的芝加哥和圣路易斯等城市为主，其关于城市湿岛的形成多数归因于城郊凝露量的差异。少数研究认为，城区融雪比郊区快，在郊区尚有积雪时，城区因雪水融化蒸发，空气中水汽压增高，从而形成城市湿岛。笔者对上海1984年全年每日逐个观测时刻大气中水汽压的城郊对比进行分析，发现上海城市湿岛的形成，除上述凝露湿岛外，还有结霜湿岛、雾天湿岛、雨天湿岛和雪天湿岛等，它们都必须在风小且伴有城市热岛时才能出现。

1.5.2 城市雨岛效应

城市对降水影响问题，国际上存在着不少争论。1971—1975年美国曾在其中部平原密苏里州的圣路易斯城及其附近郊区设置了稠密的雨量观测网，运用先进技术进行持续5年的大城市气象观测实验，证实了城市及其下风方向确有促使降水增多的雨岛效应。这方面的观测研究资料甚多。以上海为例，根据本地区170多个雨量观测站点的资料，结合天气形势，进行众多个例分析和分类统计，发现上海城市对降水的影响以汛期（5—9月）暴雨比较明显。据资料显示，在上海近30年（1960—1989年）汛期降水分布图上，城区的降水量明显高于郊区，呈现出清晰的城市雨岛。在非汛期（10月至次年4月）及年平均降水量分布图上则无此现象。

城市雨岛形成的条件有：①在大气环流较弱，有利于在城区产生降水的大尺度天气形势下，由城市热岛环流所产生的局地气流的辐合上升有助于对流雨的发展；②城市下垫面粗糙度大，对移动滞缓的降雨系统有阻碍效应，使其移运速度更缓慢，延长城区降雨时间；③城区空气中凝结核多，其化学组分不同，粒径大小不一，当有较多大核（如硝酸盐类）存在时，有促进暖云降水作用。上述种种因素的影响，会“诱导”暴雨最大强度的落点位于市区及其下风方向，形成城市雨岛。

城市雨岛不仅影响降水量的分布，并且因为大气中的SO_2和NO_2甚多，在一系列复杂的化学反应之下，形成H_2SO_2和硝酸（HNO_3），通过成雨过程和冲刷过程变为“酸雨”降落。

第 2 章　温室气体

2.1　温室气体简介

温室气体指任何会吸收和释放红外线辐射并存在于大气中的气体。大气中主要的温室气体是水汽（H_2O），水汽所产生的温室效应占整体温室效应的 50% ～ 60%；其次是二氧化碳（CO_2），大约占了 25%；其他的还有臭氧（O_3）、甲烷（CH_4）、氧化亚氮（N_2O）、全氟碳化物（PFCs）、氢氟碳化物（HFCs）、氯氟碳化物（CFCs）及六氟化硫（SF_6）等。CH_4 对温室效应的贡献率为 15% ～ 20%，N_2O 对温室效应的贡献率约为 5%。

由于水汽及臭氧的时空分布变化较大，因此，在进行减量措施规划时，一般都不将这两种气体纳入考虑。1997 年，在日本京都召开的联合国气候化纲要公约第三次缔约国大会中所通过的《京都议定书》，规定了对 6 种温室气体进行削减：CO_2、CH_4、N_2O、HFCs、PFCs 及 SF_6。从单个分子的温室效应强度来说，1 个 CH_4 分子约是 1 个 CO_2 分子的 25 倍，1 个 N_2O 分子约是 1 个 CO_2 分子 的 298 倍，而某些氯氟碳化物气体，如 F－11 及 F－12，它们的单个分子的温室效应甚至是 1 个 CO_2 分子的 10000 多倍（F－11 为 15496 倍，F－12 为 18908 倍）。但由于目前地球大气中 CO_2 的浓度远远高于其他气体，因此，CO_2 的温室效应仍是最大的。

2.1.1　CO_2

CO_2 在通常情况下是无色无臭并略带酸味的气体，熔点为 －56.2 ℃，正常升华点为 －78.5 ℃，在常温（临界温度 31.2 ℃）下加压到 73 个大气压就变成液态，将液态 CO_2 的温度继续降低会变成雪花状的固体 CO_2，称为干冰。固体 CO_2 变成气体时大量吸收热量，因此常常用作低温制冷剂和人工增雨催化剂。

大气中的 CO_2 含量虽然不高，但是它几乎不吸收太阳短波辐射不吸收，而对地表射向太空的长波辐射，特别是在靠近峰值发射的 13 ～ 17 波谱区，有强烈的吸收作用，把大部分地表辐射的热量截留在大气层内，因而对地表有保温效应，对气候变化有重要影响。陆地表面释放出的 CO_2 总量大约是 50 kg/cm^2，大多数 CO_2 已溶解在海洋之中，其中多数又作为碳酸钙从海洋中沉淀下来。仅有

0.45 g/cm^2 的 CO_2 停留在大气层中，而有大约 27 g/cm^2 的 CO_2 溶解在海洋中，溶解在海洋中的 CO_2 是停留在大气中的 CO_2 的 60 倍之多。因此，由地球排气释放的大多数 CO_2 目前存在于地层的沉积岩（如碳酸盐岩石）中。

大气中的 CO_2 和海洋中的 CO_2 存在着复杂的动态平衡过程。实验表明，含 CO_2 的气体与海水接触，470 d 后，海水可以溶解混合气体中一半的 CO_2，完全平衡可能要 5～10 年。大气中的 CO_2 最终会进入海洋并沉积到岩石中去，目前大气中的 CO_2 持续增加，说明大气中的 CO_2 比由海洋溶解的 CO_2 更多。

大气和海洋之间存在着 CO_2 的交换。据估计，海洋中 CO_2 的含量约为大气中 CO_2 含量的 60 倍，其中大部分 CO_2 在斜温层以下，也就是次表层海水以下，而在斜温层以上的海洋表层，含有的 CO_2 的量相当于大气中 CO_2 含量的 70%。海洋既从大气中吸收 CO_2，又向大气中放出 CO_2，是 CO_2 的储存库和调节器。海洋和大气之间的 CO_2 的转移，决定于大气中 CO_2 分压强与海水中 CO_2 分压强之差。如果大气中 CO_2 的分压强大于海水中 CO_2 的分压强，海洋就吸收大气中的 CO_2；反之，海洋就向大气释放 CO_2。在高纬度地区，CO_2 从大气输向海洋；在低纬度地区，CO_2 从海洋输向大气。

人为排放的超过 75% 的 CO_2 来自化石燃料燃烧和水泥生产，其余的排放来自森林采伐引起的土地利用变化和生物质燃烧。1860 年以来，由燃烧矿物质燃料而排放的 CO_2 的平均每年增长 4.22%。观测表明，大气 CO_2 浓度在工业革命前是 0.028%（体积分数），20 世纪 50 年代其体积分数年平均值约为 0.0315%，20 世纪 70 年代初已增加至 0.0325%，到 1998 年增加为 0.0367%，大约增加了 31%。

大气中增加的 CO_2，约 50% 在大气中存留 30 年才消失，而 30% 要存留几百年，剩下的 20% 要存留几千年。化石燃料燃烧为 CO_2 人为排放之主要来源，由于大量使用煤、石油、天然气等化石燃料，全球的 CO_2 正以每年约 6 Gt 的量增加。如果暂不考虑 CFCs，以及全球各处显著不同的、难于定量化的 O_3 变化的效应及其他因子的影响，只考虑各种温室气体在大气中的含量，那么，CO_2 的增加对目前温室效应的贡献大约是 70%，CH_4 大约是 24%，而 N_2O 则为 6% 左右。

大气中 CO_2 增加的另一个主要原因是采伐树木作燃料。森林是大气碳循环中的一个主要的“库”，每平方米面积的森林可以同化 1～2 kg 的 CO_2。砍伐森林把原本是 CO_2 的“库”变成了一个向大气排放 CO_2 的“源”。据世界粮农组织估计，20 世纪 70 年代末期，每年约采伐木材 24×10^9 m^3，其中约有一半作为燃柴烧掉，由此造成的 CO_2 质量分数增加量每年可达 0.4×10^{-6} 左右。

有学者认为，如果按 CO_2 等温室气体浓度的增加幅度，到 21 世纪 30 年代，CO_2 和其他温室气体增加的总效应将相当于工业化前 CO_2 浓度加倍的水平，可引

起全球气温上升 1.5 ～4.5 ℃，超过人类历史上发生过的升温幅度。气温升高，可能导致两极冰盖缩小，融化的雪水可使海平面上升，会对海岸城市产生严重的影响。

2.1.2　CH_4

CH_4 是最简单的烷烃，1 个碳原子和 4 个氢原子以共价键结合。CH_4 的密度比空气小。CH_4 分子是正四面体结构，碳原子位于中心，4 个氢原子位于正四面体的 4 个顶角。键与键之间的夹角是 109°28′。CH_4 是一种气体，存在于沼泽底部和煤矿坑中，又叫沼气或坑气。CH_4 是天然气的主要成分，占天然气体积的 85%～95%。它本身就是气体燃料，又是重要的化工原料。CH_4 是一种无色、无味、无毒的气体，它的沸点为 -162 ℃，熔点为 -184 ℃。CH_4 难溶于水，但能溶于汽油、煤油等有机溶剂。CH_4 与空气混合后，燃烧时可以发生强烈爆炸，当空气中含有 5.3%～14.0% CH_4 时，遇到明火就会发生爆炸。工业革命以来，大气中 CH_4 浓度也有明显升高。目前它的年平均浓度约为 1.75×10^{-6}（体积分数）。CH_4 的化学性质一般不活泼，但在高温催化条件下可以生成由 CO 和 H_2 组成的合成气；通过高温裂解可以生成乙炔（C_2H_4）和 H_2；通过高温不完全燃烧能得到硬质炭黑；CH_4 在光的作用下，可以直接氯化，得到各种氯代烷烃。

为了比较不同温室气体排放后所造成的增温效应，研究者提出了全球增温潜能（global warming potential，GWP）的概念。某个温室气体的全球增温潜能定义为：向大气中瞬时脉冲排放 1 kg 温室气体在一定时间内引起的辐射强迫积分与脉冲排放等量的 CO_2 气体在同一时间内的辐射强迫积分的比值。这一概念是将此种温室气体在一定时间内产生的增温效应折换成等效的 CO_2。CH_4 是仅次于 CO_2 的重要温室气体，在大气中的寿命约为 12 年，其百年尺度的增温潜能是 CO_2 的 25 倍，对全球底层 O_3 的变化也有明显影响。它在大气中的浓度虽然比 CO_2 少得多，但增长率则大得多。据联合国政府间气候变化专门委员会（Intergovernmental Panel on Climate Change，IPCC）1996 年发表的第二次气候变化评估报告，1750—1990 年，CO_2 增加了 30%，而同期的 CH_4 增加了 145%。

天然气水合物也称为甲烷冰，是以 CH_4 为主的天然气在大洋底部地层内高压低温环境下形成的，也是一种新型能源，其主要成分是水合甲烷，化学式为 $CH_4 \cdot H_2O$，又称为可燃冰。天然气水合物形成的基本条件是：第一，温度不能太高；第二，压力要足够，0 ℃时，30 个大气压以上它就可能生成；第三，地底要有气源。据估计，陆地上 20.7% 和大洋内 90% 的地区，具有形成天然气水合物的有利条件。绝大部分的天然气水合物分布在海洋，其资源是陆地资源的 100 多倍。海洋底部的有机沉淀都有几千甚至几万年，死的海洋动物和藻类体内都含有碳，经过转化成为CH_4的气源。海底的底层是多孔介质，在温度、压力和气源三项条件都具备的情况下，可以在介质的空隙中生成天然气水合物的晶体。

沼泽地每年会产生CH_4 150 Tg（$1\ Tg = 10^{12}\ g$），消耗50 Tg；稻田产生100 Tg，消耗50 Tg；牛、羊等牲畜消化系统的发酵过程产生100～150 Tg；生物体腐败产生10～100 Tg。全球每年CH_4的排放量达到5.35×10^8 t，CH_4在大气中的体积分数从工业革命前的7×10^{-7}增加到1994年的1.721×10^{-6}，CH_4浓度的平均年增长率为0.8%～1%，估计到2050年其浓度可能达到8 cm^3/m^3，而且在未来的几年中，大气中CH_4含量还将呈现增长的趋势。

在大气中，CH_4是最为丰富的烃类成分，它通常要参与一系列的化学反应，这一系列反应涉及臭氧、水蒸气、氢氧化合物、甲醛、卤烃、氯氟烃、氯气及二氧化硫等多种大气成分。因此，CH_4含量增加将在大气化学中起着重要的作用。大气中CH_4主要由羟基（—OH）所氧化，CH_4的氧化过程会产生一系列化学物质，如CO_2、H_2O、H_2、HCHO、O_3等，这些产物将进一步对大气对流层中的化学组成产生影响。大气平流层中CH_4的增加，对人类活动产生的Cl及ClO起着一种消耗作用，这将减少氯氟烃对大气O_3的影响。另外，平流层中CH_4的氧化是平流层H_2O的一个重要来源。

CH_4在大气中的最终氧化产物是CO_2和H_2O，氧化方程式如下：

$$CH_4 + 2O_2 = CO_2 + 2H_2O + Q$$

CH_4完全燃烧大约可以生成55.6 kJ的热量（Q），生成H_2O 2.25 g，H_2O在高空凝结释放出的潜热量为5.625 kJ，可见CH_4是大气中丰度最高和最重要的化学活性物质，能影响—OH和CO，并控制大气化学过程，从而对环境造成直接影响。

CH_4的排放有自然源和人为排放源。全球几乎1/3的CH_4排放来自自然源，如湿地和湖泊，自然界的生物厌氧腐败分解作用等。其余2/3的排放来自人为活动排放源，包括化石燃料的生产和利用、水稻种植、生物质燃烧、垃圾填埋场和生活污水等。

大气CH_4的观测始于20世纪60年代，那时的观测较分散而且不连续。1972年进行的一些测量资料表明：北半球地表CH_4的平均浓度为1.41×10^{-6}（体积分数），南半球地表大气CH_4平均浓度为1.3×10^{-6}（体积分数）。自1983年起，世界气象组织在世界各地不同纬度上设立了23个大气污染本底监测站，这才开始连续监测大气CH_4的浓度。1984年，在不同纬度上的23个观测站测量的结果表明：全球地表大气CH_4平均浓度为1.625×10^{-6}（体积分数）。这些监测站观测到的CH_4浓度的变化趋势非常类似，都显示出CH_4浓度有明显的季节变化，北半球呈现两峰两谷的年变化特征，极小值出现在夏初，极大值出现在秋末。除

季节变化外，CH_4 浓度还有明显的长期增长的趋势，年平均增长率在 0.5%～1.7%之间。

2.1.3　N_2O

N_2O 是自然界产生的大气痕量气体，无色并有甜味，少量的 N_2O 能使人麻醉，减轻疼痛的感觉。一定浓度的这种气体被吸入人体后，会使人产生面部肌肉痉挛，看上去像在笑，所以它又称为笑气。N_2O 在大气中的寿命很长，约为 114 年。N_2O 的全球增温潜能是 CO_2 的 298 倍，这使它对温室气体引起的温室效应的贡献率约为 6%。N_2O 在对流层中是惰性气体，但在平流层中是氮氧化物重要的来源，而氮氧化物会破坏平流层的 O_3。利用太阳辐射的光解作用将平流层中 90% 的 N_2O 分解，剩下 10% 的 N_2O 可以和激发态氧原子［$O(^1D)$］反应而被消耗掉，即使如此，大气层中的 N_2O 仍以每年 0.5～3 Tg 的速度净增。

在夏威夷的冒纳罗亚观象台等全球大气化学本底站从 1987 年开始对大气中的 N_2O 浓度进行精密观测，在 20 年间，N_2O 的平均升幅是每年 0.25%。现在对流层的 N_2O 浓度大约为 3.18×10^{-7}（体积分数）。大气中 N_2O 的浓度在 1998 年是 3.14×10^{-7}（体积分数），总量为 1510 Tg（折合成氮），比工业革命前的 2.80×10^{-7}（体积分数）增加了 13%，年平均增长速率为 0.2%～0.3%。与 CO_2 和 CH_4 的增长趋势类似，1750—1950 年，N_2O 的增长趋势较慢，而最近 50 年来呈快速增长趋势。根据大气中 N_2O 浓度的增长，可以大致确定目前大气中 N_2O 的年增加量约为 3.9 Tg（折合成氮）。

N_2O 通过紫外线光解生成 N_2 和激发态氧原子：

$$N_2O + h\nu \rightarrow N_2 + O(^1D)$$

N_2O 和激发态氧原子发生反应生成 N_2 和 O_2：

$$N_2O + O(^1D) \rightarrow N_2 + O_2$$

N_2O 也能与激发态氧原子发生反应生成 NO：

$$N_2O + O(^1D) \rightarrow 2NO$$

在全球范围内，人为排放源和自然源的排放相当。自然源主要是土壤和海洋。农业是 N_2O 最大的人为排放源，其中土壤的排放占农业源排放的 60%。农业土壤 N_2O 的排放增长是由于合成氮肥或有机氮肥的施加，而农业土壤的氮输入是人口剧增引起的全球粮食生产增加的结果。畜牧业的有机堆肥过程，也是排放 N_2O 进入大气的途径；工业程序的排放则以使用氮元素的化工原料制造过程为主，如 HNO_3、己二酸（$C_6H_{10}O_4$）等，以及化石燃料燃烧、生物质燃烧等。

2.1.4　CFCs

CFCs 中代表性物质是氟利昂（如 F－11、F－12），它们在室温下就可以转化为气体，不具有毒性也不可燃烧，被用于制冷设备和气溶胶喷雾罐。氟利昂是人工制造出来的。人类利用氟利昂来制作冰箱里的制冷剂、工业上的喷雾剂、农田里的杀虫剂和化工行业的泡沫剂及清洗剂。氟利昂气体的大气温室效应能力非常高：增加 1 个 F－11 分子产生的增温效果，相当于增加 1 万多个 CO_2 分子。因此，虽然 F－11 绝对排放量比 CO_2 小得多，但其危害不容忽视。氟利昂对臭氧层的破坏在于：氟利昂解离出的氯原子从 O_3 中夺取氧原子，破坏 O_3，使平流层 O_3 有逐渐减少的趋势，从而形成“臭氧空洞”。

CFCs（F－11 和 F－12）与激发态活性氧原子的反应：

$$CCl_3F + O(^1D) \rightarrow CCl_2F + ClO$$

$$CCl_2F_2 + O(^1D) \rightarrow CClF_2 + ClO$$

CFCs 的化学惰性很大，难以通过大气自身的清洁活动予以消除。一般来说，可在大气中存留 60～200 年，比如 F－12 的寿命有 100 年，而 F－115 的存留时间甚至长达 1700 年。因此，CFCs 对臭氧层的破坏及影响是长期的。

CFCs 在波长 175～220 nm 的紫外线照射下会发生以下情况：

$$CCl_3F + h\upsilon \rightarrow CCl_2F + Cl$$

$$CCl_2F_2 + h\upsilon \rightarrow CClF_2 + Cl$$

光解所产生的 Cl 可破坏 O_3，会出现以下情况：

$$Cl + O_3 \rightarrow ClO + O_2$$

$$ClO + O \rightarrow Cl + O_2$$

总反应：

$$O_3 + O \rightarrow 2O_2$$

氯原子可迅速与 O_3 反应，首先生成自由基 ClO。自由基 ClO 非常活泼，与同样活泼的氧原子反应，生成氯原子和稳定的氧分子。释放出的氯原子又和 O_3 反应。因此，氯原子一方面不断消耗 O_3，另一方面又能在反应中不断再生，发生链传递，形成链式反应，将 O_3 还原为 O_2，从而加快 O_3 的破坏速率。1 个氯原子可以破坏多个臭氧分子。

2.1.5 O_3

O_3 与 O_2 一样，是一种单质。气态的 O_3 呈天蓝色，在液态时变成暗蓝色，在固态时几乎是黑色的。O_3 的熔点是 －250 ℃，沸点为 －111 ℃。在所有聚集状态下，O_3 都能因受到锤击而爆炸。O_3 在水中的溶解度比 O_2 要大得多，在常温常压下，100 份体积的水可以溶解 45 份体积的 O_3。

大气中臭氧层对地球生物的保护作用现已广为人知：它能吸收太阳释放出来的绝大部分紫外线，使动植物免遭其危害。为了弥补日渐稀薄的臭氧层乃至臭氧

层空洞，人们想尽一切办法，比如推广使用无氟制冷剂，以减少 CFCs 等物质对 O_3的破坏。O_3并不是越多越好。如果大气中的 O_3，尤其是地面附近大气中的 O_3聚集过多，对人类来说反而是危害。大气 O_3主要分布在 10 ～ 50 km 的中层大气处，在 20 ～ 25 km 含量达极大值。对流层大气中的 O_3含量只占整层大气 O_3量的不到 1/10，但是温室效应仍很显著。对流层 O_3是一种重要的温室气体，同时又是重要的氧化剂，在大气光化学过程中起着重要作用。对流层 O_3浓度过高，将会对人类的健康、动植物的生长和生态环境带来严重危害。O_3的光解产物激发态氧原子与 H_2O 反应生成的氢氧根（OH^-）自由基是对流层 OH^-自由基的主要来源，OH^-自由基在大气化学反应中占有非常重要的地位。

近年来，对流层中的 O_3有增加的趋势，其中一个原因是人类活动造成 CO_2的增加，在对流层内发生解离，氧原子和氧分子结合形成 O_3；另一个原因是平流层臭氧的破坏，使近地面光化学反应加强，产生一系列强氧化性的物质，其中就有 O_3。O_3也是一种温室气体，它吸收紫外线及红外线辐射，从而导致更严重的温室效应。近地面 O_3的增加使温室气体的浓度大大提高，加剧了温室效应。

低层大气是人为及自然排放的氮氧化物（NO_x）、非甲烷烃（NMHC）、CO 等 O_3前体物的主要空间。城市地区近地面 O_3变化主要受光化学作用控制，由于，这些地区的 O_3前体物浓度较高，因此，O_3的产生和损耗决定于光化学反应，物理因素的影响相对较弱；而在清洁地区，其近地面 O_3变化则主要受大气背景 O_3浓度的影响。OH^-自由基和过氧化氢自由基（HO_2）是大气中的重要氧化剂，决定了大气中许多物质的寿命，它们在对流层光化学反应中处于非常重要的核心地位。NO_x、NMHC、CO 等 O_3前体物随人类活动的变化直接或间接地影响着自由基的浓度。通过光化学理论分析和模式研究，我们发现，O_3本身的变化对 OH^-自由基和 HO_2 的变化具有显著的反馈作用。O_3与 NO_x之间存在一定的非线性关系，NO_x不仅影响 O_3的水平分布，而且对 O_3的垂直分布也产生影响，这一现象在污染严重地区的边界层底层表现得更加突出。因此，在高 NO_x污染地区的地面上空可能出现高 O_3的污染。

在过去 20 年来，观测发现平流层 O_3耗损导致地表 - 对流层系统 0.15 $W \cdot m^{-2}$的负辐射强迫，即一种趋于冷却的趋势。IPCC 在 1992 年的气候变化报告中的科学评估补充报告提及，人类产生的碳氢化合物引起的 O_3层损耗导致负的辐射强迫。到目前为止，平流层 O_3一直在损耗，不断增加的模式结果更加证实负的辐射强迫还在略为增大。全球环流模式（global circulation model，GCM）表明，尽管 O_3损耗存在不均匀性，但这样的负辐射强迫与地表温度降低有关，且降低幅度与负辐射强迫量成正比。IPCC 的报告指出，自工业化以来，由于对流层 O_3增加导致的全球平均辐射强迫，使人类排放的温室气体的辐射强迫得到加强，约为0.35 $W \cdot m^{-2}$，这使对流层O_3成为继CO_2、CH_4之后第三种重要的温室气体。O_3由光化学反应形成，而且它之后的变化由CH_4和其他污染物质决定。O_3浓度相对地可以快速响应污染物排放的变化。基于有限的观测和几种模式的研究，工业化以来，对流层O_3增加了大约35%，地区不同，增加程度不同。20世纪80年代中期以来，北美和欧洲观测到的O_3浓度增加量减少，亚洲地区对流层O_3可能在增加。

2.2 温室气体的吸收特性

温室气体大多是由奇数原子构成的分子，温室气体包含H_2O、CO_2、CH_4、N_2O、O_3、CFCs和SF_6等。温室气体的温室效应大小不仅与其本身吸收长波长光线的特性有关，而且与其含量有关。大气中各种温室气体含量的变化主要受自然因素与过程控制，而人类活动使这一自然演进过程受到了影响，尤其是工业化以来，对大量化石燃料的消耗及对森林的毁坏，极大地改变了大气化学成分，不仅使CO_2、CH_4、N_2O等温室气体含量急剧增加，而且在大气中增加了自然界中原本不存在的新的温室气体成分，如CFCs等。

所谓吸收作用，就是指投射到物质上面的辐射能中的一部分被转变为物质本身的内能，或其他形式的能量。辐射能在经过吸收介质向前传输时，能量不断被削弱，而介质则可能被辐射能加热，温度升高。

大气中有各种气体成分，以及水滴、尘埃等气溶胶粒子，它们对于太阳辐射具有选择性吸收性质。这是由气体成分的分子和原子结构及其所处状态决定的。我们知道，气体发出的光谱有线光谱和带光谱2种，线光谱是原子反射的，带光谱是分子反射的。气体分子的能量包括4个部分，其中除去整个分子的移动动能外，还有组成分子的原子之间的转动能量、分子中的原子之间相对振动的能量、原子和分子内旋转的电子运动能量。按照量子力学观点，这3种能量只能是分隔开的、具有一定数值的能量，也就是说，只能处在一定量子数的各个能级上。可见，分子的吸收光谱与发射光谱必然一致。分子吸收和发射辐射对波长有选择性，原因是一种气体有其确定的各量子能级。

从整层大气的吸收光谱来看，在0.29 μm以下，吸收率接近于1，即大气把太阳发出的0.29 μm以下的紫外线辐射几乎全部吸收了。在可见光区，大气的吸收很少，只有不强的吸收线带。在红外区则有很多很强的吸收带。大气在整个长波段，除去8～12 μm谱段外，其余谱段吸收率都接近于1。而8～12 μm谱段吸收率小，透明度大，称为“大气透明窗”。地面的长波辐射在这一段窗区，经过大气后大部分能量射向宇宙空间。但是在这一窗区中也有一个窄的臭氧吸收带

(9.6 μm)，这主要是臭氧层的作用。大气在 14 μm 谱段以上，可以看作近似黑体。地面 14 μm 以上的远红外辐射，不能透过大气传向空间。在整个长波谱段中，将整层大气的积分辐射吸收率与黑体吸收率相比，约等于 0.7，比短波辐射的吸收率大了数倍。

2.2.1　H_2O 的吸收特性

H_2O 是大气中最重要的吸收成分，它在大气中的含量可随时间和空间有很大的变化，H_2O 的光谱比其他大气成分的光谱要复杂得多。H_2O 是一个不对称的陀螺分子，以氧原子为顶点构成一个等腰三角形，它的 2 个 O—H 键之间的夹角为 104°30′，H 和 O 原子核间距离等于 0.958 Å。H_2O 最强和最宽的、也是最重要的吸收带是 6.3 μm 带（ν_2 基频带），是振动和转动能量变化产生的振转光谱，水汽红外吸收谱线的分布是很不规则的。在 2.74 μm 和 2.66 μm 有 ν_1 和 ν_3 基频带，它们合在一起就是 H_2O 的 2.7 μm 吸收区。H_2O 除了上述 3 个吸收带外，在可见光和红外区还可以观察到很多吸收带，但是在可见光区域的吸收带是非常弱的。

H_2O 在远紫外区也有许多强的吸收带，较强的一些位于 16.0 ～ 110.0 nm、105.0 ～ 145.0 nm、145.0 ～ 190.0 nm 光谱区中。H_2O 对太阳紫外辐射的吸收对高层大气的能量可能是重要的，但在对流层中，它们是不重要的，因为这些辐射在高层大气中已经被完全吸收了。在较强的 H_2O 吸收带之间，有着一些吸收很弱的区域，这就是所谓的大气窗区。在红外波段，一个非常重要的大气窗区位于 8 ～ 12 μm，因为它正处在地球长波辐射的峰值区，所以对地气系统辐射能量的平衡来说，有着特别重要的意义，对卫星遥感探测地面特征来说，这也是极为有用的波段。在这一波段中，除了在 9.6 μm 有 O_3 吸收带和有一些弱的 H_2O 线的选择吸收外，还存在着连续吸收。有一种看法认为连续吸收是 H_2O 的 6.3 μm 吸收带和纯转动带中强线的远翼吸收，另一种观点认为是由大气中含量很少的双水分子的吸收造成的。

2.2.2　CO_2 的吸收特性

CO_2 是地球大气中另一种重要的红外吸收气体，在通常的底层大气中，它的体积混合比约为 0.036%。CO_2 是具有一个对称中心的三原子分子。在振动基态，C—O 键长度为 0.11632 nm，转动常数为 0.3959 cm^{-1}。CO_2 没有永电偶极矩，因此不存在纯转动光谱。CO_2 有 4 个振动自由度，相应有 4 种基本振动方式，其波数为 $\nu_1 = 1388.3\ cm^{-1}$，$\nu_{2a} = \nu_{2b} = 667.3\ cm^{-1}$，$\nu_3 = 2349.3\ cm^{-1}$。其中，$\nu_1$ 振动是非红外光效的，没有相应的红外吸收光谱；ν_2 振动是二重简并的，它是 CO_2 在光谱的红外区的主要吸收带，对大气辐射热交换有重要作用，对大气热结构的遥感探测也是十分有用的，其范围为 12 ～ 18 μm，中心位置在 13.5 ～ 16.5 μm 之间；ν_3振动对应于 CO_2 的一个很窄的而非常强的吸收带，即 4.3 μm 带，它使这个波段的太阳辐射被 20 km 高度以上的大气层完全吸收掉。CO_2 除了上述基频带外，还有中心在 10.4 μm、9.4 μm、5.2 μm、4.8 μm、2.7 μm、2.0 μm、1.6 μm 和 1.4 μm 的吸收带，以及 0.78 ～ 1.24 μm 的一系列弱带。所有这些带都比较窄，宽度约为 0.1 μm 的量级，但是在每一个这样的吸收带中，还都包含着很多的震动转动带，是由大量的转动线构成的。CO_2 在可见光和紫外光谱区还有电子吸收带存在，但它们对太阳辐射的吸收并不重要。

2.2.3　O_3 的吸收特性

O_3是大气中第三种重要的吸收气体，它由 3 个氧原子组成，构成一个等腰三角形，顶角为116°49′，腰的长度是 0.1278 nm。O_3是一个不对称陀螺分子，有 1 个永电偶极矩。O_3对太阳短波辐射有很强的吸收作用，O_3的电子跃迁带位于可见光区和紫外区，紫外区最强的哈特莱带位于 220 ～ 320 nm。哈特莱带是由大量间距约为 1.0 nm 的弱带所构成的一个连续的强吸收带，它的吸收与温度稍稍有关。

在哈特莱带的短波翼，吸收系数逐渐下降，到 200 nm 处出现极小值，然后又开始增加，在 140 nm 以下出现一系列极大值，最大是在 122 nm 处。在哈特莱带的长波翼的 300 ～ 345 nm 区域，有着比其他区域更明显的带结构，这是 O_3的哈金斯带，它的吸收明显与温度有关。

440 ～ 750 nm 是 O_3的夏普伊带，它的吸收较弱；340 ～ 450 nm 是 O_3光谱中比较透明的区域，只有在非常长的路径中才能产生可测量到的吸收。O_3在紫外区的吸收带（哈特莱带以及哈金斯带）对地球大气有特别重要的意义，O_3对紫外辐射的强烈吸收产生了到达面的太阳光谱在短于 0.3 μm 的波长区出现不连续现象。O_3对太阳辐射的吸收占整个太阳辐射通量的 1.5% ～ 3.0%，这视太阳高度和大气中的 O_3含量而定。在整个北半球，平均来讲，大气 O_3所吸收的太阳辐射约为 2.1%。O_3的哈特莱带对大气遥感探测也有十分重要的影响。在对流层中，对于几公里的距离来讲，O_3吸收并不妨碍激光探测。但对于 10 ～ 40 km 的大气层来说，由于 O_3主要出现在这一层中，故可造成 0.23 ～ 0.3 μm 的太阳辐射强烈地衰减，从而使工作在 0.3 μm 以下的激光探测器受到散射太阳辐射的影响大为减少，显著地提高了信噪比。

在计算大气中的辐射热传输或交换时，O_3的长波辐射的吸收和发射常常忽略不计，但在某些情况下，如平流层的热结构理论，还是必须考虑的。在红外光谱区，O_3有 3 个基频振动转动吸收带，即 9.1 μm 的 ν_1 带、1.41 μm 的 ν_2 带和 9.6 μm 的 ν_3带。ν_1带很弱，它与 ν_3带相互重叠，在它们相应的分子能级之间出

现很强的相互作用，这使对 ν_1 吸收带的分析比较困难。

除了 ν_1、ν_2 和 ν_3 的基频带，O_3 在 2.7 μm、3.28 μm、3.57 μm、4.75 μm 和 5.75 μm 区还有泛频和并和频带，其中以 4.75 μm 带最强。在大气条件下，除了处在 8～12 μm 大气窗区的窄而强的 9.6 μm 带（与 9.1 μm 重叠）可以被观察到，并具有温室效应外，其余的吸收带都被强得多的 H_2O 和 CO_2 的吸收带所掩盖。

2.2.4　CH_4 的吸收特性

CH_4 是一个球形陀螺分子，它在大气中的含量甚微，也没有永电偶极矩。CH_4 的电子光谱在波长大于 145 nm 时是不重要的，在小于 145 nm 有连续的吸收带。CH_4 有 4 个基频振动转动带，只有在 3020.3 cm^{-1} 的 ν_3 带和在 1306.2 cm^{-1} 的 ν_4 带是红外光效的。但是由于振动转动能相互作用，因此，在 1526 cm^{-1} 的 ν_2 带也能出现在光谱中。

CH_4 的吸收谱线结构非常复杂，除了基频带，CH_4 还有泛频带，已经观测到的有 2600 cm^{-1}、3823 cm^{-1}、3019 cm^{-1}、4123 cm^{-1}、4216 cm^{-1}、442 cm^{-1}、5775 cm^{-1}、5861 cm^{-1} 和 6005 cm^{-1} 等。其中 ν_4 带（7.66 μm）处在地气长波辐射峰值区范围，又位于大气红外窗区的短波一侧，它的窗口吸收效应在大气辐射收支中有着实际的重要性。

2.2.5　N_2O 的吸收特性

N_2O 具有不对称的线性结构，有 1 个永电偶极矩。在微波区存在转动光谱。它的 3 个基频振动转动带出现在 1285.6 cm^{-1}（ν_1 带）、588.8 cm^{-1}（ν_2 带）和 2223.5 cm^{-1}（ν_3 带），这些带的光谱结构与 CO_2 的光谱结构有相似之处。此外，N_2O 还有以下一系列红外吸收带：1167 cm^{-1}、2210 cm^{-1}、2461.5 cm^{-1}、2563.5 cm^{-1}、2577 cm^{-1}、2798.6 cm^{-1}、3365.6 cm^{-1}、3481.2 cm^{-1}、4389 cm^{-1}、4417.5 cm^{-1}、4630.3 cm^{-1} 和 4730.9 cm^{-1} 等谱带。此外，N_2O 也有着丰富的紫外光谱，从 306.5 nm 开始有几个宽广的连续吸收区。

N_2O 是中高层大气中光化学过程中活跃的成分。由于 N_2O 的大气浓度接近 CH_4 的，并且观测显示出其有逐年增加的趋势，因此，处在地气长波辐射能量峰值区的 N_2O 红外谱带的吸收效应也受到了人们的重视。

2.2.6　其他气体的吸收特性

CFCs 等痕量气体也都有着它们各自的吸收谱带。CFCs 在 700～1150 cm^{-1} 范围有几个红外吸收带，它们对大气红外窗区的吸收有一定贡献。制冷剂、发泡剂和灭火剂的广泛使用和散逸于大气中，使 CFCs 等成分的大气浓度不断增加，相应产生的温室效应和对气候的可能影响已经成为科学界的热门话题。

大气中各种成分的吸收带中心波长和波数见表2-1。

表2-1　大气中各种成分的吸收带中心波长和波数

吸收气体	化学符号	强吸收波长/μm （波数/cm^{-1}）	弱吸收波长/μm （波数/cm^{-1}）
水汽	H_2O	1.4（7142） 1.9（5263） 2.7（3704） 6.3（5787） 13.0（1000）	0.9（11111） 1.1（9091）
二氧化碳	CO_2	2.7（3704） 4.3（2320） 14.7（680）	1.4（7142） 1.6（6250） 2.0（5000） 5.0（2000） 9.4（1064） 10.4（962）
臭氧	O_3	4.7（2128） 9.6（1042） 14.1（709）	3.3（3030） 3.6（2778） 5.7（1754）
氧化亚氮	N_2O	4.5（2222） 7.8（1282）	3.9（2564） 4.1（2439） 9.6（1042） 17.0（588）
甲烷	CH_4	3.3（3030） 3.8（2632） 7.7（1299）	
一氧化碳	CO	4.7（2128）	2.3（4348）

2.3　温室气体的源与汇

温室气体的源是指温室气体成分从地球表面进入大气，或者在大气中由其他物质经化学过程转化为某种气体成分。温室气体的汇则是指一种温室气体移出大

气到达地面或逃逸到外部空间，或者是在大气中经化学过程不可逆转地转化为其他物质成分。例如，N_2O 在大气中发生光化学反应，即只有在一定波长的光的照射下才能发生的化学反应，而转化为 NO_x，因此，N_2O 构成了汇。大气温室气体的源有自然源和人为源之分。

2.3.1　CO_2 的源与汇

大气 CO_2 时空变化受控于由海洋碳酸盐体系驱动的溶解度泵和浮游生物驱动的生物泵过程，以及大气 CO_2 与陆地植被光合作用的相互作用，因此对 CO_2 的研究涉及全球碳循环的系统过程（陈碧辉，2006）。

目前，CO_2 源和汇的平衡问题依然没有解决。IPCC、Trans 等均认为进入大气的 CO_2 有 10% ～ 20% 的去向不明，IPCC 称之为“遗漏的 CO_2 汇”。近年来，许多学者对此进行了大量的研究，试图捕捉这 10% ～ 20% 的 CO_2 的行踪。遗漏的 CO_2 汇到底在地球的何处，“陆地说”和“海洋说”各持己见。

郑乐平（1998）认为，CO_2 不仅来源于地表，而且也来源于地球内部，地球内部大量的 CO_2 通过突发式、阵发式和渐进式被释放，释放出来的 CO_2 成为大气 CO_2 浓度升高不可忽视的源。

我国大陆岩溶发育显著。袁道先提出的碳酸岩 - 水 - 二氧化碳三相岩溶动力系统概念清楚地表明了岩溶作用与大气 CO_2 之间的密切关系，为此形成的岩溶过程中碳循环理论开辟了大气 CO_2 源汇研究的新领域。徐胜友等（1997）运用该理论方法，对我国岩溶作用与大气 CO_2 的源汇关系进行了初步的定量评价，认为溶蚀作用回收的 CO_2 可能是“遗漏的 CO_2 汇”的重要组成部分，且这个汇具有不断增加的趋势。

分布在北半球中纬度的中国黄土，在碳酸盐的淋溶和淀积过程中，可能会吸收或释放大量的 CO_2，因而在 CO_2 未知汇的研究中很可能具有重要作用。刘嘉麒等（1996）初步研究了渭南黄土剖面温室气体的组分特征，结果显示黄土中温室气体浓度比大气中的浓度要高得多，其中 CO_2 浓度甚至高达大气中的几十倍。对晋北偏关至晋南稷山的黄土 - 古土壤序列中 CO_2 浓度及其 $\delta^{13}C$（碳同位素比值）进行了研究，认为黄土中 CO_2 主要来源于稳定型有机质的微生物氧化分解。刘强等（2000）对北京斋堂黄土剖面主要温室气体组分特征的研究，进一步证实黄土是一个大的碳库。

作为陆地生态系统主体的森林，王效科等（2000）认为，它将是大气 CO_2 的一个重要的汇。王庚辰（1996）认为，中国陆地植被系统是一个 CO_2 的弱汇，但若考虑化石燃料燃烧等人为活动的影响，则中国是一个源，每年向大气排放相当于 0.57×10^9 t C 的 CO_2。方精云等（1994）研究中国陆地植被净生产量，排除土壤呼吸、生物质燃烧、人体呼吸等因素，认为中国陆地生物圈系统是一个 CO_2 源，每年向大气释放 0.44×10^9 t C 的 CO_2。若考虑化石燃料的使用，则中国大陆每年向大气释放 CO_2 的净释放量相当于全球释放总量的 12.8%～21.8%。

目前尚不能确定全球大陆边缘海是大气 CO_2 的源还是汇。过去 20 年的近岸生态系统研究通常认为边缘海是大气 CO_2 的净源。然而，对美国新泽西州陆架、亚马孙河输入的陆架和陆坡等水体中 p_{CO_2}（CO_2 分压）的直接观测显示，边缘海至少在 1 年中的相当长时间段内是吸收 CO_2 的。也有学者认为，陆架边缘海既积累人为 CO_2，又在总体上表现为大气 CO_2 的弱源。目前对中国海 CO_2 源汇的初步研究表明，东海是 CO_2 的主要汇区，南海是 CO_2 的主要源区，珠江河口附近的陆架海域的表层至少在春季发生水华期间是大气 CO_2 的汇。

2.3.2　CH_4 的源与汇

CH_4 全球总排放量依然存在很大的不确定性。就目前排放量而言，全球排放量为 535×10^6 t/a，其中 70% 是人为源排放。厌氧环境的生态系统是大气中 CH_4 的主要来源。化石燃料燃烧等非生物过程也是大气中 CH_4 的一个来源。大气 CH_4 源按照是否有人类直接参与分为天然源和人为源。前者主要包括湿地、海洋等，一般占总源的 30%～50%；后者主要包括能源利用、垃圾填埋、稻田和生物体燃烧等，一般占总源的 50%～70%。

稻田生态系统 CH_4 的排放被认为是过去 100 多年里大气 CH_4 浓度增加的重要原因之一，由于稻田 CH_4 排放的影响因子之间相互作用的复杂性及区域气候的差异性使稻田 CH_4 的排放时空变化很大，因此，如何准确估算稻田 CH_4 的排放，这是目前研究的重点。对稻田生态系统 CH_4 的研究，除现场观测外，更多的是借助数值模式估算 CH_4 排放量。中国稻田 CH_4 的年排放估算值为 6.79～41.4 Tg（$1\ Tg = 10^{12}$ g）。

湿地是 CH_4 主要的天然源。在全球，其面积高达（5.3～5.7）$\times 10^9\ m^2$，其绝对源强为 115 Tg/a。科学家们通过大量的野外观测和实验室研究，考察各种湿地生态系统 CH_4 排放量的控制因子，如温度、含水量、有机质含量等，研究了 CH_4 的产生和输送机制。气候变化也会影响 CH_4 的排放。Chappellaz（1990）发现，湿地 CH_4 的排放与气候变暖存在正相关关系。生长在热带草原和热带森林的白蚁，是 CH_4 的一个较小的天然源，其源强为 15～20 Tg/a。存在于大陆架沉积物和永久冻土带的天然气水合物，由于其储量大（约为 1000 Tg CH_4），气候的扰动可能使其成为一个较大的 CH_4 潜在来源。朱仁斌等（2001）首次系统地研究了南极苔原近地面 CO_2、CH_4、N_2O 浓度及通量的相互关系，结果表明天气条件对它们浓度日变化影响较大，南极苔原土壤是 CH_4 的汇和 N_2O 的源。

大气 CH_4 的汇主要是 CH_4 在大气对流层与 OH^- 自由基发生化学反应（占大气 CH_4 去除的 90%），其次是水分未饱和土壤的吸收和向平流层的少量输送。氧化 CH_4 的细菌广泛散布于土壤、沉积物和水环境，对热带、温带及北极地区的许多土壤的研究中证实了 CH_4 氧化的存在。有学者研究了 CO_2 体积分数升高到 560 $\mu L \cdot L^{-1}$ 对温带森林土壤吸收大气 CH_4 的影响，结果表明土壤吸收 CH_4 减少了 30%，而且这种影响将随着气候的变暖而加强（陈碧辉等，2006）。IPCC 在 1991 年公布的全球土壤吸收 CH_4 的估计值为 $30 \times 10^6\ t \cdot a^{-1}$。在大气对流层，因与 OH^- 自由基发生化学反应，CH_4 的消耗速率为 $420 \times 10^6\ t \cdot a^{-1}$。

2.3.3　N_2O 的源与汇

过去一直认为大气 N_2O 的主要来源是土壤中可溶性固氮的硝化和反硝化作用、化学肥料的分解及其他工业过程的排放，N_2O 的汇是大气中的化学转化及之后的干湿沉降过程。研究者 Sivola 在 1992 年发现，在适合 N_2O 还原的条件下，土壤能除去 N_2O，但土壤仅仅是 N_2O 的一个小小的汇。IPCC 认为，农业和人类活动产生的氮化物及硝酸盐都可能会引起自然生态系统（如森林、河流、海岸地区）向大气排放 N_2O。目前认为，凡是含氮化合物被生物合成转化的地方都是 N_2O 潜在的源。Ueda 等人比较了大气与地下水的氮同位素，认为地下水可能仅是大气 N_2O 的一个较小源。已有的研究认为，陆地生态系统中天然湿地的 N_2O 排放率最低。但 Devol 在 1991 年证实了非农业生态系统（如湿地港湾、沿海地区）反硝化作用排放的 N_2O 对于大气氮的输入具有增强作用，是 N_2O 的一个重要来源。学者 De Soete G. 在 1991 年通过对工业化石燃料排放 N_2O 的估算，认为发电站不是一个重要的人为排放源。国内一些学者认为，冻融地区土壤是重要的 N_2O 释放源。Dore 等人认为，亚热带北太平洋表面水下很可能是全球 N_2O 收支平衡中一个非常重要的源。

大气中 N_2O 的消除过程主要是平流层的化学反应。平流层中导致 N_2O 从大气层中消除的主要化学反应有：

$$N_2O + O(^1D) \rightarrow 2NO$$

$$N_2O + h\upsilon \rightarrow N_2 + O(^1D)$$

$$N_2O + O(^1D) \rightarrow N_2 + O_2$$

对于大气 N_2O 源和汇的研究，目前都是以特殊典型生态系统为对象，无论是总排放量，还是源排放量，精度都很差。尽管 N_2O 在大气中的含量很少，但它对大气的相对致暖潜力［指 1 kg 的某物种对辐射强迫的贡献与 1 kg 的参考物质（如 CO_2）的贡献之比］却高达 290，且在大气中，其浓度的年增长率也高达 0.25%。

第3章　气候变化及其影响因素

环境问题与人类生存息息相关，温室效应及由此引起的全球气候变暖问题已经成为人们关注的热点问题。一些科学家认为，近100年来全球的气温呈上升趋势，特别是近20年来，气温上升更加明显。

人们普遍担心，近年来的全球变暖是否会在一定的时候使地球气候系统发生不可逆转的、超出自然系统调整能力范围的改变，进而对人类生存系统造成毁灭性的破坏。气候变暖除了受温室效应增强的影响以外，还受其他诸多因素的制约。

3.1　气候变化的主流观点

目前学界主流观点认为，在短时间尺度上的全球气候变暖主要是由温室气体的增加引起的。大气中的温室气体主要有 $H_2O(g)$、CO_2、CH_4、N_2O 等。由于 $H_2O(g)$ 在大气中的停留时间较短，且变化范围恒定，故主要考虑 CO_2、CH_4、N_2O 的含量，其中，CO_2 在大气中的含量变化更是对全球增温起到最关键的作用。IPCC认为，工业化程度的加大，排放到大气中的温室气体含量持续升高，导致全球气候变暖，以及洪灾、旱灾等气候异常事件发生。

主流观点认为以下事实证明了温室气体排放增加导致的温室效应增强是全球变暖的主要原因之一。第一，研究表明大气中 CO_2、CH_4 等气体成分的浓度在不断增加。对极地冰岩芯的研究表明，从工业革命前的1750年以来，大气中的 CO_2 浓度增加了30%，CH_4 的浓度增加了11%。同类的研究也明显反映出大气中的CFCs的浓度迅速增加。第二，实验证明这些所谓温室气体中的任何一种在大气中的含量增加都有利于大气吸收更多的地面长波辐射，使地面温度升高。第三，地面射向大气的长波辐射将被上述的温室气体部分吸收。第四，各种人为活动，包括农业活动、取暖、工业生产，甚至家庭烹饪都不可避免地向外释放大量的温室气体。因此，他们支持削减温室气体的排放量，认为这将有助于减弱全球气候变暖。

根据研究数据显示，从18世纪中叶到19世纪末，CO_2 与 CH_4 在大气中的平均浓度分别为280 mL/m^3 与0.8 mL/m^3，到了20世纪末期，CO_2 的大气浓度增加到353 mL/m^3，在此期间气温也上升了0.5 ℃，2005年，CO_2 的浓度增加到

379 mL/m^3。同样地，在 2005 年，CH_4 在大气中的浓度增加到 1.77 mL/m^3，N_2O 的浓度也从 288 mL/m^3 增加到 319 mL/m^3，氯氟碳化物制冷剂中的 F－11 和 F－12 的浓度从 0 分别增加到 280 mL/m^3 和 484 mL/m^3。有学者计算推测，到 21 世纪末期，温室气体浓度将达到 1000 mL/m^3，那时气温将比现在上升 1.0～3.5 ℃。为解决全球气候变暖问题，联合国成立了政府间气候变化专门委员会（IPCC），并且采取了首先削减发达国家 CO_2 的排放量这一重大措施来限制全球 CO_2 的排放量，以减小温室效应对气候变暖的影响。而 IPCC 在 2007 年的报告也预测，到 21 世纪末期全球平均地表温度将会增加 1.4～6.7 ℃。

肖国举等（2007）认为，近 100 年是过去 1000 年中气候最暖的，而最近 20 多年又是过去 100 年中最暖的，近 100 年我国气温上升了 0.5～0.8 ℃，略低于全球平均值。他们从气温空间分布、季节及日变化进行论述，认为北半球增温较南半球明显，北半球的高纬度地区增温比低纬度地区明显，我国北方增温比南方明显；从季节分布看，冬季增温明显，秋季、春季次之，夏季增温不明显；从日变化看，夜间气温特别是最低气温升高比较明显，白天气温特别是最高气温升高不明显。我国气候变暖最明显的地区在东北、华北、西北地区，西北地区变暖幅度高于全国平均值。

丁惠萍等（2003）对太阳辐射决定地表平均温度进行了半定量化计算，把太阳看作表面温度为 6000 K 的黑体，它向四周均匀地发射电磁波和粒子流，电磁辐射的波长范围 99.9% 以上集中在 0.2～10 μm 的波段内，波长小于 0.4 μm（紫外光）、0.4～0.76 μm（可见光）、大于 0.76 μm（红外光）的能量分别占总辐射能的 9%、44%、47%。再把太阳看成质点，且以太阳为球心，以日地距离为半径的球面上得到太阳辐射的能量密度（1.37×10^3 W/m^2），再对辐射光波的吸收比和反射比进行估算之，得出地球表层在没有温室气体的情况下气温是 －22 ℃，而目前由于温室气体的存在，靠近地表的平均气温约为 15 ℃。

根据 IPCC 评估报告，人类活动导致 1950—2010 年全球一半以上地区的气候变暖。有学者认为，由于人类活动过程中使用的化石燃料，大气中 CO_2 浓度从 1750 年的 278 mL/m^3 增加到 2014 年的 398 mL/m^3。有学者以冰芯记录了当下的大气 CO_2、CH_4 和 N_2O 浓度，认为是过去 80 万年以来最高的，并且过去 100 年温室气体浓度增速达到了过去 2.2 万年以来前所未有的水平。他们认为，人为增加的温室气体引起了正辐射强迫，导致气候系统正在不断地、加速地偏离当下 CO_2 条件下的气候平衡态，依据是 1880—2012 年全球平均温度升高了 0.85 ℃。在北半球，1983—2012 年可能是过去 1400 年来最暖的 30 年，并且 2014 年全球温度再创新高，成为有仪器记录以来最暖的一年。IPCC 第 3 次气候变化评估报告认为，在 21 世纪，全球平均气温将继续上升，可能的上升范围为 1.4～5.8 ℃。2020—2030 年，我国平均气温将上升 1.7 ℃，到 2050 年将上升 2.2 ℃，未来50～100 年，全球和我国的气候将继续向变暖的方向发展。

在漫长的地质时期里，封存的腐烂植物产生大量 CH_4、石油和煤等，人类开采这些能源并燃烧，进一步增强温室效应。这样的过程进行下去，将会使气候变暖的程度和速度超过人类所能适应的限度。IPCC 的报告承认：温室效应的反馈作用将导致温室气体浓度的增加，因此，气候变化很可能比我们做出的估计还要大。人们担心由于全球气候变化在不同的地区强度不同，现在的气候分布模式可能发生变化。

有学者根据现有的气候模式计算，认为如果温室气体的排放量维持现状，陆地升温将快于海洋，冬季北半球高纬度地区变暖的程度将高于全球平均水平。不同地区变化的程度很不相同，局部地区变冷也不是不可能的，对此进行精确的预言极为困难。初步的分析认为，南欧、北美中部温度上升将高于全球平均水平。降雨将更集中于夏季，土壤将更加干燥，而且海平面每年将升高 0.6 cm。

3.2 气候变化的其他观点

科学家们通过对更长时间内的气候变化进行研究，发现气候变暖与空气中 CO_2 含量升高并不总是相吻合。从 21 世纪初开始，全球气温总体来说呈上升趋势，但是 20 世纪 40 年代至 20 世纪 70 年代期间，全球气温不但没有上升，反而下降了 0.3 ℃，而这段时间正是大气中 CO_2 浓度增加得最快的时期。从我国有较准确的气象资料记录显示，自唐朝至今的 1000 多年中，我国气温经历了高温—低温—高温的变化过程，最大温差近 3 ℃，而近些年来的高温天气与 20 世纪的低温时期相比，其温差未超过 1 ℃，这样看来，目前的全球气候变暖似乎又属于正常现象。

有人提出大规模化石燃料的使用造成大气层 CO_2 和灰尘的增加有助于形成更多的云，这将减少到达地面的太阳辐射，导致地球表面温度下降，并认为这种冷室效应的危害比温室效应大得多。对温室效应起重要作用的氟利昂是臭氧层的主要破坏物质，而 O_3 的减少会使地面变冷。还有人通过计算提出，当大气中 CO_2 浓度为 330 mL/m^3 时，全球地表平均温度为 16 ℃，即使浓度增加到现在的 10 倍，温度不过增加 4 ℃，现在 CO_2 浓度为 350 mL/m^3，增加并不太多，况且 CO_2 的适当增加对农业有益。但是，如果 CO_2 的浓度减少一半，地面温度将急剧下降。

有人认为，目前全球气候的变化在百年的时间尺度上是正常的周期性变化，并不是因为人类向大气中排放温室气体所致。这类学者认为，CO_2 含量升高引起

全球气候变暖的观点可能是不符合客观实际的。主要理由为：地表主要被水体覆盖，大洋占71%，大陆占29%，陆地上也是被大小湖泊、河流水系贯通。当受到太阳辐射之后，地表温度上升，会引起水汽的浓度升高，在水汽的温室效应约是 CO_2 的 100 倍的情况下，地表温度进一步提高，递增效应，能量积累。虽然水汽在大气中的滞留时间是短暂的，但也能引起地球表面温度达到温室效应增温所能达到的最高温度。就在当前日地距离和太阳辐射强度情况下，地表的温室效应可能处于所能达到的最高温度。因为大气中的水汽具有很强的温室效应，它对长波辐射的吸收已经使地表大气温度达到最高气温值，所以增加的 CO_2 体积分数除了引起大气平均密度变化外的增温效果外，在温室效应增温上并不会明显地升高气温。

胡永云（2012）从物理学的角度指出，对于太阳辐射，金星的反射率为 0.78，而地球的反射率为 0.3，由此得出在没有温室效应的情况下，地球表层的温度应该约为 −18 ℃，金星表层的温度应该约为 −48 ℃。因为有温室气体的存在，所以地表实际平均温度为 15 ℃，这与丁惠萍（2003）的结论相似。然而，金星表层实际平均气温为 467 ℃，金星表面的大气压是地球的 93 倍，而 95% 的气体为 CO_2，所以很强的“温室效应”引起了金星表层温度的升高。然而，王兆夺等（2017）却认为胡永云（2012）的结论没有考虑到地球和金星的自转，也认为其提出的地球与金星的反射率数据不可靠，对该算法的精确性与可靠性也提出了质疑。王兆夺等（2017）认为存在宇宙能量背景值，即使在太阳不发光的情况下，地表接受宇宙能量辐射也会有一定温度，而且在近地表的地温梯度一般为 $(2\sim3)\times10^{-2}$ ℃/m，从地球内部所发散出的热量不可忽视。

刘晓东等（1998）利用 20 世纪后半叶青藏高原地区的 48 个站位，通过对气温、降水资料展开研究，并将气温序列向前延伸了 60 年，分析和讨论了高原气候的全球变化特征。根据研究结果，认为 20 世纪以来，青藏高原气温呈现出上升趋势。然而，王兆夺等（2017）认为，刘晓东等（1998）并没有从严格意义上来论证说明气温变化和 CO_2 增加的先后对应关系。

廉毅等（1997）利用在气象站观测到的数据，认为在春秋两季晴天的情况下，CO_2 含量的变化与太阳总辐射通量密度有非常显著的反线性相关性，并且 CO_2 的峰值落后于太阳总辐射通量密度峰值 1～2 h，认为太阳辐射影响着 CO_2 的体积分数变化，以及地表气温变化与 CO_2 的体积分数并没有良好的对应关系。

Jones 等（1992）对北半球在 20 世纪 90 年代这段时间的平均气温做了分析，发现气温在 1920 年前后升高，到 1940 年前后达到顶峰，此后气温有降低趋势，在 1970—1980 年降至最低点（波谷），在 1980 年以后又逐渐走向变暖趋势。该论文认为，在几十年的时间尺度上，CO_2 含量的变化和北半球平均气温的变化并没有呈现出相一致的对应关系。王绍武（1991）根据全球及中国平均气温在百年来的变化，对比同时期 CO_2 含量的增长趋势，得出了气温与 CO_2 含量并没有呈现出很好的对应相关性的结论。丁仲礼等（2009）认为，近100年，CO_2 的体积分数呈现上升趋势的，然而平均气温在不同时期表现出了波动性，甚至在一段时间是下降的。从全球不同区域来说，也是升降不一致的情况，即在同一个时间段内，有些地方气温上升，有些地方气温下降，这样的结果很大程度上说明了全球气候的变化并未严格受到温室效应中温室气体的控制。

王兆夺等（2017）认为，Keeling 曲线不能有效地指示近年来 CO_2 变化的特征，指出观察点选择在离人类活动影响较小的夏威夷岛上，而夏威夷火山的每次喷发都会释放出大量的火山气体，会严重影响大气本底值。王兆夺等（2017）认为，Keeling 在利用红外吸收特征测定 CO_2 的体积分数时，其他对红外吸收能力强的温室气体可能影响到 CO_2 的观测值，因此认为该结论不能有效说明 CO_2 的体积分数变化的真实值，亦不能说明人类活动是影响全球变暖的关键。

未来几十年至几百年，在人类活动影响下的气候将如何变化，这个问题取决于气候系统（包括大气、海洋、冰雪、陆地和生态系统）对我们排放到大气中的温室气体的敏感程度。这个程度一般用“平衡气候敏感度”（简称“气候敏感度”）来度量，具体是指在双倍于工业革命前 CO_2 浓度下，气候系统充分响应之后达到新的平衡态时，地表升温的幅度。按照现有气候模式计算，大气中温室气体浓度的增加确能导致温度上升，但是目前观测到的温度上升仍在气候自然变化的范围以内，而且这种上升并不是连续均匀的。

3.3 地球气候变化的特征

现代气候只是地球气候变化长河中的一个发展阶段，现代气候是否由于人类活动偏离了自然轨道变得更暖了，只有看看气候变化的历史，才能进行判断。根据观测事实，地球上的气候一直不停地波浪式变化，冷暖干湿相互交替，变化的周期长短不一。地球成为行星的时间尺度约为46亿年，据地质沉积层的推断，约在20亿年前地球上就有大气圈和水圈，地球气候史的上限，可追溯到20亿年前。

据地质考古资料、历史文献记载和气候观测记录分析，世界上的气候都经历着以几十年到几亿年为周期的变化。现在科学界公认的有：①大冰期与大间冰期气候，时间尺度为几百万年到几万万年；②亚冰期气候与亚间冰期气候，时间尺度为几十万年；③副冰期与副间冰期气候，时间尺度为几万年；④寒冷期（小冰

期）与温暖期（小间冰期）气候，时间尺度为几百年到几千年；⑤世纪及世纪内的气候变动，时间尺度为几年到几十年。从时间尺度来看，地球气候变化史可分为 3 个阶段：地质时期的气候变化、历史时期的气候变化和近代气候变化。地质时期气候变化时间跨度最大，从距今 22 亿年至距今 1 万年，其最大特点是冰期与间冰期交替出现。历史时期的气候一般指 1 万年左右以来的气候。近代气候是指最近一二百年有气象观测记录时期的气候。

气候变化在各种不同的时间尺度上由不同的因子主导而变化，一般在全球来说，冰期和间冰期的平均温度变化为 5～6 ℃，在北极变化更多，甚至可达到 15 ℃。气候变化在各时间尺度上（从数年到数百万年）进行着，尽管人类活动对气候变化起着一定的作用，但应该更理性与科学性地看待全球气候变化。

3. 3. 1　地质时期的气候变化

地球古气候史的时间划分，采用地质年代表示（表 3 – 1）。在漫长的古气候变迁过程中，反复经历过几次大冰期气候。表 3 – 1 列出了 3 次大冰期，即震旦纪大冰期、石炭—二叠纪大冰期和第四纪大冰期。这 3 个大冰期都具有全球性的意义，发生的时间也比较确定。震旦纪以前，还有过大冰期的反复出现，其出现时间目前尚有不同意见。在大冰期之间是比较温暖的大间冰期。根据南极冰岩芯气泡中 CO_2 的测定，过去十几万年中相对温暖的间冰期，大气中 CO_2 浓度为 330 mL/m^3，在相对寒冷的冰期时，其浓度可低至 200 mL/m^3。

1. 震旦纪大冰期气候

震旦纪大冰期发生在距今约 6 亿年。根据古地质研究，在亚洲、欧洲、非洲、北美洲和澳大利亚的大部分地区中，都发现了冰碛层，这说明这些地方曾经发生过具有世界规模的大冰川气候。我国长江中下游广大地区都有震旦纪冰碛层，表明这里曾经历过寒冷的大冰期气候。而在黄河以北地区震旦纪地层中分布有石膏层和龟裂现象，说明那里当时曾是温暖而干燥的气候。

2. 寒武纪—石炭纪大间冰期气候

寒武纪—石炭纪大间冰期发生在距今 3 亿至 6 亿年。这里包括寒武纪、奥陶纪、志留纪、泥盆纪和石炭纪这 5 个地质时期，共经历 3. 3 亿年，都属于大间冰期气候。当时整个世界气候都比较温暖，特别是石炭纪，是古气候中典型的温和湿润气候。当时森林面积极广，最后形成大规模的煤层，树木缺少年轮，说明当时树木终年都能均匀生长，具有海洋性气候特征，没有明显的季节区别。我国在石炭纪时期都处于热带气候条件下，到了石炭纪后期出现 3 个气候带，自北而南分布着湿润气候带、干燥气候带和热带。

表 3-1　地球古气候史地质年代

代	纪	符号	距今年龄/Ma	地壳运动与地质概况		气候概况	
新生代	第四纪	O	2～3	喜马拉雅运动	地壳缓慢的升降运动	第四纪大冰期，氧气含量达现代水平，气温开始下降	
	晚第三纪	R	25		喜马拉雅造山运动	大间冰期气候	东亚大陆趋于湿润
	早第三纪	E	65				
中生代	白垩纪	K	136	燕山运动	燕山运动时期造山运动强烈		世界气候均匀变暖，气候干燥
	侏罗纪	J	192.5				
	三叠纪	T	225				
古生代	二叠纪	P	280	海西运动	海洋继续增加容积	大冰期气候	世界性的湿润气候，气候温暖无季节
	石炭纪	C	345				
	泥盆纪	D	395	加里东运动	陆相或海相沉积，大规模的造山运动，底层运动平静，海侵海退交替，多海相沉积	大间冰期气候	气候带呈明显的分区，气候更趋暖化，气候增暖且干湿气候带分异明显
	志留纪	S	435				
	奥陶纪	O	500				
	寒武纪	Є	570				
元古代	震旦纪	Z	1000	吕梁运动	主要岩层为沉积岩	大冰期气候 氧化大气的出现 元古代大冰期气候 太古代大冰期气候	
	主要根据南非古老地层划分的地质年代和运动		1200				
			1500				
太古代			2000	五台运动			
			3000				
			3300				
地球初期发展阶段			4500	劳伦运动	地球形成		
			8000				

3. 石炭—二叠纪大冰期

石炭—二叠纪大冰期发生在距今 2 亿至 3 亿年。所发现的冰川迹象表明，受到这次冰期气候影响的主要是南半球。在北半球，除印度外，目前还未找到可靠的冰川遗迹。这时我国仍具有温暖湿润气候带、干燥气候带和炎热潮湿气候带。

4. 三叠纪—第三纪大间冰期气候

三叠纪—第三纪大间冰期发生在距今约 2 亿到 200 万年，包括整个中生代的三叠纪、侏罗纪、白垩纪，都是温暖的气候。到新生代的第三纪时，世界气候更趋暖化，共计约为 2. 2 亿年。在我国，三叠纪的气候特征是西部和西北部普遍为干燥气候。到侏罗纪，我国地层普遍分布着煤、黏土和耐火黏土等，由此可以认为我国当时普遍在湿热气候控制下。侏罗纪后期到白垩纪是干燥气候发展的时期，当时我国曾出现一条明显的干燥气候带。西起新疆经天山、甘肃，向南延伸至大渡河下游到江西南部，都有干燥气候下的石膏层发育。到了新生代的早第三纪，世界气候更普遍变暖，格陵兰岛具有温带树种，我国当时的沉积物大多带有红色，说明我国当时的气候比较炎热。晚第三纪时，东亚大陆东部气候趋于湿润。晚第三纪末期世界气温普遍下降，喜热植物逐渐南退。

5. 第四纪大冰期气候

第四纪大冰期约从距今 200 万年开始直到现在。冰期最盛时，北半球有 3 个主要大陆冰川中心，即斯堪的那维亚冰川中心，冰川曾向低纬伸展到 51°N 左右；北美冰川中心，冰流曾向低纬伸展到 38°N 左右；西伯利亚冰川中心，冰层分布于北极圈附近 60 ～ 70°N 之间，有时可能伸展到 50°N 的贝加尔湖附近。

估计当时陆地有 24% 的面积为冰所覆盖，还有 20% 的面积为永冻土，这是冰川最盛时的情况。在这次大冰期中，气候变动很大，冰川有多次进退。

根据对欧洲阿尔卑斯山区第四纪山岳冰川的研究，确定第四纪大冰期中有 5 个亚冰期。在中国也发现不少第四纪冰川遗迹，定出 4 次亚冰期。在亚冰期内，平均气温约比现在低 8 ～12 ℃。在 2 个亚冰期之间的亚间冰期内，气温比现在高，北极比现在高 10 ℃以上，低纬地区约比现在高 5. 5 ℃左右。覆盖在中纬度的冰盖消失，甚至极地冰盖整个消失。在每个亚冰期之中，气候也有波动，如在大理亚冰期中就至少有 5 次冷期（或称副冰期），而其间为相对温暖时期（或称副间冰期）。每个相对温暖时期一般维持 1 万年左右。

据研究，1. 8 万年前为第四纪冰川最盛时期，一直到 1. 65 万年前，冰川开始融化，大约在 1 万年前，大理亚冰期（相当于欧洲武木亚冰期）消退（表 3 - 2），北半球各大陆的气候带分布和气候条件基本上形成了现代气候的特点。

表 3-2 第四纪冰期中的亚冰期

影响第四纪气温的因素综合曲线（热 冷）	距今时间/千年	欧洲亚冰期	中国亚冰期
	100	里斯-武木间冰期	大理亚冰期
	200	里斯-武木间冰期	
	300	里斯间冰期	庐山亚冰期
	400 500 600	民德-里斯间冰期	
	700	民德亚冰期	大姑亚冰期
	800 900	群智-民德间冰期	
	1000 1100	群智亚冰期	邵阳亚冰期
	1200 1300	多瑙-群智间冰期	
	1400 1500 1600	多瑙亚冰期	
	1700 1800 1900		

3.3.2　历史时期的气候变化

自第四纪更新世晚期，约距今 1 万年的时期开始，全球进入冰后期。挪威的冰川学家曾作出冰后期近 1 万年来挪威的雪线升降图（图 3 – 1）。从图 3 – 1 看出，近 1 万年雪线升降幅度并不小，它表明这期间世界气候有 2 次大的波动：一次是公元前 5000 年到公元前 1500 年的最适气候期，当时的气温比现在高 3 ～ 4 ℃（雪线升高表示温度上升）；另一次是 15 世纪以来的寒冷气候（雪线降低表示温度下降），其中 1550—1850 年为冰后期以来最寒冷的阶段，称小冰河期，当时气温比现在低 1 ～ 2 ℃。中国近 5000 年来的气温变化（虚线）大体上与近 5000 年来挪威雪线的变化相似。距今 5000 ～ 9000 年前，华北地区年均气温比现在高出 2 ～ 3 ℃或更多。距今 8000 ～ 16000 年期间，全球海平面上升了 150 ～ 160 m，每年平均升高 2 cm，这比目前科学家预言的因温室效应增强而引起的全球海平面上升速度要快得多。

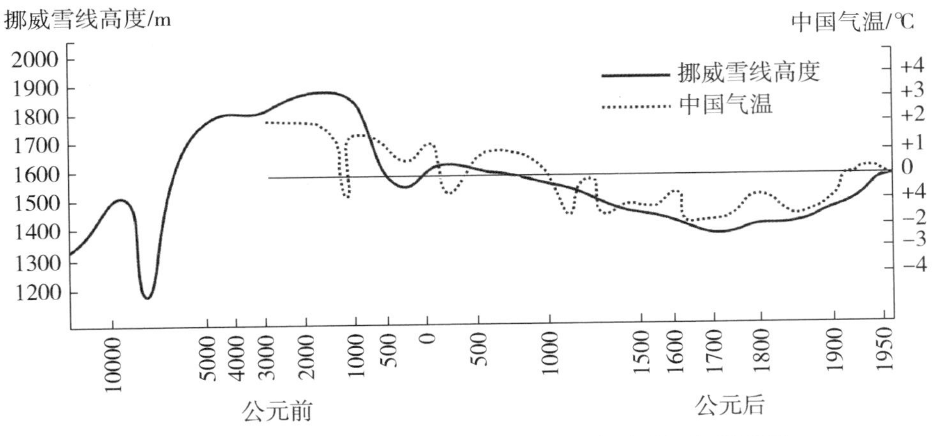

图 3 – 1　1 万年来挪威雪线高度和近 5000 年来中国气温变迁

（竺可桢，1973）

根据对历史文献记载和考古发掘等有关资料的分析，可以将 5000 年来我国的气候划分为 4 个温暖时期和 4 个寒冷时期。在近 5000 年的最初 2000 年中，大部分时间的年平均温度比现在高 2 ℃左右，是最适气候期。从公元前 1000 年的周朝初期以后，气候有一系列的冷暖变动。其分期的特征是：温暖期越来越短，温暖的程度越来越低。从生物分布可以看出这一趋势。例如，在第一个温暖时期，我国黄河流域发现有象；在第二个温暖时期，象群栖息北限就移到淮河流域及其以南，公元前 659—公元前 627 年，淮河流域有象栖息；第三个温暖时期就只在长江以南，如信安（浙江衢江区）、广东和云南才有象。而 5000 年中的 4 个寒冷时期相反，时间尺度越来越大，程度越来越强。从江河封冻可以看出这一趋势。在第二个寒冷时期只有淮河封冻的例子（225 年），第三个寒冷时期出现了太湖封冻的情况（1111 年），而在第四个寒冷时期（如 1670 年），长江也出现封冻现象。在有文字记载的时代以来，地球表面温度也曾有过几次以百年为时间尺度的升降。

气候波动是全球性的，虽然世界各地最冷年份和最暖年份发生的年代不尽相同，但气候的冷暖起伏是先后呼应的。近 600 年来不同地区气温序列图是由不同作者应用不同的方法建立的，反映的地区也不相同，但却有相当大的一致性。图 3－2 中的 b、d、e 表明，公元 1550 年前后气温出现明显的负距平，开始进入寒

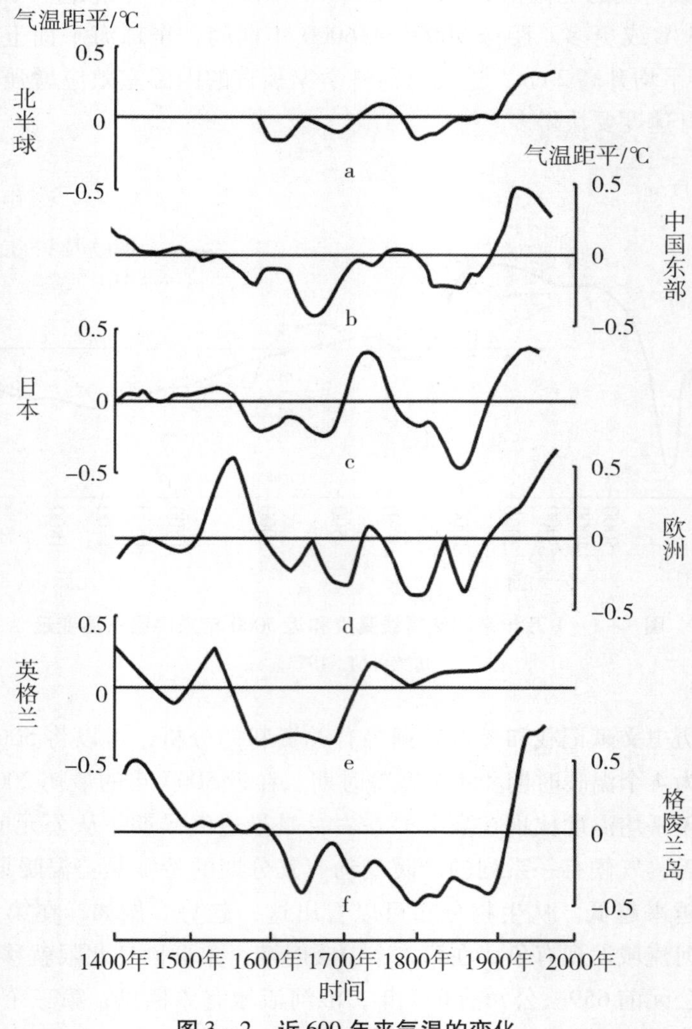

图 3－2　近 600 年来气温的变化

冷时期；a 也有这样的趋势，c 与 f 则推迟到 1600 年才进入寒冷期，因此，17 世纪比较冷是一致的，18 世纪相对较暖；f 在 18 世纪仍维持较冷，但至少在 18 世纪前半期冷的程度也有所减弱，19 世纪又出现一个寒冷期；e 相对冷的程度弱一些，在 1800—1850 年之间气温达到最低，因此在历史时期将 1550—1850 年定为小冰期是有依据的，在小冰期中气温负距平约为 -0.5 ℃。

历史时期的气候，在干湿上也有变化，不过气候干湿变化的空间尺度和时间尺度都比较小。中国科学院地理所曾根据历史资料，推算出我国东南地区自公元元年至公元 1900 年的干湿变化，各干湿期的长度不等。最长的湿期出现在唐代中期（811—1050 年），持续 240 年；最长的旱期出现在宋代，持续 220 年（1051—1270 年）。

3.3.3　近代气候的变化特征

近百余年来，由于有了大量的气温观测记录，区域的和全球的气温序列不必再用代用资料。各个学者所获得的观测资料和处理计算方法不尽相同，所得出的结论也不完全一致。但总的趋势是大同小异的，那就是从 19 世纪末到 20 世纪 40 年代，世界气温曾出现明显的波动上升现象。这种增暖在北极最突出，1919—1928 年间的巴伦支海水面温度比 1912—1918 年的高出 8 ℃。巴伦支海在 20 世纪 30 年代出现过许多以前根本没有来过的喜热性鱼类；1938 年有一艘破冰船深入新西伯利亚岛海域，直到 83°05′N，创造世界上船舶自由航行的最北纪录。这种增暖现象到 20 世纪 40 年代达到顶点，此后，世界气候有变冷现象。以北极为中心的 60°N 以北，气温越来越低，进入 20 世纪 60 年代以后，高纬地区气候变冷的趋势更加显著。例如 1968 年冬，原来隔着大洋的冰岛和格陵兰岛，竟被冰块连接起来，发生了北极熊从格陵兰岛踏冰走到冰岛的罕见现象。进入 20 世纪 70 年代以后，世界气候又趋变暖，到 1980 年以后，世界气温增暖的趋势更为突出。

威尔森（H. Wilson）和汉森（J. Hansen）等应用全球大量气象站观测资料，将 1880—1993 年逐年气温对 1951—1980 年这 30 年的平均气温求出距平值（图 3 -3）。距平是指某一系列数值中的某一个数值与平均值的差，分正距平和负距平。距平值在气象上主要是用来确定某个时段的数据，相对于该数据的某个长期平均值是高还是低。计算结果为，全球年平均气温在 1880—1940 年这 60 年中增加了 0.5 ℃，1940—1965 年降低了 0.2 ℃，然后从 1965—1993 年又增加了 0.5 ℃。北半球的气温变化与全球的大致相似，只是升降幅度略有不同。1880—1940 年的年平均气温增加 0.7 ℃，此后 30 年降温 0.2 ℃，1970—1993 年又增加 0.6 ℃。南半球年平均气温变化呈波动较小的增长趋势，1880—1993 年增加 0.5 ℃，显示出自 1980 年以来全球年平均气温增加的速度特别快。1990 年为近百余年来年气温最高年份（正距平为0.47 ℃），其余7个特暖年（正距平为0.25～0.41 ℃）均出现在1980—1993年中。

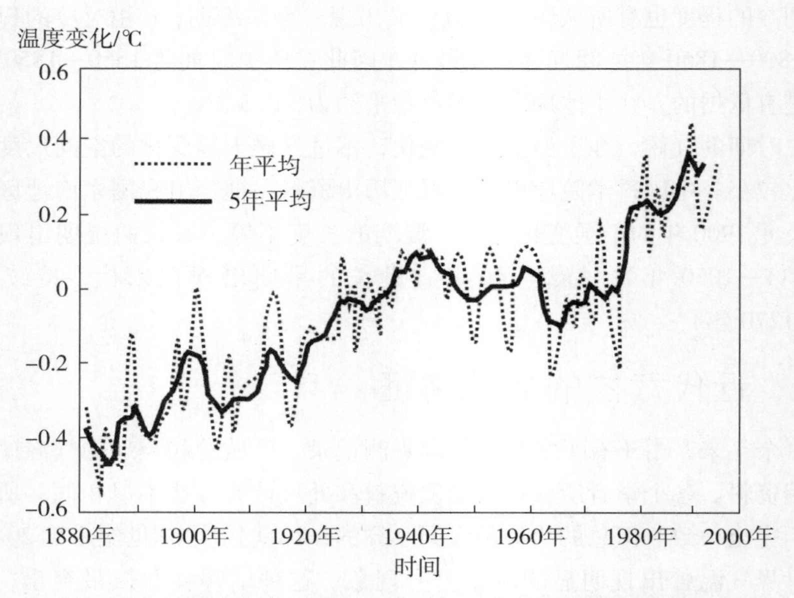

图3－3　近百余年来（1880—1993年）全球年平均气温的变化

琼斯（P. D. Jones）等对近140年（1854—1993年）世界气温变化做了大量研究工作。他们亦指出，从19世纪末至1940年，世界气温有明显的增加；从20世纪40年代至20世纪70年代，气温呈相对稳定状态；20世纪在80年代和20世纪90年代早期，气温增加非常迅速。自19世纪中期至今，全球年平均气温增加0.5 ℃。南半球各季皆有增暖现象，北半球的增暖仅出现在冬、春和秋三季，夏季气温并不比19世纪60年代至19世纪70年代的高。Briffa和Jones（1993）曾指出，全球各地近百余年来增暖的范围和尺度并不相同，有少数地区自19世纪以来一直在变冷。但就全球平均气温而言，20世纪的增暖是明显的。他们列出南、北半球和全球各两组的气温变化序列，一组是经过ENSO（厄尔尼诺与南方涛动的合称）影响订正后的数值，一组是实测数值，其气温变化曲线起伏与威尔森等所绘制的近百余年的气温距平图大同小异。

将1910—1984年我国137个气象站的气温资料按每月的平均气温划分为5个等级，即1级暖、2级偏暖、3级正常、4级偏冷、5级冷，并绘制了全国1910年以来每月的气温等级分布图（图3－4）。根据图3－4中冷暖区的面积计算出各月气温等级值，把我国每5年的平均气温等级值与北半球每5年的平均温度变化进行比较，显示20世纪以来我国气温的变化与北半球气温变化趋势基本上是

大同小异的，即：前期增暖，20 世纪 40 年代中期以后变冷，20 世纪 70 年代中期以来气温又见回升，所不同的只是在增暖过程中，20 世纪 30 年代初曾有短期降温，但很快又继续增温，至 20 世纪 40 年代初达到峰点。

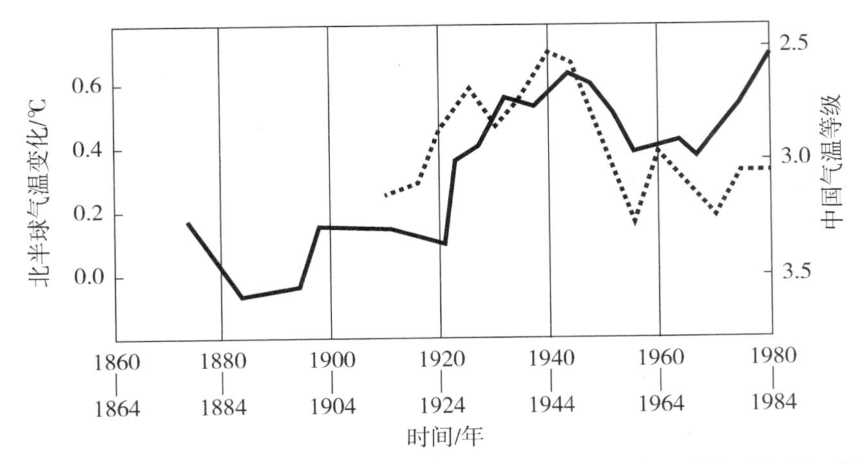

图 3－4　中国气温等级的 5 年平均值（虚线）和北半球气温 5 年平均值（实线）的变化

（中国科学技术蓝皮书第五号，1990）

另外，20 世纪 40 年代中期以后，我国的降温比北半球激烈，至 20 世纪 50 年代后期达到低点，20 世纪 60 年代初曾有短暂回升，但很快又再次下降，而且夏季比冬季明显，20 世纪 70 年代中期后又开始回升，但 20 世纪 80 年代的增暖远不如北半球强烈。20 世纪 80 年代是南半球、北半球在 20 世纪年平均气温最高的 10 年，而我国 1980—1984 年的平均气温尚低于 20 世纪 60 年代的水平。从 19 世纪末到 20 世纪 40 年代，我国年平均气温升高 0. 5 ～ 1. 0 ℃，20 世纪 40 年代以后由增暖到变冷，全国平均降温幅度在 0. 4 ～ 0. 8 ℃之间，20 世纪 70 年代中期以后逐渐转为增暖趋势。

因此，19 世纪末以来，我国气温总的变化趋势是上升的，这在冰川进退、雪线升降中也有所反映，如 1910—1960 年 50 年间天山雪线上升了 40 ～ 50 m，天山西部的冰舌末端后退了 500 ～ 1000 m，天山东部的冰舌后退了 200 ～ 400 m，喜马拉雅山脉在我国境内的冰川，近年来也处于退缩阶段。20 世纪，我国降水的总趋势大致是从十八九世纪较为湿润的时期转向较为干燥的过渡时期。由于降水的区域性很强，因此各地降水周期的位相很不一致，北京、上海、广州地区在 20 世纪 30 年代是少雨时期，20 世纪 50 年代是多雨时期，20 世纪 60 年代和 20 世纪 70 年代降水量又明显偏少。

综上所述，全球地质时期气候变化的时间尺度在 22 亿年前到 1 万年，以冰期和间冰期的出现为特征，气温变化幅度在 10 ℃以上。冰期来临时，不仅整个气候系统发生变化，甚至导致地理环境的改变。历史时期的气候变化是近1万年来，主要是近5000年来的气候变化，变化的幅度最大不超过3℃，大多是在地理环境不变的情况下发生。近代的气候变化主要是指近100年或20世纪以来的气候变化，气温振幅为0.5～1.0℃。

3.4 气候变化的自然因素

地球表层系统是一个开放的系统，气候的变化既有周期性，也有突变性，受到了地外天体活动、地球自转、大气成分、海洋系统、陆地地形地貌、人类活动等诸多因素的影响，变化因子是十分复杂的，非周期性突变因子比周期性突变因子更难认识。图3－5表示各因子之间的主要关系。图3－5中C、D是气候系统的两个主要组成部分，A、B则是两个外界因子。由图3－5可以看出，太阳辐射和宇宙－地球物理因子都是通过大气环境成分和下垫面来影响气候变化的。人类活动既能影响大气环境成分和下垫面从而使气候发生变化，又能直接影响气候。人类活动和大气环境成分及下垫面间，又相互影响、相互制约，这样形成重叠的内部和外部的反馈关系，从而使同一来源的太阳辐射的影响不断地来回传递、组合分化和发展。

人为影响主要包括两方面内容：一方面，人们在日常生产和生活中通过燃烧化石燃料释放大量的温室气体，温室气体的排放量不断增加，引起温室效应增强，使全球气候变暖；另一方面，砍伐森林、耕地减少等土地利用方式的改变间接改变了大气中温室气体的浓度，也可使气候变暖。

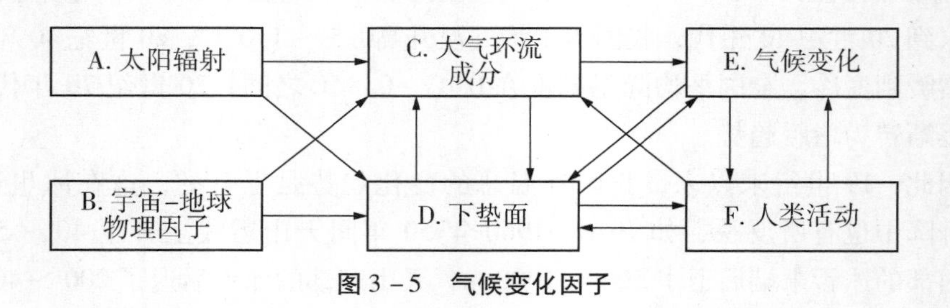

图3－5　气候变化因子

在这种长期的影响传递过程中，太阳又出现了许多新变动，它们对大气的影响与原有的变动所产生的影响叠加起来，交错结合，以多种形式表现出来，使地球气候的变化非常复杂。太阳黑子活动、地球参数的改变能引起太阳对地球的辐射能改变，从而引起地球气候的变化。除此以外，天体的引潮力、下垫面地理条件的变化以及地球大气流动和大气化学组成的改变也会引起地球气候的变化。天文因素和人为因素的影响结果也截然不同，前者有一定的可逆性。

3.4.1　太阳黑子活动

太阳黑子活动强弱会影响地表气温。丹麦科学家关于宇宙射线与地球表面云层之间的关系研究表明，地球云层覆盖面积大小与宇宙射线的多少有关。若宇宙射线减少 20% ，则云层面积可能减少 60% 以上。这对地球气温的影响是相当大的，云层越多，地球受太阳辐射减少，气温越低。相关研究还指出，宇宙射线的多少受太阳风活动的控制，太阳风活动越强，宇宙射线越少。而太阳风活动的强弱可通过观察太阳黑子活动状况得知（陈子俭、汪呈理，1999），太阳黑子越多，太阳风越强。

著名天文学家威廉·赫谢尔发现，在 17 世纪下半叶，太阳黑子活动几乎为零时，地球经历了一段寒冷时期，18 世纪至今，正是太阳黑子活动增强即太阳风增强时期，与之相对应的是地球气温上升。我国近 500 年来的寒冷时期正好处于太阳黑子活动的低水平阶段，其中 3 次寒冷期对应着太阳黑子活动的不活跃期。第一次寒冷期（1470—1520 年）对应着 1460—1550 年的斯波勒极小期；第二次寒冷期（1650—1700 年）对应着 1645—1715 年的蒙德尔极小期；第三次寒冷期（1840—1890 年）较弱，也对应着 19 世纪后半期一次较弱的太阳活动期。而中世纪太阳黑子活动极大期间（1100—1250 年）正值我国元初的温暖时期，说明我国近千年来的气候变化与太阳活动的长期变化也有一定联系。

太阳黑子活动有大约 11 年的周期。据 1978 年 11 月 16 日—1981 年 7 月 13 日“雨去 7 号”卫星共 971 天的观测，可认为太阳黑子峰值时太阳常数减少。Fonkal 和 Lean 在 1986 年的研究指出，太阳黑子使太阳辐射下降只是一个短期行为，但太阳光斑可使太阳辐射增强。太阳黑子活动增强，不仅太阳黑子增加，太阳光斑也增加。太阳光斑增加所造成的太阳辐射增强，抵消掉因太阳黑子增加而造成的削弱还有余。因此，在 11 年的周期中，当太阳黑子活动增强时，太阳辐射也增强，即从长期变化来看，太阳辐射与太阳黑子活动呈正相关。据研究，太阳常数可能变化 1%～2% 。模拟试验证明，太阳常数增加 2% ，地面气温可能上升 3 ℃，但减少 2% ，地面气温可能下降 4.3 ℃。

3.4.2　地球物理因子的变化

地球在自己的公转轨道上，接受太阳辐射能。地球公转轨道的 3 个因素，即偏心率、地轴倾角和春分点的位置，都以一定的周期变动着，这就导致地球上所受到的天文辐射发生变动，引起气候变迁。除了公转以外，地球自转的快慢也会引起海洋和大气的变化，从而导致气候的变化。

1. 地球轨道偏心率的变化

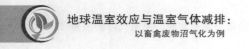

到达地球表面单位面积上的天文辐射强度是与日地距离（b）的平方成反比的。地球绕太阳公转的轨道是一个椭圆形，现在这个椭圆形的偏心率（e）约为0.016。目前北半球冬季位于近日点附近，因此北半球冬半年比较短（从秋分至春分，比夏半年短7.5日），但偏心率是在0.00～0.06之间变动的，其周期约为9.6万年。以目前情况而论，地球在近日点时所获得的天文辐射量（不考虑其他条件的影响）较现在远日点的辐射量约大1/15，若偏心率e取极大值，则此差异就为1/3。冬季在远日点，夏季在近日点，则冬季长而冷，夏季热而短，使一年之内冷热差异非常大。这种变化情况在南北半球是相反的。

2. 地轴倾斜度的变化

地轴倾斜（即赤道面与黄道面的夹角，又称黄赤交角）是产生四季的原因。因为地球轨道平面在空间有变动，所以地轴对于这个平面的倾斜度（ε）也在变动。现在地轴倾斜度是23.44°，最大时可达24.44°，最小时为22.1°，变动周期约为4万年。这个变动使夏季太阳直射达到的极限纬度（北回归线）和冬季极夜达到的极限纬度（北极圈）发生变动。当倾斜度增加时，高纬度的年辐射量要增加，赤道地区的年辐射量会减少。例如，当地轴倾斜度增大时，在极地年辐射量增加4.02%，而在赤道却减少0.35%。可见，地轴倾斜度的变化对气候的影响在高纬度比低纬度大得多。此外，倾斜度越大，地球冬夏两季接受的太阳辐射量差值就越大，特别是在高纬度地区，必然是冬寒夏热，气温年较差增大；相反，当倾斜度小时，则冬暖夏凉，气温年较差减小。夏凉最有利于冰川的发展。

3. 春分点的移动

春分点沿黄道向西缓慢移动，大约每2.1万年，春分点绕地球轨道1周。春分点位置变动的结果，引起四季开始时间的移动和近日点与远日点的变化。地球近日点所在季节的变化，每70年推迟1天。大约在1万年前，北半球在冬季是处于远日点的位置（现在是近日点），那时北半球冬季比现在要更冷，南半球则相反。

地球轨道偏心率、地轴倾斜度和春分点的变化是同时对地球气候发生影响的。M. M. Lankovitch曾综合这三者的作用计算出65°N纬度上夏季太阳辐射量在60万年内的变化，并用相对纬度来表示。例如，23万年前在65°N上的太阳辐射量和现在77°N上的一样，而在13万年前又和现在59°N上的一样。他认为，当夏季温度降低4～5℃，冬季温度反而略有升高，冬天降雪也会较多。而到夏天雪还未来得及融化，冬天又接着到来，这样反复进行，就会形成冰期。

4. 地球自转速度的变化

天文观测证明，地轴是在不断地移动的，地球自转速度也在变动着，这些都

会引起离心力的改变，相应地也会引起海洋和大气的变化，从而导致气候变化。据研究，厄尔尼诺事件的发生与地球自转速度变化有密切联系。从地球自转的年际变化来看，1956 年以来发生的 8 次厄尔尼诺事件，均发生在地球自转速度减慢时段，尤其是自转连续减慢 2 年之时。再从地球自转的月变化来看，1957 年、1963 年、1965 年、1969 年、1972 年和 1976 年的 6 次厄尔尼诺事件，海温开始增加和最高，都发生在地球自转开始减慢和最慢之后或处在同时，这表明地球自转减慢有可能是形成厄尔尼诺的原因。

其物理原因在于，上述 6 次厄尔尼诺增温都首先开始于赤道太平洋东部的冷水区，海水和大气都是附在地球表面跟随地球自转快速向东旋转，在赤道转速最大，达到 465 m/s。当地球自转突然减慢时，必然出现“刹车”效应，使大气和海水获得一个向东的惯性力，从而使自东向西流动的赤道洋流和赤道信风减弱，导致赤道太平洋东部的冷水上翻减弱而发生海水增暖的厄尔尼诺现象。1982—1983 年和 1986—1987 年的 2 次厄尔尼诺事件，海水增暖首先开始于赤道中太平洋。这 2 次地球自转开始减慢时间虽落后于海温增暖，但对其后的赤道东太平洋冷水区的增温及厄尔尼诺增温抵达盛期，仍有重要贡献。

3.4.3　天体的引潮力

这里主要是指月球和太阳的引潮力。月球和太阳对地球都具有一定的引潮力，月球的质量虽比太阳小得多，但因离地球近，它的引潮力等于太阳引潮力的 2.17 倍。月球引潮力是重力的 0.56‰～1.12‰，其多年变化在海洋中产生多年月球潮汐大尺度的波动，这种波动在极地最显著，可使海平面高度改变 40～50 mm，因而使海洋环流系统发生变化，进而影响海气间的热交换，引起气候变化。

3.4.4　下垫面地理条件的变化

在整个地质时期中，下垫面的地理条件发生了多次变化，对气候变化产生了深刻的影响。其中以海陆分布和地形的变化对气候变化影响最大。

1. 海陆分布的变化

在各个地质时期，地球上海陆分布的形势也是有变化的。以晚石炭纪为例，那时海陆分布和现在完全不同，在北半球有古北极洲、北大西洋洲（包括格陵兰和西欧）和安加拉洲三块大陆。前两块大陆是相连的，在三大洲之南为坦弟斯海。在此海之南为冈瓦纳大陆，这个大陆连接了现在的南美、亚洲和澳大利亚。在这样的海陆分布形势下，有利于赤道太平洋暖流向西流入坦弟斯海。这个洋流分出一支经伏尔加海向北流去，因此这一带有温暖的气候。从动物化石可以看到，石炭纪北极区和斯匹次卑尔根地区的温度与现代地中海的温度相似，即受此洋流影响的缘故。冈瓦纳大陆地势高耸，有冰河遗迹，其南部由于赤道暖流被东西向的大陆隔断，气候比较寒冷。此外，在古北极洲与北大西洋洲之间有一个向北的海湾，同样由于与暖流隔绝，其附近地区有显著的冰原遗迹。

又例如，大西洋中从格陵兰岛到欧洲经过冰岛与英国有一条水下高地，这条高地因地壳运动有时会上升到海面之上，从而隔断了墨西哥湾流向北流入北冰洋。这时整个欧洲西北部不受湾流热量的影响，因而形成大量冰川。有不少古气候学者认为，第四纪冰川的形成就与此有密切关系。当此高地下沉到海底时，就给湾流进入北冰洋让出了通道，西北欧气候即转暖。这条通道的阻塞程度与第四纪冰川的强度关系密切。

2. 地形变化

在地球史上，地形的变化是十分显著的。高大的喜马拉雅山脉，在现代有“世界屋脊”之称，可是在地球史上，这里曾是一片汪洋，称为喜马拉雅海。直到距今7000万至4000万年的新生代早第三纪，这里的地壳才开始上升，变成一片温暖的浅海。在这片浅海里，缓慢地沉积着以碳酸盐为主的沉积物，从这个沉积层中发现不少海生的孔虫、珊瑚、海胆、介形虫、鹦鹉螺等多种生物的化石，足以证明当时那里确是一片海区。因为这片海区的存在，有海洋湿润气流吹向今日我国西北地区，所以那时新疆、内蒙古一带气候是很湿润的。其后由于造山运动，出现了喜马拉雅山等山脉，这些山脉阻止海洋季风进入亚洲中部，新疆和内蒙古的气候才因此变得干旱。

3.4.5 大气流动和大气化学组成的变化

大气环流形势、大气对流与扩散及大气化学组成成分的变化是导致气候变化和产生气候异常的重要因素。

1. 大气环流

近几十年来出现的旱涝异常就与大气环流形势的变化有密切关系。在20世纪50年代和20世纪60年代，北半球大气环流的主要变化是北冰洋极地高压的扩大和加强。这种扩大加强对北极区域是不对称的，在极地中心区域平均气压的变化较小，平均气压的主要变化发生在大西洋北部区域，最突出的特点是大西洋50°N以北的极地高压的扩展，它导致北大西洋地面偏北风加强，促使极地海冰南移和气候带向低纬推进。

根据高纬度洋面海冰的观测记录，在北太平洋区域，海冰南限与上一次气候寒冷期（1550—1850年）结束后的海冰南限位置相差无几，而大西洋区域的海

冰南限却南进许多，这是极地高压在北大西洋区域扩大与加强的结果。

北极变冷导致极地高压加强，气候带向南推进，这一过程在大气活动中心的多年变化中也反映出来。从冬季环流形势来看，大西洋上冰岛低压的位置在一段时间内一直是向西南移动的；太平洋上的阿留申低压也同样向西南移动。与此同时，中纬度的纬向环流减弱，经向环流加强，气压带向低纬方向移动。

1961—1970 年，这 10 年是经向环流发展最明显的时期，也是我国气温最低的 10 年。在转冷最剧的 1963 年，冰岛地区被冷高压所控制，原来的冰岛低压移到了大西洋中部，亚速尔高压也相应南移，这就使北欧特别冷，撒哈拉沙漠向南扩展。在这一副热带高压中心控制下，盛行下沉气流，造成这一区域的持续干旱。而地中海区域正处于冷暖气团交绥的地带，静止锋在此滞留，致使这里暴雨成灾。

2. 大气对流

地球表面十几公里的大气层叫对流层，它的特点是其厚度随地球纬度的增大而变薄，它的温度分布是下热上冷。按气体的运动规律，下面的气体因热胀而上升，上面的气体因冷缩而下降，因此，对流层中的空气产生大规模的垂直对流运动，并由此引起大规模的水平运动和局部湍流运动，这些都有利于 CO_2 等温室气体的扩散和能量的辐射平衡，从而减弱温室效应的影响。一些学者在强调温室效应的作用时，忽略了大气分子的对流扩散作用以及能量的辐射平衡作用。如普林斯顿大学的 G · 拉普斯在 1956 年曾指出，若大气中 CO_2 浓度达到当时浓度 300 mL/m^3 的 2 倍（600 mL/m^3）时，地球气温要上升 3. 6 ℃。然而，1967 年，普林斯顿大学的托马斯等人提出对流辐射平衡理论，考虑了大气的运动状况和能量的辐射平衡规律，认为当 CO_2 浓度由 300 mL/m^3 上升到 600 mL/m^3 时，气温上升 2. 4 ℃。

3. 大气成分

大气中有一些微量气体和痕量气体对太阳辐射是透明的，但对地气系统中的长波辐射（约相当于 285 K 黑体辐射）却有相当强的吸收能力，对地面气候起到温室的作用。例如，CO_2、CH_4、N_2O、O_3 等成分是大气中所固有的，F－11 和 F－12是由近代人类活动所引起的。这些成分在大气中总的含量虽很小，但它们的温室效应对地气系统的辐射能收支和能量平衡起着极重要的作用。这些成分浓度的变化必然会对地球气候系统造成明显扰动，引起全球气候的变化。

比如，当大气中 CO_2 吸收地球表面的红外辐射后，又以长波辐射的形式将能量释放出来，这种辐射形式是无方向性的，在其垂直地面的部分因与地面辐射方向相反，被称为大气逆辐射。由于逆辐射的存在，一部分辐射能又被 CO_2 反射而返回地面，使地面实际损失的能量比其长波辐射放出的能量少，对地面起到保温的作用。空气中温室气体含量越高，温室效应就越明显，地表气温呈上升趋势。

据研究，上述大气成分的浓度一直在变化着，引起这种变化的原因有自然的发展过程，也有人类活动的影响。这种变化有数千年甚至更长时间尺度的变化，也有几年到几十年就明显表现出来的变化。人类活动可能是造成几年到几十年时间尺度变化的主要原因。大气是超级流体，工业排放的气体很容易在全球范围内输送。人类活动造成的局地或区域范围的地表生态系统的变化也会改变全球大气的组成，因为大气的许多化学组分大多来自地表生物源。

3.5 气候变化的人为因素

人类活动对气候的影响有 2 种：一种是无意识的影响，即在人类活动中对气候产生的副作用；另一种是为了某种目的，采取一定的措施，有意识地改变气候条件。在现阶段，以第一种影响占绝对优势，而这种影响在以下 3 个方面表现得最为显著：①在工农业生产中排放至大气中的温室气体和各种污染物质，改变大气的化学组成；②在农牧业发展和其他活动中改变下垫面的性质，如破坏森林和草原植被，海洋石油污染等；③城市气候效应。自世界工业革命后的 200 年间，随着人口的剧增，科学技术发展和生产规模的迅速扩大，人类活动对气候的这种不利影响越来越大。因此，必须加强研究力度，采取措施，有意识地规划和控制各种影响环境和气候的人类活动，使之向有利于改善气候条件的方向发展。

3.5.1 改变大气化学组成与气候效应

工农业生产活动产生大量废气、微尘等污染物质进入大气，主要有 CO_2、CH_4、N_2O 和 CFCs 等。确凿的观测事实证明，近数十年来大气中这些气体的含量都在急剧增加，而平流层的 O_3 总量则明显下降。如前所述，这些气体都具有明显的温室效应。在波长 9500 nm 及 12500 ～ 17000 nm 有 2 个强的吸收带，这就是 O_3 及 CO_2 的吸收带。特别是 CO_2 的吸收带，吸收了 70%～90% 的红外长波辐射。地气系统向外发射长波辐射主要集中在 7000 ～ 13000 nm 波长范围内，这个波段被称为大气窗。上述 CH_4、N_2O、CFCs 等气体在此大气窗内均各有其吸收带，这些温室气体在大气中浓度的增加必然对气候变化起着重要作用。

大气中 CO_2 浓度在工业化之前很长一段时间内大致稳定在 $(280 \pm 10) \times 10^{-6}$ mL/m^3，但在近几十年来增长速度甚快，至 1990 年已增至 345×10^{-3} mL/m^3，此后，增长速度更大。根据美国哈威夷马纳洛亚站 1959—1993 年实测值的逐年

变化，大气中 CO_2 浓度急剧增加主要是由大量燃烧化石燃料和大量砍伐森林所造成的。据研究，排入大气中的 CO_2 有一部分（约 50%）被海洋所吸收，另一部分被森林吸收变成固态生物体，储存于自然界。但由于目前森林大量被毁，致使森林不但减少了对大气中 CO_2 的吸收，而且由于被毁森林的燃烧和腐烂，反而将大量的 CO_2 排放至大气中。目前，对未来 CO_2 的增加有多种不同的估计，如按现在 CO_2 的排放水平计算，到 2025 年，大气中 CO_2 浓度为 4.25×10^{-3} mL/m^3，为工业化前的 1.55 倍。CH_4 是另一种重要的温室气体。它主要由水稻田、反刍动物、沼泽地和生物体的燃烧而排入大气。11 万年前到 200 年前，CH_4 含量均稳定于（0.75～0.80）$\times10^{-3}$ mL/m^3。近年来，CH_4 含量增长很快。1950 年，CH_4 含量已增加到 1.25×10^{-3} mL/m^3，到 1990 年，则为 1.72×10^{-3} mL/m^3。Dlugokencky 等根据全球 23 个陆地定点观测站和太平洋上 14 个不同纬度的船舶观测站观测记录，估算出近 10 年来全球每年 CH_4 在大气中混合比（M）的变化值。根据目前增长率外延，大气中 CH_4 含量将在 2030 年和 2050 年分别达 2.34×10^{-3} mL/m^3 和 2.50×10^{-3} mL/m^3。

N_2O 向大气的排放量与农田面积增加和施放氮肥有关。平流层超音速飞行也可产生 N_2O。在工业化前，大气中 N_2O 含量约为 2.85×10^{-3} mL/m^3。1985 年和 1990 年分别增加到 3.05×10^{-3} mL/m^3 和 3.10×10^{-3} mL/m^3。考虑今后排放，预计到 2030 年，大气中 N_2O 含量可能增加到（3.50～4.50）$\times10^{-3}$ mL/m^3。N_2O 除了引起全球增暖外，还可通过光化学作用在平流层引起臭氧离解，破坏臭氧层。

氟氯烃化合物（CFCs）是制冷工业（如冰箱）、喷雾剂和发泡剂中的主要原料。此族的某些化合物，如氟利昂 11（CCl_2F，F－11）和氟利昂 12（CCl_2F_2，F－12），是具有强烈增温效应的温室气体。近年来，还认为它们是破坏平流层臭氧的主要因子，因而限制 F－11 和 F－12 生产已成为国际上突出的问题。

在制冷工业发展前，大气中本没有这些气体成分。F－11 在 1945 年、F－12 在 1935 年开始有工业排放。到 1980 年，对流层低层 F－11 含量约为 0.168×10^{-3} mL/m^3，而 F－12 为 0.285×10^{-3} mL/m^3；到 1990 年，则分别增至 0.280×10^{-3} mL/m^3 和 0.484×10^{-3} mL/m^3，其增长是十分迅速的。

根据专门的观测和计算，大气中主要温室气体的浓度年增量和在大气中衰变的时间见表 3－3。由表 3－3 可见，除 CO_2 外，其他温室气体在大气中的含量皆极微，故称为微量气体。但它们的增温效应极强，而且年增量大，在大气中衰变时间长，其影响甚巨。

表 3-3　大气中的主要温室气体（IPCC，1990）

温室气体	工业化之前浓度（1750—1800 年）	现在浓度（1990 年）	年增量	在大气中衰变时间/年
CO_2	280×10^{-6} mL/m³	354×10^{-6} mL/m³	1.6×10^{-6} mL/m³（0.5%）	50～200
CH_4	0.79×10^{-6} mL/m³	1.72×10^{-6} mL/m³	0.015×10^{-6} mL/m³（0.9%）	10
N_2O	288×10^{-6} mL/m³	310×10^{-6} mL/m³	0.8×10^{-6} mL/m³（0.25%）	150
F-11	0	280×10^{-6} mL/m³	10×10^{-6} mL/m³（4%）	65
F-12	0	484×10^{-6} mL/m³	7×10^{-6} mL/m³（4%）	130

O_3也是一种温室气体，它受自然因子（太阳辐射中紫外辐射对高层大气氧分子进行光化学作用而生成）影响而产生，但会被人类活动排放的气体破坏，如氟氯碳化物、卤代烷、N_2O、CH_4 和 CO 均可破坏 O_3。其中，F-11、F-12 起主要作用，其次是 N_2O。据资料，在 20 世纪 60—80 年代，各气候带纬向平均 O_3总量的距平值变化可以看出，自 20 世纪 80 年代初期以后 O_3量急剧减少，南极最低值达-15%，北极为-5%以上。从全球范围而言，正常情况下振荡应在±2%之间。据 1987 年实测，这一年达-4%。60°N～60°S 间的 O_3总量自 1978 年到 1987 年减少了 3%～4%。从垂直变化而言，以 15～20 km 高空减少最多，对流层低层略有增加。南极 O_3减少最为突出，在南极中心附近形成一个极小区，称为南极臭氧洞。1979—1987 年，南极臭氧洞在不断扩大。虽然 1988 年 O_3总量曾有所回升，但到 1989 年，南极臭氧洞又有所扩大。1994 年 10 月 4 日，世界气象组织发表的研究报告表明，南极洲 3/4 的陆地和附近海面上空的 O_3含量已比 10 年前减少了 65%，但也有资料表明对流层的 O_3含量稍有增加。

大气中温室气体的增加会造成气候变暖和海平面升高。根据目前最可靠的观测值的综合，1885—1985 年这 100 年中，全球气温已增加 0.6～0.9 ℃。1860—1985 年实际的气温变化（对于 1985 年全球年平均气温的差值）表明，全球增暖的趋势也是 0.8 ℃左右。1985 年以后全球地面气温仍在继续增加，多数学者认为是温室气体排放所造成的，增暖效果是极地大于赤道，冬季大于夏季。

全球气温升高的同时，海水温度也随之增加，这将使海水膨胀，导致海平面升高。再加上由于极地增暖剧烈，当大气中 CO_2 浓度加倍后会造成极冰融化而冰界向极地萎缩，融化的水量会造成海平面抬升。实际观测资料证明，1880—1980 年，全球海平面在 100 年中已抬高了 10～12 cm。据计算，在温室气体排放量控制在 1985 年排放标准情况下，全球海平面将以每 10 年 5.5 cm 的速度而抬高，到 2030 年海平面会比 1985 年抬升 20 cm，2050 年增加 34 cm。若对排放不加控制，到 2030 年海平面就会比 1985 年抬升 60 cm，2050 年抬升 150 cm。

温室气体增加对降水和全球生态系统都有一定影响。据气候模式计算，当大气中 CO_2 含量加倍后，就全球来讲，降水量年总量将增加 7%～11%，但各纬度变化不一。总的看来，高纬度因变暖而降水增加，中纬度则因变暖后副热带干旱带北移而变干旱，副热带地区降水有所增加，低纬度因变暖而对流加强，因此降水增加。

就全球生态系统而言，因人类活动引起的增暖会导致在高纬度冰冻的苔原部分解冻，森林北界会更向极地方向发展。中纬度将会变干，某些喜湿润温暖的森林和生物群落将逐渐被目前在副热带所见的生物群落所替代。根据预测，CO_2 加倍后，全球沙漠将扩大 3%，林区减少 11%，草地扩大 11%，这是中纬度的陆地趋于干旱造成的。

温室气体中臭氧层的破坏对生态和人体健康影响甚大。O_3减少，使到达地面的太阳辐射中的紫外辐射增加。大气中 O_3总量若减少 1%，到达地面的紫外辐射会增加 2%，此种紫外辐射会破坏脱氧核糖核酸（deoxyribonucleic acid，DNA）及改变遗传信息及破坏蛋白质，能杀死 10 m 水深内的单细胞海洋浮游生物，减低渔产及破坏森林，减低农作物产量和质量，削弱人体免疫力，损害眼睛，增加皮肤癌等疾病的发病率。

此外，由于人类活动排放的气体中还有大量硫化物、氮化物和人为尘埃，它们能造成大气污染，在一定条件下会形成酸雨，使森林、鱼类、农作物及建筑物蒙受严重损失。大气中微尘的迅速增加会减弱日射，影响气温、云量（微尘中有吸湿性核）和降水。

3.5.2　改变下垫面性质

人类活动改变下垫面的自然性质是多方面的，目前最突出的是破坏森林、坡地、干旱地的植被及造成海洋石油污染等。

森林是一种特殊的下垫面，它除了影响大气中 CO_2 的含量以外，还能形成独具特色的森林气候，而且能够影响附近相当大范围地区的气候条件。森林林冠能大量吸收太阳入射辐射，用以促进光合作用和蒸腾作用，使其本身气温增高不多，林下地表在白天因林冠的阻挡，透入太阳辐射不多，气温不会急剧升高，夜晚因有林冠的保护，有效辐射不强，故气温不易降低。因此，林内气温日（年）较差比林外裸露地区小，气温的大陆度明显减弱。

森林树冠可以截留降水，林下的疏松腐殖质层及枯枝落叶层可以蓄水，减少降雨后的地表径流量，因此森林可称为绿色蓄水库。雨水缓缓渗入土壤中使土壤湿度增大，可供蒸发的水分增多，再加上森林的蒸腾作用，森林中的绝对湿度和相对湿度都比林外裸地大。

森林可以增加降水量。当气流流经林冠时，因森林的阻碍和摩擦有强迫气流上升的作用，故湍流加强，加上林区空气湿度大，凝结高度低，因此，森林地区降水机会比空旷地多，雨量亦较大。据实测资料，森林区空气湿度可比无林区高15%～25%，年降水量可增加6%～10%。

森林有减低风速的作用。在森林的迎风面，风速在距森林100 m左右的地方就发生变化。进入森林后，风速很快降低，当风吹向森林时，如果风中挟带泥沙，森林会使泥沙下沉并将其逐渐固定。森林的背风面在一定距离内仍对风速有减小的效应。在干旱地区，森林可以减小干旱风的袭击，防风固沙；在沿海大风地区，森林可以防御海风的侵袭，保护农田。森林根系的分泌物能促使微生物生长，可以改进土壤结构。森林覆盖区气候湿润，水土保持良好，生态平衡有良性循环，可称为绿色海洋。

历史上，世界森林曾占地球陆地面积的2/3，但随着人口增加，农牧业和工业的发展，城市和道路的兴建，再加上战争的破坏，森林面积逐渐减少。到19世纪，全球森林面积下降到46%，20世纪初下降到37%，目前全球森林覆盖面积平均约为22%。我国古时也有浓密的森林覆盖，其后由于人口繁衍、农田扩展和明清两代战火频繁，到1949年全国森林覆盖率已下降到8.6%。中华人民共和国成立以来，党和政府组织大规模造林，人造林的面积达4.6亿亩，如东北西部防护林、豫东防护林、西北防沙林、冀西防护林、山东沿海防护林等，在改造自然和改造气候条件上已起了显著作用。但由于我国毁林情况相当严重，目前森林覆盖面积仅为12%，在世界160个国家中居第116位。

在干旱、半干旱地区，原来生长着具有很强耐旱能力的草类和灌木，它们能在干旱地区生存，并保护那里的土壤。但是，由于人口增多，干旱、半干旱地区的移民增加，他们在那里扩大农牧业，挖掘和采集旱生植物作燃料（特别是坡地上的植物），使当地草原和灌木等自然植被受到很大破坏。坡地上的雨水汇流迅速，流速快，对泥土的冲刷力强，在失去自然植被的保护和阻挡后，就造成严重的水土流失。在平地上，一旦干旱时期到来，农田庄稼不能生长，而开垦后疏松的土地又没有植被保护，很容易受到风蚀，结果表层肥沃土壤被吹走，而沙粒存留下来，产生沙漠化现象。畜牧业也有类似情况，牧业超过草场的负荷能力，在干旱年份牧草稀疏，土地表层被牲畜践踏破坏，也同样发生严重风蚀，引起沙漠化现象的发生。在沙漠化的土地上，气候更加恶化，具体表现为：雨后径流加大，土壤冲刷加剧，水分减少，使当地土壤和大气变干，地表反射率加大，破坏原有的热量平衡，降水量减少，气候的大陆度加强，地表肥力下降，风沙灾害大量增加，气候更加干旱，反过来更不利于植物的生长。

据联合国环境规划署估计，当前每年世界因沙漠化而丧失的土地面积达

6×10^4 km^2，另外还有 2.1×10^5 km^{2}的土地地力衰退，在农牧业上已无经济价值可言。沙漠化问题也同样威胁着我国。在我国北方地区，历史时期所形成的沙漠化土地达 1.2×10^5 km^2。近几十年来沙漠化面积逐年递增，因此必须有意识地采取积极措施保护当地自然植被，进行大规模的灌溉，人工造林，因地制宜种植防沙固土的耐旱植被等来改善气候条件，防止气候继续恶化。

海洋石油污染是当今人类活动改变下垫面性质的另一个重要方面。据估计，每年大约有 10^9 t 的石油通过海上运往消费地。由于运输不当或油轮失事等，每年约有 10^6 t 的石油流入海洋，另外还有工业过程中产生的废油排入海洋。有人估计每年倾注到海洋的石油量达（2～10）$\times10^6$ t。

倾注到海洋中的废油，有一部分形成油膜浮在海面，抑制海水的蒸发，使海上空气变得干燥。同时又减少了海面潜热的转移，导致海水温度的日变化、年变化加大，使海洋失去调节气温的作用，产生“海洋沙漠化效应”。在比较闭塞的海面，如地中海、波罗的海和日本海等海面的废油膜影响比广阔的太平洋和大西洋更为显著。

此外，人类为了生产和交通的需要，填湖造陆、开凿运河及建造大型水库等，改变了下垫面性质，对气候亦产生显著影响。例如，我国新安江水库于1960年建成后，其附近淳安县夏季较以前凉爽，冬季比过去暖和，气温年较差变小，初霜推迟，终霜提前，无霜期平均延长20天左右。

3.5.3　人为热和人为水汽的排放

随着工业、交通运输和城市化的发展，世界能量的消耗迅速增长，仅1970年全世界消耗的能量就相当于燃烧了 7.5×10^9 t 煤，放出 2.5×10^{11} J 的热量。其中，在工业生产、机动车运输中有大量废热排出，居民炉灶和空调，以及人、畜的新陈代谢等亦放出一定的热量，这些人为热像火炉一样直接增暖大气。目前，如果将人为热平均分配到整个大陆，等于在每平方米的土地上放出 0.05 W 的热量。从数值上讲，它和整个地球平均从太阳获得的净辐射热相比是微不足道的，但是，由于人为热的释放集中于人口稠密、工商业发达的大城市，其局地增暖的效应就相当显著。在高纬度城市，如费尔班克斯、莫斯科等，其年平均人为热的排放量大于太阳净辐射；中纬度城市，如蒙特利尔、曼哈顿等，因人均使用能量大，其年平均人为热的排放量亦大于太阳净辐射。特别是蒙特利尔，冬季因空调取暖消耗能量特大，其人为热竟相当于太阳净辐射的 11 倍以上。但是，像热带的香港、赤道带的新加坡，其人为热的排放量与太阳净辐射相比就微乎其微了。

在燃烧大量化石燃料（如天然气、汽油、燃料油和煤等）时，除有废热排放外，还向空气中释放一定量的人为水汽。根据美国大城市气象试验，圣路易斯城由燃烧产生的人为水汽量为 10.8×10^8 g/h，而当地夏季地面的自然蒸散量为 6.7×10^{11} g/h。显然，人为水汽量要比自然蒸散的水汽量小得多，但它对局地低云量的增加有一定作用。

据估计，目前全世界能量的消耗每年约增长 5.5%。2000 年全世界能量消耗比 1970 年增加 5 倍，即年耗能为 3.75×10^{10} t 煤。其排放出的人为热和人为水汽又主要集中在城市，对城市气候的影响将越来越显示其重要性。

此外，喷气飞机在高空飞行喷出的废气中除混有 CO_2 外，还有大量水汽。据研究，平流层（5000 Pa 高空）的水汽近年来有显著的增加，如 1964 年其水汽含量为 2×10^{-3} mL/m^3，1970 年就上升到 3×10^{-3} mL/m^3，这就和大量喷气飞机经常在此高度飞行有关。水汽的热效应与 CO_2 相似，对地表有温室效应。有人计算，如果平流层水汽量增加 5 倍，地表气温可升高 2 ℃，而平流层气温将下降 10 ℃。在高空水汽的增加还会导致高空卷云量的增多。据估计，在大部分喷气飞机飞行的北美 - 大西洋 - 欧洲航线上，卷云量增加了 5%～10%。云对太阳辐射及地气系统的红外辐射都有很大影响，它在气候形成和变化中起着重要的作用。

3.6　气候变化的模拟实验

学者们对气候敏感度的认识可以分为对立的 2 种：一种认为气候系统非常敏感，对一些诸如温室气体、火山爆发和太阳辐射变化等强迫因子的响应相当大；而另外一种则认为，气候系统是相对迟钝的，即便驱动全球变暖的因素很强，也只能造成温度很小幅度的上升。气候敏感度问题的关键点在于我们无法针对真实的自然界来设计科学实验，进而客观评估它对气候强迫因子的响应。半个世纪以前，大气原始方程组被用于建立数值模式，模拟了大气运动及其演化，标志着对气候系统进行仿真试验的开始（姜大膀、刘叶一，2016）。

1979 年，大气环流模式与混合层海洋模式相耦合，模拟得到在大气 CO_2 浓度加倍后，全球平均温度上升 1.5～4.5 ℃的结论。之后的数值试验采用了更加复杂的模式，比如考虑云变化、给定海洋热输送、提高分辨率等，但依然使用混合层海洋模式，得到的气候敏感度仍在上述范围之内。

混合层海洋模式的优点在于达到平衡态的时间短，一般只需积分 20～30 年，计算代价小；然而，它的局限在于不能反映海洋热输送变化和大西洋经向翻转环流对升温的影响，因此不适用于长期的气候变化研究。20 世纪 90 年代末开始使用完全耦合的大气 - 海洋环流模式进行数值试验，但它需要积分成千上万年才能达到平衡，计算代价太大，因此没有得到推广，这使长期以来各项重大气候变化

评估工作一直引用 1.5 ～ 4.5 ℃这个相对模糊的气候敏感度范围。21 世纪，高性能计算机得到快速发展，国际耦合模式比较计划第五阶段的最新模式包含了大气、海洋、陆面、海冰、气溶胶、碳循环等多个子模块，动态植被和大气化学过程也被耦合其中，早期的大气环流模式发展成了当下的气候系统模式和地球系统模式。

科研人员试图使用这些更复杂、更逼真的模式来确定气候敏感度，至少期望从一端上缩小它的界限，然而模拟数值各有不同。大多数模式落在 1.5 ～ 4.5 ℃，一些模式则超过了这个范围的上界，多模式的平均值为 3.2 ℃。现在的问题是，因为每个模式在模拟真实气候的过程中都进行了大量简化，并采用了不同的参数化方案，所以相应的敏感度不可避免地有自己的不确定性，一些模式的升温大大超过 4.5 ℃，这就需要对各个模式的模拟能力进行系统评估，这样才能有效计算敏感度的权重平均值。

之前也有采用单个模式，通过变换模式中诸如云和气溶胶的有关参数来开展敏感性试验，得到 2.4 ～ 5.4 ℃的增温范围，最可能值为 3.2 ℃，但是这个模式依然要面对可信度这一问题。另外，云的反馈依然是模式不确定性的最大来源。云与气候的相互作用非常复杂，云量、云高、云粒子大小和云相态的改变都会影响大气层顶的辐射通量。一种云属性的改变可能同时存在正负两种反馈效应。比如云量减少，一方面会导致射出长波辐射增多，减小大气层顶的辐射强迫，造成负反馈；另一方面会增加入射短波辐射，辐射强迫增大，造成正反馈。不同云高度的辐射特性也不同，低云以反射太阳短波辐射为主，造成负反馈；而高云因为云顶的极低温度，所以射出长波辐射少，造成正反馈。正负两种反馈相消，净反馈的大小很难确定。缺乏对云过程的深入认识和统一的参数化方案也使模式之间、模式与观测之间存在很大差异。更何况还可能有其他未知的影响气候系统的关键因素仍未被发现并包含在模式之中。正如前面提到的，无论是早期的大气环流模式还是最新的地球系统模式，都是对真实世界这个非线性复杂系统的简化式程序性表达，各个气候要素、各种尺度的气候系统和各圈层内部及其之间复杂的相互作用、反馈机制是模式难以完全准确表述和计算的。

建立在物理、化学和生物等学科基本规律和定律基础之上的模式有其内在的科学合理性，但现阶段科学认知的水平决定了它还存在着一定的不确定性。

古气候学者试图从地质历史时期的气候变化着手，分析过去的气候是如何对温室气体和火山活动等影响强迫因子进行响应的。当然，过去气候中不曾出现过我们如今面对的如此之高的温室气体浓度和全球快速变暖的场景；而且，估算末次冰期遗留下来的记录在冰川深处的 CO_2 含量，或者估算火山喷发出的火山灰遮挡了多少太阳辐射，也难免会有误差。根据过去气候变化的综合研究，平衡气候敏感度也在1.5～4.5℃这个范围内，最可能的值也在3℃附近。

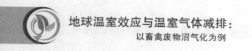

现有研究表明，无论是古气候代用资料、历史仪器测量数据，还是多模式多样本模拟，都无法缩小平衡气候敏感度的不确定性范围。有学者称，这个区间的下限不会低于1.5℃是相对肯定的，但对上限的说法则存有争议，因为气候敏感度越大，不确定性可能越大。根据20世纪观测到的数据，并估算自然和人为造成的气候强迫，平衡气候敏感度有30%的可能性会超过4.5℃，在扰动参数的敏感性试验中，最极端的情况高达9℃。需要指出的是，气候模式至今还无法合理模拟出极端地质暖期气候，这意味着有关键的要素或环节被遗漏了。IPCC第五次评估报告建议的平衡气候敏感度是1.5～4.5℃，认为极不可能（概率为0～5%）低于1℃，非常不可能（概率为0～10%）大于6℃，上述区间与1979年简单模式所得的数值相同。

气候变化的研究还有许多工作需要开展。一方面需要在模式中实现更精确的云和气溶胶过程，因为这两个过程是目前模式不确定性的最大原因。大量增加气候系统中的其他模块及其物理过程，研发地球系统模式确实拓展了模式的用途，但这种复杂化并没有使它比早期简单的大气环流模式更好地量化气候敏感度，反而进一步增加了不确定性的来源途径。模式发展的重心应该放在如何更好地刻画那些基本的、关键的物理过程（比如云和气溶胶、水汽与大气环流的耦合）和减少它们带来的不确定性和误差上。随着计算机的能力的进一步提高，实现模式的精确性是具有现实意义的。另外，还需要获取更多和更好的古气候记录，开展古气候模拟研究来共同解析自然气候演化的事实与驱动机制。

3.7 地质事件与气候变化

3.7.1 关岭古生物群沉积与气候变化

关岭古生物化石群产生于距今1.99亿～2.28亿年的贵州省关岭地区，它以超级丰富的生物量，特别是鱼龙和海百合的生物量，表明它们代表着地球生物自二叠纪末大灭绝（90%海洋生物灭绝以及70%的陆地生物灭绝）进入到复苏时期即三叠纪早期，再到发展时期即三叠纪中期，然后进入了全球三叠纪生物大发展的三叠纪晚期。海相中－晚三叠世地层在贵州省关岭一带广泛分布，并含多门类化石，尤其是在这些地区关岭组中上部、竹竿坡组近底部及小凹组下段上部，由暗灰色－黑色灰岩、钙质泥岩和页岩组成的黑色岩系中，含有大量海生爬行动物骨架。在地质历史时期中，二叠纪属于大冰期气候，而三叠纪则属于大间冰期气候（表3－1），诸多动植物在气候变暖的情况下，开始大量繁殖。

中三叠世晚期的全球大海退导致海生爬行动物一度衰减。由于关岭生物群当时生活在扬子地台边缘因挠曲而形成的凹陷盆地中，盆地内水体较深且水流不畅，因此，关岭生物群共生生物中底栖生物十分稀少。陈孝红等（2007）发现，含化石的黑色薄层灰岩中有机碳含量较高，25 个样品有机碳含量变化为 0. 11% ～0. 68%，平均达到 0. 40%，并认为当时海洋环境中浮游生物十分繁盛。晚三叠世时期，华南地块处于东特提斯和西太平洋生物地理区之间。关岭生物群兼具西特提斯和西太平洋生物地理区海生爬行动物亲缘关系的特点。东、西特提斯大洋在中三叠世时还是相通的。

三叠纪时，关岭在古地理上正好处于当时的扬子浅海克拉通盆地陆棚边缘。中三叠世开始，在印支造山运动作用下，伴随金沙江 – 哀牢山弧后盆地的缩小和消亡，印支和越南北部地块的聚合，我国大部分地区，包括扬子克拉通盆地在内，均逐渐抬升，从而导致南盘江前陆盆地自中三叠世开始逐渐缩小，至晚三叠世因与扬子克拉通台地会聚而闭合。由于南盘江前陆盆地的褶皱抬升和逐渐关闭，加上川滇古陆的进一步隆升和阻挡，在扬子克拉通台地西南缘，在地球动力作用的推动下，关岭及其西南方位的地区也都发生了折曲抬升。在扬子克拉通台地与南盘江盆地过渡地带，与南盘江前陆盆地充填过程中所诱发的前陆隆起。与此相对应，在靠近川滇古陆一侧的扬子碳酸盐台地边缘则断续性出现呈北东 – 南西向延伸的边缘凹陷。拉丁期早中期和早卡尼期早期和晚期所发生的 4 次海侵与海退事件，在继承性边缘凹陷或盆地中形成的黑色岩系化石库。

南盘江前陆盆地中三叠世开始萎缩，因此，在扬子克拉通台地西南缘初始出现的边缘凹陷较小，海水较浅，导致繁衍盘州市生物群凹陷的空间有限，但由于靠近古陆，陆缘有机物质供应充足，有利于大量幼年期鱼群、浮游的虾类的生息，因而出现大量个体细小、幼年期的鱼类。这些浮游和底栖生物为共生的海生爬行动物提供了丰富的食物；而大量海生爬行动物的排泄物又反过来变成鱼类和节肢动物的营养源泉。随着扬子地台的进一步抬升，至安尼期晚期，繁衍盘州市生物群的近岸盆地。至拉丁期早中期，伴随海侵和前陆隆起进一步抬升，边缘盆地再次出现，且进一步扩大，从而为生物群的发展和多样性提供了理想的生活空间，上述产海生爬行动物的黑色岩系是一个化石保存库，即在缺氧条件下保存多门类有节浮游动物、脊椎动物 、鱼类、节肢动物和浮游海百合等的化石库。这些黑色岩系化石库应该都是在缺氧和滞流环境中形成的。

繁衍关岭生物群局限盆地的缺氧带已经不限于盆地底层，而扩展到了水柱的上层，从而使关岭生物群中绝大多数四脚类骨架能够完好地保存下来。关岭生物群是在一个滞留、缺氧、沉积速率很低的局限盆地中形成的准原地埋藏群，因而这些骨架一旦落至海底，就再未经历搬运漂流。关岭生物群中海生爬行动物可能还包括其他共生的生物，是耗竭死亡而不是灾变死亡。更确切地说，关岭生物群不是一个生物死后被覆盖埋藏而形成的埋藏群，而是一个典型的在滞流且没有食腐动物的海底的条件下所形成的以海生爬行动物和海百合为特征的黑色页岩化石库（Wang et al，2008）。

大量海生爬行动物和海百合沉入海底后，曾发生大规模与地震活动有关的滑塌堆积，从而使这些沉入海底的生物群得以迅速埋藏。在沉积和生态环境方面，当海侵扩大至最大海泛面时，由于海水加深，底部开始处于滞留和缺氧状况。加上频繁的火山活动所产生的火山凝灰质沉积，以及继之而来的海平面下降和盆地面积缩小，由此引发的水动力条件减弱，含盐度增高，水体成分变化，导致氧气供应逐渐衰竭。

三叠纪时期全球气候呈现出一种干旱的状态，早三叠世比中、晚三叠世气候更干旱，赤道温度达 30 ℃，两极温度达 12 ～ 14 ℃，中高纬度温差小，中低纬度广泛分布亚热带雨林，高纬度为干旱的亚热带地区（袁周伟，2017）。Robinson（1973）根据三叠纪时期全球的岩性分布特征，提出泛大陆季风气候。颜佳新（1999）认为，随着泛古陆的整体北移，亚欧大陆南部则经历了由热带到北温带的古气候变化，南冈瓦纳古陆群经历了由南温带到热带的古气候变化。钱利军等（2010）的研究表明，季风性气候的形成与泛古陆形状和海陆分布有着密切的关系，并认为泛古陆从聚合到分开，季风经历了形成、发展与衰退这样一个周期，直至侏罗纪时期才被分带性气候所代替。李丹等（2013）认为，澳大利亚西北大陆架三叠纪始终处于热带 - 亚热带气候带，受到环特提斯洋季风的影响大，气候温暖潮湿，植被茂密。事实上，局部地区的大量生物被埋藏，使生物圈中一部分有机碳被封存起来，但是对全球气候来说，并没有起到足够的影响，三叠纪时期全球还是处于一个温暖的季风气候。

3.7.2　新元古代污牙钨矿区的成岩作用与气候变化

在地质历史时期，洋壳俯冲的深海碳酸盐被带到地球深部，在地壳运动或壳幔相互作用的过程中，中下地壳可形成岩浆房，其中的岩浆含有大量挥发分，但由于此时压力非常大，挥发分溶于岩浆中，随着岩浆沿着地壳中的裂隙上涌且熔蚀围岩返回地表的过程中，伴随着熔岩流侵入地壳以及挥发性气体的溢出，主要是 H_2O、CO_2、H_2S、F_2 和 Cl_2 等气体挥发。地幔与地壳的碳可以通过岩浆作用返回地表以及大气中。

贵州省从江地区的污牙钨矿，大地构造位置处于扬子陆块与华夏陆块的过渡带，即江南造山带西南段。矿区位于吉羊穹状背斜北倾伏端，区域性大断层 - 高武断层由南东角经过，矿区位于其上盘，区内褶皱、断裂不发育，主体大致为一

向北东倾斜的单斜断块（潘光松、胡桂明，2015）。区域上变质岩广布，类型有变泥质岩、变长英质岩、变钙质岩三种浅变质岩。接触变质岩围绕花岗岩体外接触带分布，少量见于内接触带。动力变质岩主要沿脆性－韧性剪切带两侧展布，有构造角砾岩、碎裂岩、糜棱岩、构造片岩四种类型。该区主要出露新元古界四堡岩群河村组及新元古界青白口系下江群甲路组，岩性为变质砂岩、片岩、千枚岩及钙质千枚岩夹大理岩（刘灵等，2016）。钨矿相关的花岗岩为黔桂边境摩天岭花岗岩复式岩体（称三防花岗岩系列），化学成分上属高钾钙碱性系列过铝质花岗岩（饶红娟等，2017）。饶红娟等（2017）认为，该复式花岗岩形成的高峰期年龄为820～826 Ma，为晋宁运动的产物。

2014年以来，一些学者初步探讨了新元古代牙污钨矿的地质特征和矿床成因（张宇、陈凤雨，2014；潘光松、胡桂明，2015；刘灵等，2016；饶红娟等，2017）。刘灵等（2016）认为，牙污钨矿属于变质热液与岩浆热液复合叠加成因，岩浆热液作用与变质热液作用同时进行，或者稍晚于后者；饶红娟等（2017）认为，花岗岩岩浆热液仅起到对地层中矿质活化再富集的作用；张宇和陈凤雨（2014）及潘光松和胡桂明（2015）则认为，花岗岩侵入活动为牙污钨矿形成提供了物质来源，其中含钨酸盐热液在变质岩中运移，当遇到其中的钙质成分时与其反应形成钨酸钙沉淀，后经蚀变改造，成矿物质进一步富集而形成钨矿床。前人在对江南造山带西段的构造演化研究中，对摩天岭花岗岩（三防岩体）做了年代学、Sr－Nd同位素及锆石的O－Hf同位素研究（Li，1999；Wang et al，2013）。Li（1999）认为，摩天岭花岗岩的形成时代是（826±10）Ma，初始εNd值为－4.8～－7.6指示了成岩物质来源于上地壳；Wang et al（2013）认为，该岩体的成岩年龄为（804±5）Ma，所得O－Hf同位素指示了成岩物质来源于成熟陆壳。

在新元古代时期，贵州污牙地区发生了岩浆事件，从表3－1可以看出，新元古代的气候属于大冰期气候。赵彦彦和郑永飞（2011）的研究也表明，新元古代时期至少有4次成规模的冰川事件。新元古代污牙钨矿区的成岩作用的时间与Kaigas冰期最为接近，但是中国华南地区尚未发现与Kaigas冰期相对应的冰川沉积。然而，中国大别苏鲁造山带内新元古代花岗岩中含有负的$\delta^{18}O$值的锆石和石榴石，其中锆石$\delta^{18}O$值低达－11‰～－8‰，石榴石$\delta^{18}O$值低达－14‰～－10‰，与之共生的锆石U－Pb年龄是（748±3）Ma。这种负$\delta^{18}O$的锆石和石榴石要求参与蚀变的热液流体是高纬度寒冷气候下的大气降水或区域性大陆冰川融水。新元古代时期的华南，处于北纬30°～40°附近，因此大气降水的$\delta^{18}O$应该比较高，不能形成低$\delta^{18}O$值的矿物。这种极端负$\delta^{18}O$流体最有可能来源于大陆冰川融水。从锆石U－Pb定年得到，形成负$\delta^{18}O$矿物的热液蚀变时间为748 Ma，与Kaigas

冰期年龄一致。这个时期出现的区域性大陆冰川融水参与的热液蚀变作用，间接证明华南地区确实存在该时期的大陆冰川。华南地区涟沱组火山灰夹层中的锆石进行 U－Pb 定年为（748 ± 12）Ma 的年龄，涟沱组沉积岩的化学蚀变指数为 55 ～ 65，说明当时华南地区属于寒冷气候。

近 100 年来的研究并未在华南地区发现新元古代时期的任何冰川作用的沉积学证据，这可能是由于当时华南地区气候温度不是很低，没有形成大范围的冰川，仅在高海拔地区形成了小规模的区域性冰川，因此华南地区这个时期的寒冷气候可以与 Kaigas 冰期进行对比。华南地区涟沱组沉积时，古地磁资料显示华南地区位于北纬 30°～ 40°附近，Kaigas 冰期可能到达华南的中纬度地区。

在新元古代时期，贵州污牙地区位于华南板块的西南缘（今天的地理位置）发生了岩浆事件，该岩浆来源是成熟的陆源沉积物，含有大量的沉积物中的碳元素。随着岩浆的侵位，把大量的 CO_2 带回地表大气中。除了此次事件以外，新元古代时期，也是扬子板块与华夏板块闭合的时期，大量的岩浆活动在缝合带区域发生，岩浆来源有成熟陆源沉积物也有幔源物质，大量的 CO_2 被带回地表，但并没有引起大冰期气候的转暖。

第 4 章　地球碳循环

4.1　碳库

从 17 世纪开始认识 CO_2，人类对地球系统碳循环及其对人类生存环境影响的探索已延续了近 400 年。碳是生命物质的主要元素之一，是有机质的重要组成部分。地球上主要有四大碳库，即大气圈碳库、水圈碳库、生物圈碳库和岩石圈碳库。大气中的碳主要以 CO_2 和 CH_4 等气体形式存在；在水中主要以碳酸根（CO_3^{2-}）或碳酸氢根（HCO_3^-）的形式存在；在岩石圈中，碳元素是碳酸盐岩石和沉积岩的主要成分；在生物圈系统中则以各种有机物或无机物的形式存在于植被、土壤以及动物中。

碳循环主要指碳元素在地球上的生物圈、岩石圈、水圈及大气圈中不断交换的过程。生物圈中的碳循环，以陆地生态系统碳库为主，表现在绿色植物从大气中吸收 CO_2，在水的参与下，经光合作用转化为葡萄糖并释放出氧气（O_2），有机体再利用葡萄糖合成其他有机化合物。有机化合物经食物链传递，又成为动物和细菌等其他生物体的一部分。生物体内的有机化合物一部分作为有机体代谢的能源经呼吸作用被氧化，生成 CO_2 和 H_2O，并释放出其中储存的能量。

自然界中绝大多数的碳储存于地壳岩石中（表 4 - 1），岩石中的碳因自然的和人为的各种化学作用分解后进入大气和海洋，同时死亡生物体及其他各种含碳物质又不停地以沉积物的形式返回地壳中，由此构成了全球碳循环的一部分。碳的地球生物化学循环控制了碳在地表或近地表的沉积物和大气、生物圈及海洋之间的迁移。在大气中，CO_2 是主要的含碳气体，也是碳参与物质循环的主要形式。在生物库中，森林是碳的主要吸收者，它固定的碳相当于其他植被类型的 2 倍。森林又是生物库中碳的主要储存者，储存量大约为 4.82×10^{11} t，相当于大气含碳量的 2/3。植物、可光合作用的微生物通过光合作用从大气中吸收碳的速率，与通过生物的呼吸作用将碳释放到大气中的速率大体相等，大气中 CO_2 的含量在受到人类活动干扰以前，在短时间尺度内，是相对稳定的。

在全球几大碳库中，岩石圈碳库的碳在其中的周转时间较长，最长的周转时间达到百万年以上；水圈碳库是除地质碳库外最大的碳库，但碳在深海中的周转时间也较长，平均以千年为尺度；生物圈碳库，主要由动物、植被和土壤这些分碳库组成，内部组成和各种反馈机制最为复杂，是受人类活动影响最大的碳库。碳在岩石圈中主要以碳酸盐的形式存在；在大气圈中，碳以 CO_2 和 CO 的形式存在；在水圈中，碳以溶解态存在于水中；在生物圈中，碳是生命所需有机物的重要组成元素。这些物质的存在形式受到各种因素的调节。

岩石圈碳库包含沉积岩和化石燃料，含碳量约占地球上碳总量的99.9%。岩石圈碳库中的碳活动缓慢，实际上起着储存库的作用。另外3个碳库（大气圈碳库、水圈碳库和生物圈碳库）中的碳在生物和无机环境之间迅速交换，容量小而活跃，实际上起着交换库的作用。

表4-1　地球各主要碳库

碳库		含碳量/Gt	碳库		含碳量/Gt
大气圈		720	陆地生物圈（总）		2000
海洋		38400		活生物量	600～1000
	总的无机碳	37400		死生物量	1200
	表层	670	水圈		1～2
	深层	36730	化石燃料		4130
	总的有机碳	1000		煤	3510
岩石圈				石油	230
	沉积碳酸盐	大于 6×10^7		天然气	140
	油母原质	1.5×10^7		其他（泥炭）	250

4.1.1　大气圈碳库

大气圈碳库的含碳量约为720 Gt（表4-1），在几大碳库中，其含碳量是最小的。但是，大气圈碳库是联系海洋与陆地生态系统碳库的纽带和桥梁。大气中的碳含量多少直接影响整个地球系统的物质循环、能量流动以及全球气候变化。

大气中含碳气体主要有 CO_2、CH_4 和 CO 等，通过测定这些气体在大气中的含量即可推算出大气碳库的大小。相对于海洋和陆地生态系统来说，大气的含碳量是最容易计算的，而且也是最准确的。由于在这些气体中，CO_2 含量最大，也最为重要，因此，大气中的 CO_2 浓度往往可以看作大气的碳含量的一个重要指标。

4.1.2　水圈碳库

水圈碳库中以海洋碳库的碳储存能力最强，海洋碳库可溶性无机碳含量约为37400 Gt（表4-1），是大气中含碳量的50多倍，在全球碳循环中起着十分重要

的作用。从千年尺度上看，海洋决定着大气中的 CO_2 浓度。大气中的 CO_2 不断与海洋表层进行着交换，这一交换量在各个方向上可以达到每年 90 Pg，从而使大气与海洋表层之间迅速达到平衡。人类活动排放的碳有 30%～50% 会被海洋吸收，但海洋缓冲大气中 CO_2 浓度变化的能力不是无限的，这种能力的大小取决于岩石侵蚀所形成的阳离子数量。由人类活动导致的碳排放的速率比阳离子的提供速率大几个数量级，因此在千年尺度上，随着大气中 CO_2 浓度的不断上升，海洋吸收 CO_2 的能力将不可避免地逐渐降低。

海洋碳的周转时间往往要几百年甚至上千年，可以说海洋碳库基本上不依赖于人类的活动，而且由于测量手段等，相对陆地碳库来说，对海洋碳库的估算还是比较准确的。

4.1.3　生物圈碳库

生物圈碳库蓄积的碳量约为 2000 Gt（表 4－1），其中土壤有机碳库蓄积的碳量约是植被碳库的 2 倍。从全球不同植被类型的碳蓄积情况来看，陆地生态系统碳蓄积主要发生在森林地区，森林生态系统在生物地球化学过程中起着重要的“缓冲器”和“阀”的功能，约 80% 的地上碳蓄积和约 40% 的地下碳蓄积发生在森林生态系统，余下的部分主要储存在耕地、湿地、冻原、高山草原及沙漠、半沙漠中；从不同气候带来看，碳蓄积主要发生在热带地区，全球 50% 以上的植被碳和近 1/4 的土壤有机碳储存在热带森林生态系统和热带草原生态系统，另外约 15% 的植被碳和近 18% 的土壤有机碳储存在温带森林生态系统和草地生态系统，剩余部分的陆地碳蓄积则主要发生在北部森林、冻原、湿地、耕地及沙漠和半沙漠地区。CO_2 浓度升高使树木生长加快，这些树木一般会存活几十年到上百年；同时，生态系统内的动物通过食物摄入的含碳有机物会构成其身体的一部分，动物存活期为几年到几十年。这些动植物腐烂被分解后，其中的碳通过异养呼吸返回到大气中。因此，自然生态系统的碳蓄积和碳释放在较长时间尺度上是基本平衡的。

4.1.4　岩石圈碳库

岩石圈碳库含碳量最高，沉积碳酸盐的含碳量超过 6×10^7 Gt，油母原质中碳含量达到 1.5×10^7 Gt（表 4－1）。100 多年前，美国地质学家 T. C. Chamberlin（1843—1928 年）提出了一套内外动力地质作用，包括地壳抬升加剧风化作用消耗大气 CO_2、海洋碳酸盐岩沉积和火山作用释放 CO_2、化石燃料沉积消耗大气 CO_2 等交互作用调节大气 CO_2 浓度，从而引起地球历史上冷暖交替出现的假说，并以此解释二叠纪和第四纪冰川的出现和消退。而同一时期，M. Milankovitch 提出，地球表面温度的冷暖周期波动主要受地球轨道及转动轴的变化制约的理论被广泛接受，导致 Chamberlin 的假说淡出。但近 30 年来，各种新研究手段出现，过去环境变化过程资料的分辨率更加提高，M. Milankovitch 理论已不能解释气候周期性变化的一切过程，人们开始关注温室效应及各种地质作用对全球碳循环的影响。

碳循环是一个二氧化碳 - 有机碳 - 碳酸盐的系统，它与 $CO_2 - H_2O - CO_3^{2-}$ 三相不平衡开放系统的耦联，构成了岩溶作用系统，产生了各种各样的地表、地下岩溶形态。它们或保存于碳酸盐岩的表面，或保存于碳酸盐岩及其衍生物的内部结构或成分中。岩溶作用是在碳循环及与其相关的水循环、钙循环系统中的碳酸盐的被溶蚀或沉积，而各种岩溶形态就是这个复杂的循环系统的运动在碳酸盐岩上留下的轨迹。在我国不同气候条件下的石灰岩溶蚀速度观测说明，在温暖潮湿的气候下，由于水和生物的协同作用，其溶蚀速度比半干旱地区高十几倍；在温暖潮湿的气候条件下，当土层渗透性较好时，土中溶蚀又比空气中高 2 ～ 3 倍（袁道先，1993）。

从全球角度来看，生物活动及有关碳循环最活跃的地区是热带雨林及热带滨海地区，碳酸盐的溶蚀作用及沉积作用都很强烈。在地表，有峰林地形、深尖溶痕、琳琅满目的洞外钟乳石、瀑布钙华、红色石灰土，地下则有巨大的洞穴系统或地下河系的次生碳酸盐沉积。在湿润的温带或高寒山区，生物的新陈代谢及其对碳循环的驱动作用都不如热带强烈。在低温条件下，天然水对碳酸盐的溶蚀速度也较缓慢，使其长期处于不饱和状态。漫长的溶蚀过程使这里的碳循环主要表现为碳酸盐被溶蚀。在干旱地区，虽仍有不同程度的生物作用，但由于作为碳循环重要载体的水运动缓慢，因此天然水中的碳酸盐能较快地达到饱和。

4.2 碳循环的基本过程

大气中的 CO_2 被陆地和海洋中的植物吸收，然后通过生物或地质过程及人类活动，又以 CO_2 的形式返回大气中。

（1）生物和大气之间的循环。绿色植物从空气中获得 CO_2，经过光合作用转化为葡萄糖，再综合成植物体的碳化合物，经过食物链的传递，成为动物体的碳化合物。植物和动物的呼吸作用把摄入体内的一部分碳转化为 CO_2 释放入大气，另一部分则构成生物的机体或在机体内储存。动植物死后，残体中的碳通过微生物的分解作用也成为 CO_2 而最终排入大气。大气中的 CO_2 这样循环一次约需 20 年。一部分（约 1/1000）动植物残体在被分解之前即被沉积物所掩埋而成为有机沉积物。这些沉积物经过悠久的年代，在热能和压力作用下转变成矿物燃

料——煤、石油和天然气等。当它们在风化过程中或作为燃料燃烧时，其中的碳被氧化为 CO_2 排入大气。人类消耗大量矿物燃料对碳循环产生重大影响。一方面，沉积岩中的碳因自然和人为的各种化学作用分解后进入大气和海洋；另一方面，生物体死亡及其他各种含碳物质又不停地以沉积物的形式返回地壳中，由此构成了全球碳循环的一部分。碳的生物循环虽然对地球的环境有着很大的影响，但是从以百万年计的地质时间上来看，缓慢变化的碳的地球化学大循环才是地球环境最主要的控制因素。

（2）大气、海洋及岩石之间的交换。CO_2 可由大气进入海水，也可由海水进入大气。这种交换发生在大气和海水的界面处，由于风和波浪的作用而加强。这两个方向流动的 CO_2 量大致相等，大气中 CO_2 量增多或减少，海洋吸收的 CO_2 量也随之增多或减少。大气中的 CO_2 溶解在雨水和地下水中成为碳酸，碳酸能把石灰岩变为可溶态的碳酸氢盐，并被河流输送到海洋中，海水中接纳的碳酸盐和碳酸氢盐含量是饱和的。新输入多少碳酸盐，便有等量的碳酸盐沉积下来。通过不同的成岩过程，又形成石灰岩、白云石和碳质页岩。在化学和物理作用（风化）下，这些岩石被破坏，其所含的碳又以 CO_2 的形式释放，进入大气中。火山爆发也可使一部分有机碳和碳酸盐中的碳再次加入碳的循环。

（3）人类在燃烧矿物燃料以获得能量时，产生大量的 CO_2。1949—1969 年，由于燃烧矿物燃料及其他工业活动，CO_2 的生成量估计每年增加 4.8%。其结果是大气中 CO_2 浓度升高。这样就破坏了自然界原有的平衡，可能导致气候异常。矿物燃料燃烧生成并排入大气的 CO_2 有一小部分可被海水溶解，但海水中溶解态 CO_2 的增加又会引起海水中酸碱平衡和碳酸盐溶解平衡的变化。矿物燃料的不完全燃烧会产生少量的 CO。另外，自然过程也会产生 CO。CO 在大气中存留时间很短，主要是被土壤中的微生物所吸收，也可通过一系列化学或光化学反应转化为 CO_2。

4.3　大气碳循环

工业革命以来，全球大气中的 CO_2 含量出现了极大的变化。在地质时期，碳的流通缓慢，并且一直在进行沉积。在化石燃料煤和石油中积存的碳约有 1×10^{16} t，这些碳被长期封存在地下，从未在短期内大量逸出，因此，大气中的 CO_2 含量基本为一个恒量，维持着碳循环的相对稳定和平衡。但是，近 100 年来，随着化石燃料消费的增长，埋藏在地下的碳被大量释放出来，并迅速以 CO_2 形态进入大气之中。1860 年，燃烧化石燃料排出的碳大约为 10 t，到 1960 年增加到 2.6×10^9 t，而 1980 年已增达 5.3×10^9 t。最近 20 年的增长量已超过了此前 100

年的增长水平。另据统计表明，从1860年到目前这段时期中，累计排入大气中的碳大约为1.7×10^{11} t，其中约1.0×10^{11} t是最近25年内排入大气的。

目前CO_2的增长主要是因为化石燃料消费的增长，而大面积的植被被破坏也是造成CO_2增加的主要原因之一。有研究者认为，在增加的总碳量中，有2/3的碳是由植被破坏造成的。在陆地生态系统储存的总碳量中，大约有99.9%的碳存于植物体内，动物体内储存的碳仅占0.1%，因此，植被也是碳的巨大储存库。在全世界的各类植被中，仅森林的生物量就有1.9×10^{12} t，其中所含的碳大约为7.5×10^{11} t。当森林被破坏而变成裸地、农田或牧场时，林木中的碳也被释放出来。在此情况下，森林不但不能从大气中吸收CO_2，反而会将大量的CO_2排入大气中，估计由此而排出的碳每年可达2×10^9 t。除了破坏森林会将大量的碳排入大气外，草原的沙漠化、酸雨和农药的危害都能使储存在植物中的碳大量释放出来。因此，有些研究报告的估算认为，1850—1950年，由于人类活动而排入大气中的碳达到1.8×10^{11} t，其中1/3来自化石燃料的燃烧，其余2/3则来源于植被的破坏，特别是森林破坏的结果。随着人类活动的加剧，大量燃烧化石燃料和植被破坏而释放出的两股巨大碳流导致了大气中CO_2含量的急剧增长。

大气中的CO_2含量还会出现季节性变化和地区性的变化。在一年时间内，大气中CO_2的含量将按正弦曲线变化，冬末时CO_2含量最高，而夏末则最低。人们认为，冬季时温带森林的光合作用下降是导致季节变化的主要原因；在南半球，由于温带森林很少，因此CO_2含量的变化也比北半球微弱。此外，大约有80%的化石燃料消费集中在北纬30°～60°之间的地区内，这也是南半球的CO_2含量变化较弱、变化幅度仅为1～2 mL/m^3，而北半球的变化较大、变化幅度常达16 mL/m^{3}的另一个重要原因。随着时间的推移，不同地区的大气通过互相混合，最后总能趋于均匀或一致，但是南北两半球之间的CO_2浓度却始终存在2～3 mL/m^{3}的差别。

研究表明，增加植株附近空气中的CO_2浓度能加强植物的光合作用，促进植物产量的增长。这种作用已在温室中用来加快植物的生长或提高植物的产量，这就是CO_2施肥的原理。据此可以认为，在大气中CO_2含量增高的条件下，所有的植物必将生活于高浓度的CO_2环境中，因此植物的光合作用增强，生长将加快，产最也将提高。当大气中积聚的碳逐渐增加时，植物的光合作用可能相应地增强，植物量的生产将会提高，但随着土壤日趋贫瘠而来的将是初级生产力的迅速下降，生态系统的功能遭到破坏。

1958—1982年通过燃烧而排出的总碳量中的60%存于大气之中，其余40%被海洋吸收，每年海洋吸收的碳约为2.5×10^9 t。由此可见，海洋能吸收大气中过多的CO_2，从而在维持和保护碳循环的稳定、平衡中起着重要的作用。海洋是

生物圈中碳的最大储存库，储存的碳达 10^{18} t，从而能有效地调节大气中的 CO_2 含量。但是，现有的研究结论几乎一致认为，大气中 CO_2 含量的增长必然使气温升高，后果必然是使密度较大的大量冷水从海洋浮冰中解放出来，这些冷水将马上加入海洋的环流，致使海水含盐量、密度及整个海流都发生变化，由此而来的将是海洋的含碳量减少，从而降低了海洋在碳循环中所起的调节作用，使总的碳循环遭受严重干扰。此外，海洋吸收的 CO_2 减少必然使海洋植物的光合强度下降，最终造成海洋生态系统的生产力下降和生物量的生产减少。研究认为，CO_2 增加引起的气温上升将随地区而异，高纬度地区将比赤道地区增温明显，即两极地区的气温增长幅度较大。由此引起的后果似乎将使冻土带后退，而又有利于森林的发展，从而使植被固定的碳增加，大气中 CO_2 的含量减少。

4.4　水圈碳循环

水圈碳库主要包括水库、湖泊、河流及海洋，其中碳的形式有溶解在水中的有机碳和无机碳、沉积的有机碳和无机碳，以及水生生物体含碳。

碳在水库的滞留率约为 500 g/(m^2 · a)，1970 年储存在水库的碳汇总量为 0.1 Gt/a，估计到 2050 年可达到 0.2 Gt/a。另外，水电站可能是重要的温室气体排放源，因为水库建成后，被淹没的部分库区中的有机质会分解成为腐殖酸、CO_2、CH_4、N、P 等，但这一结论只适用于水库淹没地是泥炭地或浅水库区。碳在湖泊中的滞留率小于水库。储存在湖泊的生物体有机碳大约为 0.036 Gt/a，溶解态有机碳沉积率为 30%，溶解态有机碳将有 0.015 Gt/a 沉积在湖泊中，全球范围内总有机碳则有约 0.051 Gt/a 滞留在湖泊中，其中 0.035 Gt/a 来源于大气 CO_2。在湖泊中，碳酸钙（$CaCO_3$）的沉积具有很大的作用。全世界范围内，碳酸盐型湖泊总面积约为 0.18×10^6 km^2，其对溶解态无机碳的平均滞留率为 100 g/(m^2 · a)；而非碳酸盐型湖泊总面积约为 1.6×10^6 km^2，其对溶解态无机碳的平均滞留率只有 5 g/(m^2 · a) 左右。因此，全世界湖泊对溶解态无机碳的总汇估计可达到 0.026 Gt/a，其中至少 70% 来源于大气 CO_2，约为 0.0182 Gt/a。这样，包括有机碳和溶解态无机碳在内的湖泊总碳汇为 0.077 Gt/a，其中对大气 CO_2 的汇（折算为含碳量）达到 0.053 Gt/a。

河流碳循环是发生在河流系统中碳元素的生物地球化学循环，指流域中不同源的碳元素在机械、生化及人类活动等作用下以各种不同形式进入河网系统并随河流输移的全过程。在输移过程中，碳的理化性质发生一系列复杂变化，或通过微生物呼吸、河漫滩甲烷形成释放到大气中，或重新在陆地沉积埋藏，或最终随河流输移入海，实现碳元素由陆向海的动态传递过程。就碳在河流中的输移通量而言，其在全球碳循环大系统中扮演的角色可与植物光合固碳、土壤呼吸释放碳及海洋生物泵沉积碳等作用类比，其作用在于连接全球碳库（包括大气、海洋、陆地生态系统、岩石圈），在碳库界面处进行碳交换，且具有定向性，总是从一个碳库流向另一个碳库，是全球碳循环中重要的流通途径。据统计，河流每年向海输入的碳约为 1 Gt，其中有机碳 40%、无机碳 60%。河流连接陆地、海洋两大碳库，在全球碳循环中扮演重要角色。

河流碳主要以 4 种形式存在，即颗粒有机碳、溶解有机碳、颗粒无机碳和溶解无机碳。Meybeck（1993）认为，按碳含量计算，全球由河流输入海洋的碳中溶解态的无机碳为 2.44×10^8 t/a，溶解态的有机碳为 1.99×10^8 t/a，颗粒态有机碳包括生物有机碳为 1.8×10^8 t/a，分别占碳通量的 45%、37% 和 18%。实际上，在天然水体中，颗粒大小的分布是连续的，颗粒态与溶解态的划分也是相对的。颗粒态分粗、细两个粒级，粗颗粒 63 μm ～ 2 mm，细颗粒 0.45 ～ 63 μm；溶解态为小于 0.45 μm，涵盖真正溶解的单个分子以及胶状矿物和有机体组织。在河流水化学研究中，一般以 0.45 μm 作为划分颗粒态与溶解态的边界标准。

依据来源的不同，可以将河流碳分为自源和异源两类。流域陆地侵蚀产物构成河流异源碳的主体，水 - 气界面处垂直方向的碳交换也产生一部分源于大气的河流碳，现在所指的河流异源碳主要集中于陆源含碳物质。不同形式的碳的来源不同，如颗粒无机碳主要源于陆地碳酸盐岩及含碳沉积岩的机械侵蚀，水体内部碳酸钙的沉淀析出也提供一部分自源颗粒无机碳；溶解无机碳一部分由大气 CO_2 直接溶解于水生成，其余绝大部分由陆地基岩化学风化消耗大气和土壤空气中的 CO_2 生成。此外，化石有机碳的缓慢氧化也可能提供少量溶解无机碳。颗粒有机碳主要源于流域土壤和有机岩的机械侵蚀、陆地植物残屑，以及人类生产生活的有机废弃物，河水中的叶绿体经光合作用也产生一部分自源颗粒有机碳；溶解有机碳主要是土壤有机质的降解产物及人类生产生活有机废弃物，还有部分为河湖自生浮游植物的代谢分泌物。

河流每年输移的悬移质达 10^2 Gt，其中仅 10% ～ 20% 入海。已有资料表明，陆地沉积能埋藏大量有机碳，按碳含量计算，约为 10^{15} g/a，是碳循环中一个可能的汇，如美国大陆侵蚀产出的沉积物中，约 90% 都沉积在高地与海洋间的河流系统中。Milliman 等（1992）将流域划分为陡峭高地、低平原和河漫滩 3 个子系统，指出各子系统各自有典型过程控制碳及其他生命元素的风化及输移入海：陡峭高地因构造抬升和风化的共同作用而成为河流向海输移物质的主要来源，亚马孙河 90% 的沉积产出就源于仅占流域面积 15% 的安第斯山脉；土壤是陆地表层最大的碳库，有机碳储量约 10^3 Gt，故低平原土壤的侵蚀、搬运和堆积在全球碳循环中扮演着重要角色；河漫滩沉积占颗粒物陆地沉积的大部分，且对河流入

海物质有很大影响，在各种时间尺度上，河漫滩过程都强烈影响河流输移物通量，故河漫滩被形象地称为河流有机碳及其他生命元素的过滤器或放大器。

海洋作为地球水圈的主体，其碳的储存量约为大气的 50 倍，从千年以上的时间尺度考虑，其可以从大气吸收大量人为排放的 CO_2。CO_2 在大气和海洋间转移是由其界面浓度差驱动的，交换系数与海面状况和风速有关。当大气 CO_2 穿越气 – 海界面溶于水后，很快就建立了海水 CO_2 体系。全球海洋不同的地理位置的表层水对大气 CO_2 的吸收能力不同，有些海域是大气 CO_2 的源区，即向大气输送 CO_2，而有些海域则是汇区。目前的海洋是一个弱碱缓冲体系，随着大气 CO_2 含量增加，海洋 CO_2 含量也会增加。理论上可以估算，大气 CO_2 浓度增加 1 倍，海水 pH 将降低 25%。

溶于水后的 CO_2 在海洋各种物理、化学和生物过程作用下，逐渐形成其存在形式和分布状况，其中部分碳会转移到中深层水中甚至海底，而部分碳会重新回到大气中。因此，研究 CO_2 在海洋中的转移和归宿均集中体现为研究其物理、化学和生物过程，其中包括浮游植物光合作用，有机物从表层至深水的垂直搬运，有机物在垂直输送中经降解作用产生 CO_2 及其由深水区上涌水带至表层的过程。CO_2 溶解度是由温度和盐度决定的，温度降低则 CO_2 溶解度增加，高纬度的冷水因密度增加易沿着等密度面输送，与中层水交换，结果使上层的 CO_2 转移至中深层水中。因生物碳酸盐的生成使上层的总 CO_2 减少，但该过程并不能直接导致大气 CO_2 浓度的降低，因碳酸盐生成时总碱度也降低，结果导致表层水的 CO_2 分压升高。真光层浮游植物通过光合作用固定太阳能、消耗营养盐、吸收 CO_2，并把能量向更高层次传递。光合作用吸收的 CO_2，一部分以颗粒有机碳的形式离开真光层下沉到深海层或海底；一部分以可溶有机物形式释放到海水中，加上各类生物代谢产生的大量可溶有机物，颗粒有机物和溶解有机物的一部分将无机化进入再循环；其他部分在异养微生物的作用下通过微食物环再次进入主食物环。这种由有机物生产、消费、传递、沉降和分解等组成的一系列生物过程构成了碳由表层水向深层水的转移路径。计算表明，深层水中总 CO_2 增加量的 25% 由碳酸钙溶解而来，75% 来自有机物的分解。

4.5　陆地生态系统碳循环

陆地生态系统碳循环是全球碳循环中的重要环节。植物通过光合作用吸收大气中的 CO_2，将碳储存于体内，固定为有机化合物。其中，一部分有机物通过植物自身的呼吸作用和土壤及枯枝落叶层中有机质的腐烂，与大气进行着碳交换。这样就形成了大气—陆地植被—土壤—大气整个陆地生态系统的碳循环。陆地生态系统的碳循环与海洋的碳循环相比较，其循环过程更复杂，估计的不确定性更大，更易受人类活动的影响，也最有可能进行人为调控。陆地生态系统的碳循环是一个开放系统，这体现在通过陆地与大气间的交换，进而与海洋的碳循环相联系，还包括通过河流作用向海洋的直接碳输运。陆地生态系统碳循环主要包括5个方面，即森林生态系统碳循环、湿地生态系统碳循环、草地生态系统碳循环、农业生态系统碳循环和土壤生态系统碳循环。

4.5.1 森林生态系统碳循环

与其他植被组成相比，由于树木生活周期较长，形体更大，在时间和空间上均占有较大的生态位置，具有较高的储存密度，能够长期和大量地影响大气碳库，因此，森林生态系统在全球碳循环过程中起着不可替代的重要调控作用。

森林生态系统的碳循环过程关系到光合作用、呼吸作用以及净初级生产力在树木不同器官间的分配等多个重要的生态系统过程。这些过程几乎与所有的环境因子，如气候、养分及水分等有关，同时还受到大气 CO_2 浓度和氮沉降的影响。森林生态系统的碳循环过程涉及的碳库大致可以分为森林植被碳库、森林土壤碳库和大气碳库。森林植被碳库与大气碳库之间的碳交换通过树木的光合作用和呼吸作用进行。呼吸分为自养呼吸和异养呼吸两大类。其中，自养呼吸又可以再分为维持呼吸和生长呼吸两大类，可以通过对根、茎和叶等不同器官呼吸强度的测定来了解；异养呼吸是指生活于树木体表的微生物的呼吸作用。森林植被碳库与森林土壤碳库之间的碳交换主要通过叶、茎、根、果实等器官的凋落以及腐殖化进行，而森林土壤碳库和大气碳库之间的碳交换通过森林土壤微生物的呼吸、土壤有机质分解等过程实现。此外，森林生态系统碳循环过程也应包括消费者——森林动物碳库，依赖于植物生物量的森林动物无疑会影响到森林植被碳库的变化，如松毛虫对叶片以及松鼠对株树果实的取食等，但由于人们目前对森林动物碳库变化的影响还难以定量，所以很多时候只有忽略森林动物碳库的影响。

碳进入森林生态系统生物地球化学循环的主要途径是：由植物光合作用对大气中 CO_2 的吸收，雨水中的 HCO_3^- 和含碳岩石风化经植物根的吸收。碳又以植物呼吸所放出的 CO_2 的形成返回大气或者进入腐生食物网。腐生食物网中腐食生物呼吸放出的 CO_2 也能释放出大量的碳，但更多的是以 CH_4 气体返还于大气。当然，这些释放出的碳，有些还可以很快再次用于光合作用，或者部分溶于水中成为 HCO_3^- 后又被植物根系所吸收，但大部分乃是归还大气或成为 HCO_3^- 随雨水流失掉，少量以有机分子（如氨基酸）的形式归还于土壤。

大部分碳原子在碳循环中所停留的时间不长，全球碳的动态主要是地球化学循环。当然，碳在碳循环中滞留时间的长短也有很大变化。例如，森林夜间呼吸

放出的 CO_2 在白天能够有效地被再利用，而固定在植物体内的碳在生态系统中可与林木同在。碳在森林里的生物地球化学循环所保留的时间要比在草原生态系统中的长得多。碳循环的主要途径、数量及其在循环中转换的速度各不相同。全球植物每年同化的碳大约为 105 Pg，其中，大约 32 Pg 的碳因植物呼吸返回大气和海洋，其余 73 Pg 的碳则是草牧和腐生食物链里的动物、细菌和真菌用于呼吸和构成本身的生产量。厌氧呼吸产生少量的 CH_4，在大气中通过光化学反应也能转换成 CO_2。动植物每年参与循环的碳仅占当前大气和海洋中 CO_2 和 H_2CO_3 中碳的 0.25%～0.30%。全部活跃的无机碳贮库每隔 300～400 年再循环 1 次。每年大气中的 CO_2 大约有 12% 参与陆地生态系统的循环，这说明大气中碳的周转期大约为 8 年。

森林是陆地生物圈的主体，它在维系区域生态环境和全球碳平衡中起着重要的作用。一方面，森林植物通过同化作用，吸收大气中的 CO_2，固定在森林生物量中，森林是碳的汇；另一方面，森林中动物、植物和微生物的呼吸以及枯枝落叶的分解氧化等过程，以 CO_2、CO 及 CH_4 等形式向大气排放碳，森林又是碳的释放源。森林生态系统是陆地生态系统中生产力最高的系统，生物量很高，生物量中含碳 43%～58%。森林土壤中储存着大量的有机碳，如热带原始森林地上部分生物量中含碳 150 t/hm^2，土壤中含碳 115 t/hm^2。因此，森林是一个巨大的碳库，是大气 CO_2 的重要调节者之一。森林碳库包括林产品碳库、森林生物量碳库和森林土壤碳库。森林生物量碳库是指活的动物、植物和微生物体内所固定的碳。森林土壤碳库是指死地被物及土壤中的腐殖质和有机质中所含的碳。森林植物通过光合作用，将大气 CO_2 固定在生物物质中；动物、植物和微生物的呼吸，以及森林火灾等过程，将一部分碳释放回大气；生物死亡后，生物体所含碳转移到土壤，收获生物产品使一部分生物量碳转移到林产品碳库，林产品碳库的一部分碳经过燃烧、分解释放到大气；另一部分碳转移到沉积物、化石碳库。森林土壤贮藏大量有机碳，一部分有机碳经动物、微生物分解又释放到大气中，另一部分有机碳通过淋溶和径流进入水系统碳库。

4.5.2　草地生态系统碳循环

草地生态系统是陆地生态系统重要的组成部分，是世界上分布广泛的植被类型之一，它覆盖了几乎 20% 的陆地面积，净初级生产力约占全球陆地生物区净初级生产力的 1/3，活生物量碳贮量占全球陆地生物区碳贮量的 1/6 以上，土壤有机碳贮量占 1/4 以上，在只考虑活生物量及土壤有机质的情况下，草地碳贮量约占陆地生物区总碳贮量的 25%。最近，草地碳的研究者认为，天然草地生态系统的生产力约占陆地生物区总生产力的 20% 或者更多。对中国各类草地的研究表明，草地植被和草地土壤的碳贮量分别为3.06 Pg和41.03 Pg，总量为44.09 Pg。草地群落碳库包括：①土壤有机质碳库，包括活性碳库、缓性碳库和钝性碳库；②地表凋落残体碳库，包括枯死生物量、动物粪便、地下凋落残体碳库、死根系、动物残体及其代谢物；③地表微生物碳库；等等。草地生态系统碳贮量特征明显区别于森林等其他类型的陆地生态系统，它不具有明显的地上碳库，其碳元素贮量绝大部分集中在土壤中。

草地生态系统近似于土壤大气系统，因为草地植被的碳贮量与土壤中储存的碳贮量相比是较少的，而且碳元素由植被进入土壤的循环途径相对单一，通常在植物生长季结束后即可完成。在这种近似土壤－大气系统碳循环的过程中，土壤有机质的分解速度和植物向土壤的输入速度是支配整个系统碳循环功能的最关键的变量。

在草原植物凋落物残体中的碳可分为结构性碳和代谢性碳两部分。结构性碳包括植物体内的全部木质素和部分纤维素，凋落物残体的分解速度取决于其碳氮比，碳氮比越高，结构性碳所占比例越大，分解速度就越慢。土壤有机质的分解与转化过程主要取决于土壤质地，土壤中含沙量越高分解速度越快。草原生态系统中碳素的周转速度和滞留时间也受到生境中非生物因素的控制，包括土壤月平均温度和降水量与潜在蒸发量的比率以及耕垦、放牧和灌溉等人为因素。碳元素的输入、生物量中的碳贮量、土壤中有机碳贮量、土壤呼吸作用碳的排放量等是草地生态系统碳循环的主要方面。土壤有机碳的贮量反映了来自净初级生产力的枯落物质输入与分解者代谢损失间的平衡状况网。尽管温带草原净初级生产力较低，但由于分解缓慢，根系死亡形成较多的枯死物质，故土壤中含有大量的有机碳。热带草原土壤有机碳含量较低，在3.7～4.2 kg/m^2之间，可能与火灾减少、地表枯落物积累有关。

土壤呼吸从严格意义上来说是指未受扰动的土壤中产生CO_2的所有代谢作用，包括3个生物学过程，即土壤微生物呼吸、活根系呼吸和土壤动物呼吸，以及1个非生物学过程，即含碳物质的化学氧化作用。CO_2从土壤向大气释放的速度受土壤呼吸作用产生的CO_2量、土壤－植被－大气系统间的CO_2浓度梯度，以及土壤孔隙度、气温和风速等诸多因素的影响。影响草原群落土壤呼吸作用的主要气象因素是温度、水分及二者间的配置。此外，土壤呼吸作用也受到植物群落结构和种类组成的变化、土壤理化状况、土壤有机质中的碳氮比，以及人类活动和施肥灌溉等诸多因素的影响。

土地利用变化对草原生态系统碳循环的影响主要在于对土壤碳贮量和碳排放的影响。草原开垦为农田通常导致土壤有机碳的大量释放。开垦后伴随的烧荒措施使原来固定在植被中的碳元素全部释放到大气中。开垦使土壤有机质充分暴露

在空气中，土壤温度和湿度条件得到改善，可以促进土壤呼吸作用，加速土壤有机质的分解。多年生牧草被作物取代后使初级生产固定的碳元元素向土壤中的分配比例降低，收割又减少了地上生物量中碳元素向土壤的输入。在全世界草地退化总面积中，约有35%是由过度放牧造成的，就规模而言，远远超过开垦的影响。过度放牧可使草地固定碳元素的能力降低，家畜采食减少了碳元素由植物凋落物向土壤中的输入。有研究表明，过度放牧可促进土壤的呼吸作用，从而加速了碳元素从土壤向大气中的释放。在过度放牧下，净生产力中仅有20%～50%的产草量能以凋落物和家畜粪便的形式进入土壤库中。过度利用的草地可能会变成一个净碳源。

4.5.3 湿地生态系统碳循环

湿地是指天然或人工形成的沼泽地、泥炭地或水域地带，带有静止或流动的淡水、半咸水或咸水水体，低潮时水深不超过6 m的水域。那些地表水和地面积水、浸淹的频率及持续时间足够长，在正常环境下能够生长喜湿植被的区域，通常包括泥炭地、森林湿地、灌丛沼泽、腐泥沼泽、苔藓泥炭沼泽、湿草甸及其他潮湿低地，也包括所有季节性或常年积水地段，如湖泊、河流及洪泛平原、河口三角洲、滩涂、珊瑚礁、红树林、水库、池塘、水稻田以及低潮时水深小于6 m的海岸带等。

湿地是地球上生物产量高、生物多样性丰富的自然系统之一，湿地概念的提出是出于人类保护生物多样性、维护人类生存所必需的健康生物地球化学环境的需要。湿地被普遍认为具有重要的生态功能、经济功能和社会服务功能。湿地在全球碳循环中起着重要的作用。它主要通过两方面来影响大气环境中的CO_2含量。湿地中大量存在的植物是碳的储存方式，同时植物的立地环境（如底泥、富含有机质的土壤、泥炭等）也是碳储存的重要形式。不同类型的湿地在不同的时期对碳循环的贡献也不同。这些不同形式的碳库受到水位变化及人为干扰（如湿地管理措施变化）的影响，将成为大气中CO_2的重要来源。湿地中重要组成部分的植物是截留大气中CO_2的主要方式。通过光合作用，植物将外界的CO_2转化成自身的生物量。大量的初级生产量被转入地下供微生物分解。植被与大气环境之间的气体交换，在湿地CO_2动态中起着重要的作用。植物通过对气孔行为的调节，可以影响植物与外界大气环境的水气交换，从而影响地区性及全球范围内的水分及碳循环。

一个典型的湿地生态系统具有底部土壤、水体介质和生活在介质中的有机体，并且具有完整的营养级结构、能量流动和物质循环链条。一般来说，它一方面包含了碳库，另一方面又包含碳库之间的碳通量。碳库之间的碳通量变化是由物理、化学和生物过程引起的。湿地碳库可以区分出3种碳库类型：活生物区碳库、碎屑碳库和被溶解气体碳库。碎屑碳库由动植物残体组成，被溶解气体碳库是水溶无机碳库。同理，湿地碳循环的过程也可分为生物过程、物理化学过程和分解过程。分解过程大部分为生物分解，小部分为物理和化学分解。碎屑碳库是目前湿地中最大的有机碳库，远远超过湿地中细菌、浮游生物、动植物区系有机碳量。

湿地生态系统的碳循环可以概括为：湿地生态系统的碳储备和各碳库之间的碳通量。泥炭型湿地碳循环：泥炭地是较为常见的湿地类型，也是目前研究较为集中的湿地类型，在全世界范围内分布最广，主要集中在北半球北部的中高纬度地区，占全球湿地面积的50%～70%，面积达4×10^{6} km^{2}，其碳贮量为全球土壤碳贮量的1/3，相当于全球大气碳库的75%。北半球泥炭湿地每年的碳积累量约为20 g/m^{2}，比其他的湿地类型低，但由于该类湿地生态系统碳储备巨大，在气候条件改变的情况下，有可能是大气中碳的主要来源。淡水水体类湿地碳循环：淡水水体湿地包括湖泊、池塘、河流沿岸带及水库等。早期的研究表明，湖泊是净碳汇，但近些年也有研究指出湖泊作为碳源而存在。

4.5.4 土壤生态系统碳循环

土壤碳是陆地碳库的重要组成部分，土壤中含有机碳与无机碳。土壤有机碳主要分布于土壤上层1 m深度以内，一些主要的热带土壤，如变性土、铁铝土和淋溶土上层1 m内的有机碳含量分别占2 m深度范围总有机碳量的53%、69%和82%，全球土壤上层1 m内的有机碳含量为1220 Gt，相当于总现存生物量（自然植被和作物）的1.5倍；在热带广泛分布的厚层土壤中，1 m以下有机碳的储量达50 Gt，故全球土壤有机碳总量可达1270 Gt。碳酸盐累积的土壤主要在荒漠和半荒漠区，全球土壤碳酸盐碳库为780～930 Gt。

土壤有机碳的年龄随深度增加而增加，说明深层土壤有机质较稳定。在大部分热带和亚热带土壤中，有机碳的短期变化多局限于上层30～50 cm，在全球变化背景下，表层土壤有机碳受到气温、降水变化的直接影响，其含量变化将对全球大气CO_2产生重要影响。气候变化对土壤有机质存量的影响有2种方式：影响植物生长，从而改变每年回归土壤的植物碎屑量；改变植物碎屑的分解速率。在前一过程中，大气CO_2含量增加，其施肥效应及抗蒸腾效应有利于植物生产量的提高，植物碎屑量增加，从而使土壤集聚更多碳。若大气CO_2浓度加倍，这2种效应的提高可达30%或更多，而且温度升高还会加强这2种效应。在后一过程中，气温升高，降水增加，加速植物碎屑分解，使土壤有机碳以CO_2的形式重新回到大气。假定每年回归土壤的植物碎屑量不变，未来60年中，全球气温以每

年 0.03 ℃的速率升高，将使土壤有机质释放含碳量为 6.1×10^{16} g 的 CO_2，这相当于保持目前化石燃料年利用量不变，未来 60 年化石燃料燃烧释放 CO_2 量的 19%。土壤碳库的变化与其碳的存在形式及其生物有效性有密切的关系。土壤有机碳以粗有机质、细颗粒状有机质和与土壤矿物质的结合态存在。Vanlauwe B. 等（1999）的研究表明，在非洲热带土壤中，凋落物粗有机质和颗粒状有机质构成土壤总有机质的 20%～30%，且未熏蒸土壤的 CO_2 产生量与粗有机质呈极显著正相关。在美国温带大草原土壤中，与大于 50 μm 粒径土粒结合的极细组分（细黏粒或微生物碳）有机碳是相对易移动而可变的，而与粉砂和黏粒结合的有机碳相对稳定。

土壤和陆地生态系统普遍存在二氧化碳－有机碳－碳的三相不平衡系统。在不同生态系统条件下，植物同化作用固定的有机碳储存于土壤有机碳中，这是陆地生态系统主要的碳汇途径，在农业和森林的条件下可达到 7～20 g/(m^2·a)。土壤有机碳因矿化发生向大气的 CO_2 逸失，它表现为对大气 CO_2 的源效应，这种源效应的全球速率估计为 50～75 Pg/a。其他的汇效应还包括：在湿润气候下，通过土壤－水系统的移动以溶解性有机碳形式和 HCO_3^- 形式而向海洋沉积系统迁移；在干旱、半干旱条件下沉淀成为土壤无机碳碳酸盐。大气—植物—土壤—水—沉积物的碳转移系统构成了陆地生态系统碳循环的主要机制，这些过程因土壤发生特点、土壤环境条件的变化以及土地利用而处于动态变化之中。土壤碳转移过程通过对土壤碳库的调节作用而成为地球表层系统碳循环的重要控制途径。土壤碳转移的趋势主要表现为源效应的增强。目前的资料估计，全球土壤每年释放总碳库的 5%，比石油燃烧 CO_2 释放量 5 Pg 高 1 个数量级。由于土地开垦和土壤生物化学条件的改变，每年土壤有机碳损失造成的 CO_2 释放量相当于石油燃烧量的 20%。近 50 年来，温带土壤有机碳含量已下降了 20%～40%，致使全球土壤至少向大气圈释放了 55 Pg 的碳。20 世纪 30—80 年代，我国土壤有机碳库呈明显下降趋势，至 20 世纪 80 年代后由于农业开发和区域治理才表现逐步增长。

土壤碳固存始终与有机碳积累有密切联系。美国东南部森林生态系统土壤碳固存速率可达 1.8～2.3 Mg/(hm^2·a)，因而认为温带森林生态系统可能是对抗大气 CO_2 浓度上升的碳汇。由新西兰新成沙丘土壤的碳固存案例研究估算，得到了世界各地新成母质的碳固存速率分别为：北方森林和温带森林为 10～12 g/(m^2·a)；热带森林和温带草原为 2.2～2.3 g/(m^2·a)；荒漠为 0.7～0.8 g/(m^2·a)；北极苔原为 0.2 g/(m^2·a)。因土壤有机碳积累而达到的全球碳固存量为 0.4 Pg/a。因人类活动影响的陆地生物量碳库损失估计为 100～150 Pg，土壤碳库损失为 50～100 Pg。土壤碳固存的潜力在于酸性热带稀林地的生物量建造，以及全球 2×10^9 hm^2 退化土壤的改良和恢复可贡献 1.5 Mg/hm^2，还有全球沙漠化的控制可贡献 1 ～ 1.25 Pg，最后是农业生态系统管理的碳固存。另外，作物育种方面的革新也将有助于土壤碳固存，即高木质素含量、低生物分解性植物的应用。推测通过土壤碳固存而对陆地生态系统损失碳汇的恢复期为 25 ～ 50 年。促进土壤质量的提高可能是改善陆地生态系统碳储存的根本途径。不利的环境胁迫条件都可能改变土壤碳转移的强度甚至方向。干旱胁迫、低磷胁迫和环境污染均会表现为对土壤呼吸的促进，而且发现日益加剧的酸沉降和土壤重金属污染可能会促进土壤碳的分解损失。因此，改善土壤养分供应和平衡、防治和控制土壤污染、保护土壤生态系统健康对于增强土壤的碳汇作用十分必要。

4.5.5　农业生态系统碳循环

农田生态系统是陆地生态系统中受人为干扰最强烈的系统，其碳循环也显著地受到人为活动的影响。在其他陆地生态系统中，地上部分生物量和地下有机碳是作为一个整体进行研究的。在农田生态系统中，由于地上部分生物量的变化很大，在农作物播种前，地上部分生物量几乎为零，到成熟期时农作物收获，此时地上部分生物量又趋于零。农田生态系统中地上部分生物量的变化发生在 1 年的时间尺度内，当以年为时间尺度时，农田生态系统的碳循环实际上只涉及土壤碳循环。

土壤呼吸是土壤有机碳输出的主要形式，是陆地植物固定 CO_2 后又释放 CO_2 返回大气的主要途径，是土壤储存碳与大气中的 CO_2 交换的主要形式。以参与呼吸的生物体来划分，土壤呼吸包括根呼吸、根际呼吸和土体呼吸。植物的根系通过呼吸，消耗通过光合作用固定的有机碳，为植物吸收养分和生长提供能量；根际微生物主要通过消耗根系分泌物进行呼吸。由于根系呼吸和根际呼吸消耗的有机碳源基本相同，而且难以区分，通常统称为根际呼吸。非根际土壤中的微生物通过消耗土壤有机碳进行呼吸。由此可以看出，在作物生长条件下，测定的土壤呼吸量并不等于土壤有机碳的消耗量。土壤呼吸可以在有氧的条件下进行，如旱作条件下的土壤呼吸，其主要产物是 CO_2。土壤呼吸也可以在淹水还原条件下进行，如淹水稻田土壤呼吸，其主要产物是 CO_2 和 CH_4。

农田生态系统中土壤呼吸排放的 CO_2 主要来自土壤微生物对有机质（如土壤有机质、农作物枯枝落叶、农作物死根）的分解（异养呼吸）以及农田作物根系呼吸（自养呼吸）。其中，土壤动物呼吸和化学氧化排放的 CO_2 量非常微小，往往可以忽略不计。以此为依据，结合研究对象的实际情况，把构成土壤呼吸的源划分为 3 个部分：部分来自土壤有机质中碳的矿化，部分来自根际呼吸，以及部分来自前茬作物根茬和有机肥施入的有机碳的分解。其中，外源输入碳包

括前茬作物根茬中的碳和施用有机肥带入的碳；作物生物量中的固定碳与提供根际呼吸所需碳的关系密切，可以表征参与根际呼吸光合作用固定的碳；土壤原有有机质为土壤微生物异养呼吸分解土壤原有机质释放 CO_2 的碳源。生长作物对土壤呼吸的贡献主要是通过根际来实现的。作物根系在其生长过程中，不断向根际释放各种产物，包括糖类、有机酸、氨基酸、微量激素、维生素、酶、核糖核酸、微生物生长调节剂等，它们主要来自地上部分光合作用的产物，一般进入根际的有机碳占光合作用同化碳的5%～25%，平均约为20%。植物种类、品种、生育期、营养状况、微生物特性、机械阻力及植物生长环境因子，如光、温度、水、气等，均会影响根系的分泌作用。

作物输入到土壤中的碳被分配到根系、根际呼吸和土壤有机质3个方面，其中相当一部分用于根际呼吸，少部分转化成为土壤有机质。Kuzyakov（2001）运用示踪法研究植物－土壤系统中碳的转化，认为小麦会输送20%～30%的同化碳到地下，其中一半作用于根系生长，1/3作用于根际呼吸，而玉米在整个生长期中根际呼吸的 CO_2 等于作物净光合作用产物的18%～25%。作物对土壤呼吸的贡献主要是通过根系呼吸和根系分泌有机碳等为根际微生物提供有机碳而发生作用的。根际中根系的活动及微生物的作用导致 CO_2 的释放，它是土壤中的 CO_2 向大气圈排放的主要途径。研究表明，植物光合作用所固定的碳约有20%以根际淀积的形态进入根际中，而其中又有25%～50%以 CO_2 的形式进入大气圈，若没有根际的存在，CO_2 的土壤－大气的循环与交换作用就不那么强烈。另外，根际中大量有机物的存在，其微生物的活性一般高于非根际土壤的微生物的活性，促进了土壤中固有有机碳的分解，其中一部分也将以 CO_2 的形式进入大气圈。

4.6　岩石圈碳循环

岩石圈的碳循环主要涉及2个方面，一是地球内部的碳循环，二是岩石圈表层与水圈、大气圈及生物圈的碳循环。

4.6.1　地球内部的碳循环

洋壳俯冲可以把地表碳带到地球深部，而通过含碳地幔的熔融及火山作用，碳又可以返回地表和大气。俯冲洋壳的组成可分为3个部分，即海洋沉积物、玄武质洋壳及岩石圈地幔。海洋沉积物中含有大量的碳酸盐，伴随着洋壳俯冲，每年大约有 1.4×10^{15} g的沉积物被带到地球深部。Plank 和 Langmuir（1998）收集了位于部分大洋的深海沉积物的样品，并且分析了沉积物的类型、密度、CO_2 含量，研究每个俯冲带沉积物进入地幔的碳通量，然后加和到一起，得到全球大洋沉积物进入地幔的碳通量，最终得到海洋沉积物进入地幔的碳通量为 1.1×10^{13} g/a。典型 7 km 厚玄武质洋壳平均 CO_2 含量约为 0.3%（质量分数），洋壳密度为（2.86 ±0.03）g/cm^3，俯冲速率 3 km^2/a，得到玄武质洋壳进入地幔的碳通量为 4.9×10^{13} g/a，与 Dasgupta 和 Hirschmann（2010）估计的 6.1×10^{13} g/a 基本一致。

通过碳酸盐化榴辉岩的高温高压实验，模拟碳酸盐伴随洋壳俯冲过程中发生的相变。洋壳表层的沉积碳酸盐在洋壳俯冲过程中很难直接熔融形成碳酸岩岩浆，大部分会伴随洋壳俯冲一直进入地球深部。Dasgupta 等（2004）的实验表明：压力小于 3 GPa，温度在 1000 ℃左右，碳酸盐会分解生成挥发性的 CO_2，这意味着深部含碳酸盐地幔岩浆上涌至大约 100 km 的深度，会分解释放出 CO_2 气体。随着压力继续增高达 2.0 ～ 4.0 GPa，方解石会相变为白云石，当压力达到 4.5 ～ 5.0 GPa 时，白云石分解，生成菱镁矿。在热俯冲的条件下，俯冲线也无法与碳酸盐化榴辉岩的固相线相交，即俯冲洋壳携带的碳酸盐无法直接熔融形成碳酸岩岩浆。加之地幔深部氧逸度较低，碳酸盐会被还原为单质碳，形成碳酸岩岩浆会更加困难。尽管洋壳俯冲不能直接产生碳酸岩岩浆，但是可以通过其他的方式脱碳，如俯冲洋壳变质脱水过程析出的流体可能溶解一部分碳酸盐，并带入地幔楔，最终伴随岛弧火山岩释放出来。这样，进入深部地幔的碳通量与俯冲带携带的初始碳循环的通量可能是不相同的。为描述这一差异，人们提出了“脱碳效率”的概念，即洋壳俯冲产生的岛弧火山排碳量与通过洋壳进入地幔碳通量的比值。Johnston 等（2011）研究了不同年龄俯冲洋壳与其脱碳效率的关系，发现洋壳年龄小于 20 Ma 的年轻热俯冲板块，脱碳效率小于 20%，而年龄大于 40 Ma 的冷俯冲板块脱碳效率可高达 50%。这与理论推测俯冲板块脱碳效率高的推测相反。在太古代和元古代时期，由于普遍发育板块俯冲带，脱碳效率很高，因此，大部分碳在俯冲带浅部就再释放返回大气，从而推测古老地幔是贫碳的。对现代俯冲板块这种和预期脱碳效率相反的情况，Johnston 等（2011）给出的解释是：由于年轻热俯冲板块脱水作用发生在弧前浅部，使地幔楔前端蛇纹石化但不发生部分熔融，因此流体溶解的碳不能进入岛弧岩浆体系；而冷俯冲板块的脱水作用发生在深部，流体溶解的碳可进入岛弧岩浆体系。尽管根据岛弧火山数据计算的冷、热俯冲板块脱碳效率有差异，但是最多只有 50% 的碳俯冲板块能带入地幔深部。

地幔经火山作用向大气释放的碳通量，通过未去气的火山岩中 CO_2 含量，再减去经过去气作用冷却的岩石 CO_2 含量，乘以一次喷发的岩浆量，就得到火山作用的 CO_2 通量。通过火山作用向地表排放碳的途径主要有洋中脊玄武岩、岛弧火

山岩和洋岛及地幔柱。Hayes 和 Waldbauer（2006）的研究成果表明，全球每年新增洋中脊玄武岩（MORB）量 21 km^3，假设岩石密度为 2.8 g/cm^3，最终得到 MORB 的碳通量为 1.6×10^{13} g/a。估算岛弧火山岩和洋岛及地幔柱的碳通量分别为 1.9×10^{13} g/a 和 1.2×10^{13} g/a。Dasgupta 和 Hirschmann（2010）最近的估计结果为：MORB 的碳通量为 $(1.2\sim6.0)\times10^{13}$ g/a，并认为洋岛玄武岩（OIB）的碳通量是很难准确估计的，因为形成洋岛玄武岩，CO_2 并不是全部排到大气中，而是有一部分在板内水下去气作用时损失掉了，另外也由于洋岛玄武岩地幔源区富集的不均一性，OIB 的碳通量被认为是 MORB 的 10%～50%，即 $(0.12\sim3.0)\times10^{13}$ g/a。对于岛弧火山岩，则认为先前估计的碳通量可能偏低，这是因为有一些非岩浆作用（如变质流体）也可能向地表释放挥发分没有考虑进去，这其中也有可能含有一定量的 CO_2，此外岛弧岩浆侵入体的去气也未考虑，原始岛弧火山岩浆可能更富 CO_2。因为现在对于地表与深部地幔之间的碳循环通量估计是不精确的，所以地表与深部地幔之间的碳循环是否达到平衡也不清楚。Dasgupta 和 Hirschmann（2010）认为，每年净入地幔的碳量最多可达 3.1×10^{13} g，对比火山作用向大气释放的 CO_2 通量及地幔中碳的总储量，推测地幔中碳的居留时间很长，可达 10 亿年，有的甚至长达 46 亿年。

通过火山作用释放的大部分壳源碳和幔源碳都是无机碳，固体地幔中的碳主要是以包裹体的形式存在于矿物颗粒中，也有少量存在于矿物的裂隙及矿物与矿物之间的缝隙中，这是因为硅酸盐矿物中碳的溶解度太低，橄榄石和辉石的碳含量分别小于 12×10^{-5} 和 200×10^{-7}。根据氧化－还原价态，含碳副矿物中的碳主要以氧化态碳、单质碳、还原态碳 3 种形式存在。除地幔碳外，地核中还可能有 $(Fe, Ni)_7C_3$ 存在。而这些存在状态受地球深部的温度、压力及氧逸度控制。温度对碳酸盐固相之间的多相转变影响不大，主要控制碳酸盐的溶解和熔融。

在地球深部小于 120 km、压力小于 4 GPa 的范围内，由于氧逸度较大，碳几乎都被氧化为碳酸盐，此时对碳的存在状态影响最大的因素是压力，压力的变化可以导致方解石的相变，还可以导致碳酸盐的相变。由于地幔中的碳酸盐多数是由多种组分构成的，不同压力（深度）对应碳的存在状态总的特征是：随着压力增高，碳酸盐中 Ca 含量越来越低，Mg 含量越来越高。再往深部去，对碳存在状态影响最大的因素是氧逸度。氧逸度控制碳的价态，在氧逸度较高的条件下，形成氧化态的碳，如碳酸盐或 CO_2；相反，当氧逸度较低时，会形成单质碳（金刚石）或还原碳（如 CH_4 和 SiC）。Woodland 和 Koch（2003）的研究表明，随着压力的增加，氧逸度逐渐减小。当深度超过 120 km、压力大于 4 GPa 时，氧逸度较小，在克拉通下地幔及软流圈地幔中，碳酸盐变得不稳定，会被还原为单质碳。Rohrbach 和 Schmidt（2011）研究压力 10～23 GPa、温度 1400～1900 ℃时氧逸度对碳存在状态的影响。在氧逸度较高的情况下，碳几乎全部是以碳酸盐的形式存在，其中碳酸盐几乎全部是菱镁矿；在氧逸度较低的情况下，碳酸盐变得不稳定，会被还原为单质碳，实验观察到的是微米级的金刚石。当碳酸盐被还原为单质碳时，很难形成富碳岩浆，因为金刚石的熔点大于3500 ℃，此时碳被固结了，只有当其他地质作用使氧逸度升高时，碳被激活，然后才能继续参与到循环中来。岩浆喷发是将地幔深部碳输送到地表的主要途径，岩浆中碳的赋存状态主要取决于岩浆中碱金属元素（Ca、K、Na 和 Mg 等）的含量。在碧玄岩、白榴岩和霞岩岩浆中，碳全部以碳酸盐矿物的形式存在；在安山岩岩浆中既有碳酸盐矿物，也有 CO_2 分子；而流纹岩岩浆中全部为 CO_2 分子。

碳酸盐化橄榄岩在300～600 km 的深度可以发生部分熔融，其初始熔融深度比纯地幔橄榄岩初始熔融深度要深大约300 km。也就是说，在地幔上涌时，碳酸盐化橄榄岩在上升至 300 ～ 600 km 时即可发生部分熔融产生含碳酸岩熔体，而纯地幔橄榄岩要上升至小于 100 km 时才可能发生减压熔融。在氧逸度较高的情况下，当地幔深部氧逸度较低时，碳不是以氧化物的形式存在，而是以单质态（金刚石）或还原态（碳化物）的形式存在，那么在地幔部分熔融时，会有 2 种可能：一种是地幔橄榄岩部分熔融，碳不熔融，而是以包裹体的形式被携带到地表，如金伯利岩中的金刚石包裹体；另一种可能是单质碳或还原碳伴随岩浆上升过程中，随着氧逸度的增加，被氧化成碳酸盐，然后碳酸盐再被熔融。后一种情况的熔点取决于地幔的氧化还原条件。其中碳以金刚石或石墨形式存在，Mg_2SiO_4、Fe_2SiO_4 以橄榄石或瓦士利石（橄榄石的超高压多形体）形式存在，$MgSiO_3$以贫钙辉石或具钙钛矿结构的辉石形式存在，$FeSiO_3$以斜方辉石或具钙钛矿结构的斜方辉石形式存在，Fe_2O_3以赤铁矿或具钙钛矿结构的赤铁矿形式存在，$MgCO_3$和 $FeCO_3$以熔体形式存在，Fe_3C 和 Fe_7C_3为铁的碳化物。单质态的碳或还原态的碳被氧化之后形成的碳酸盐再熔融，这使原先的固相线发生变化，因为在深部氧逸度较低时，碳以单质碳或碳化物形式存在，难以发生熔融，只有当它们上升到浅部并转变为碳酸盐的时候，它们才会熔融。

4.6.2 岩石圈表层的碳循环

在地球表生地球化学的过程中，不同的碳酸盐岩地区因表层岩溶作用可以造成大气 CO_2 的源与汇。

在西班牙北部的 Altamira 和 Tito Bustilb 洞的自动监测揭示了2 种 CO_2 变化机制：由降雨和通风条件控制的季节变化和由大气压力变化控制的短期变化。当大气压力高时，土壤 CO_2 浓度会降低，而洞穴空气 CO_2 浓度则提高，达到 6×10^{-3}；但当大气压力降低时，则洞穴空气中的 CO_2 浓度明显降低，不到 $1.5\times$

10^{-3}。在美国加州北部的马布尔幻对中高山岩溶上覆土层中的 CO_2 进行监测，发现 CO_2 浓度的峰值在 1%～4% 之间波动，与融雪相关，还与不同的生态系统，如冷杉、干草地、湿草地或岩溶裂隙有关。对中美洲贝利兹的岩溶系统的 CO_2 变化观测表明，它与火山、降雨有关。揭示岩溶动力系统在生物作用参与下积极参与全球碳循环。

每当夏季气温升高，微生物活动加强，土壤 CO_2 浓度升高数倍时，下伏灰岩的溶蚀作用也同步加强。桂林试验场的多年连续观测表明，随着砍伐停止，场区植被恢复，土壤 CO_2 浓度也升高，下伏灰岩的溶蚀作用也加强，其由大气回收 CO_2 的量（折算为含碳量）也由 1993 年的 6.129×10^9 g/a 增加到 1995 年的 1.1582×10^{10} g/a。灰岩面地衣繁殖产生微孔隙，使溶蚀作用表面积由 28.26% 增加到 75.36%，溶蚀强度上升 1.2～1.6 倍，加强了岩溶动力系统的碳循环，增加了由大气回收 CO_2 的量。据碳同位素示踪资料，在岩溶动力系统中土壤 CO_2 气体 $\delta^{13}C$ 为 $-20.7‰$，表明生物作用在该系统的运行中有重要作用，而且，虽然大气与岩溶系统间的碳循环经过了植被的中介，但直接由大气进入岩溶系统的 CO_2 仍有 40%。在岩溶系统中加入生物酶（碳酸酐酶），可催化 CO_2 转换，使灰岩溶蚀速度增强一个数量级；气温升高时微生物作用加强，土壤 CO_2 浓度升高；降雨后土壤 CO_2 高浓度层随之向深部转移，以及由灰岩下垫面排出的水中 HCO_3^- 浓度远比砂岩下垫面排出的高；砂岩下垫面排出的水暂时硬度为 0.5～3.9 有效益统一德国度，pH 为 5.54～6.51，灰岩下垫面排出的水暂时硬度为 7.3～10.0 德国度，pH 为 7.10～7.39，说明灰岩下垫面吸收的土壤 CO_2 的量远较砂岩下垫面所吸收的土壤 CO_2 高。岩溶动力系统和碳酸盐岩，在生物作用和无机岩溶作用的协同下，积极参与全球碳循环。

4.7　城市系统碳循环

城市是人类活动对地表影响最深刻的区域。工业革命以来，由于城市化的飞速发展，城市及其周边区域不仅地表土地利用和覆盖变化强烈，而且化石燃料燃烧集中，CO_2 排放量的 80% 以上来自城市区域。城市化和城市扩展过程必然会对全球碳循环和气候变化产生巨大的影响。城市系统是以人为主体，以聚集经济效益和社会效益为目的，融合人口、经济、科技、文化、资源、环境等各类要素的空间地域大系统，其碳循环过程与自然生态系统明显不同。

城市系统是一个多要素、多层次的社会、经济复合系统，是一个纯粹的人工生态系统，具有社会和经济属性，主要依赖燃料供能来维持自身的生存和发展，且具有高度的不确定性、异质性及动态扩展性，其中包括人口、经济要素和面积等的扩展。由于城市的高度开放性，其环境的影响范围要远远大于城市边界。城市碳循环过程涵盖城市足迹区，甚至影响到更大区域的生物地球化学过程。

城市碳循环过程包括自然过程和人为过程，以人为过程为主。城市人工部分的碳循环过程主要受人为因素的影响，而自然部分的碳循环过程主要受自然过程控制。城市系统碳循环包括水平碳通量和垂直碳通量两部分。水平碳通量以人为过程的含碳物质产品的水平传输为主；垂直碳通量既有人为过程，比如化石燃料燃烧等，也有自然过程，如植物和土壤等的呼吸作用。城市碳循环具有较大的空间异质性，城市碳通量的强度、范围和速率取决于社会发展程度、产业类型、经济结构、能源结构及能源使用效率等社会因素。城市蔓延区的人工化程度较高，因此其人为碳通量较大。城市足迹区碳循环过程主要包括自然碳循环过程和含碳物质产品的传输，人为碳通量明显小于城市蔓延区。部分碳循环过程存在于城市蔓延区和足迹区之间，且单向流动，如食物、纤维、木材或其他含碳产品由足迹区输入蔓延区，而部分工业产品和垃圾则由蔓延区输入到足迹区，城市碳循环足迹大小与城市资源消耗量和产品销售地有关。城市是一个动态扩展的系统，随着城市的进一步蔓延、人口的增加或经济结构的改变，其足迹区必然会发生变化，其碳过程的规模、强度和空间范围也将随之改变。城市系统碳循环过程是一个包括自然和人工过程、水平和垂直过程、经济和社会过程在内的复杂系统，与自然生态系统碳过程有着本质区别。

20 世纪人类社会能源消耗量增加了 16 倍，CO_2 的排放量增加了 10 倍。大部分高碳排放的亚洲国家 CO_2 排放量与能源消费量的增加趋势几乎一致。张仁健等（2001）通过研究发现，在城市能源消耗过程中，很多国家的交通运输能源消耗量占全部终端能源消费的 1/4 ～ 1/3，约占全部石油制品消耗量的 90%。2000 年，英国道路交通的 CO_2 排放量占总排放量的 25% 左右，并超过电力生产带来的碳排放。齐玉春等（2004）以及张仁健等（2001）的研究结果表明，城市能源使用碳排放主要来源于工业生产、电力生产中的化石燃料燃烧，燃料加工、运输以及工业使用过程中的泄漏和挥发，以及居民独立采暖和生活炉灶中化石燃料的使用。梅建屏等（2009）通过城市微观主体碳排放评测模型，探讨了城市微观主体土地利用模式对碳排放的影响，以南京市某单位为例，对不同交通方式能源使用碳排放量进行了测评，认为私人交通的碳排放量明显大于公共交通。受人类活动影响，城市植被和土壤的碳循环过程与自然生态系统存在着差异。

城市植被主要以绿化树木、灌木树篱和草地为主，其碳循环过程受人类日常维护措施如施肥、修剪和管理等的影响。城市土壤大部分长期被硬化地面覆盖，既不能生长植被，也不能接收雨水下渗，因此，非城市景观向城市景观的转化会强烈改变土壤碳库和碳通量。Nowak D. J. 和 Crane D. E. （2002）从国家、区域

和州等不同尺度上对城市树木的碳储量进行了估算，发现由于生长速度快、高大树木众多，城市树木比非城市树木的作用更为显著，城市植被在降低大气 CO_2 浓度方面起着重要作用，但城市树木的维护带来的碳排放会部分抵消城市植被系统的碳吸收。管东生等（1998）在研究广州城市绿地植物生物量和净第一性生产量的基础上，通过对城市绿地碳的储存、分布和固碳放氧能力的估算，探讨城市绿地对城市碳氧平衡的作用，结果发现城市绿地系统的环境支持能力在很大程度上取决于它的生物量和生产量。植物的光合作用固碳量和放氧量分别相当于人口呼吸释放碳量和消耗氧量的 117 倍和 119 倍，但远小于化石燃料燃烧释放的碳量和消耗的氧量。

与自然土壤相比，城市生态系统土壤性质发生了显著的变化，城市化进程对于城市土壤碳含量产生了较大的影响。董艳等（2007）研究了福建省福州市自然及人工管理绿地土壤有机碳含量的差异及垂直分布规律，发现该市自然绿地景观 0 ～ 10 cm 土层有机碳均值比人工管理绿地有机碳均值低。Mestdagh I. 等（2005）还对比利时佛兰德斯市区和边缘区草地的土壤有机碳储量进行了分析。由于城市植被和土壤属于城市自然部分，其碳过程除受人类管理措施影响外，仍以自然过程为主。城市扩张是重要的土地利用与覆盖变化的方式之一，其对碳排放的影响主要包括 2 个方面：一是城市化带来更多的工业碳排放、产品消耗碳排放及使用建筑材料带来的间接碳排放；二是城市化带来的非工业化碳排放，比如森林或草地转化为城市用地，由于植物地上生物量会以 CO_2 的形式释放到大气中，因此这种转化使森林或草地表现为碳源。城市建设用地是重要的碳排放源。

第5章　温室效应的危害及其应对措施

5.1　温室效应的危害

5.1.1　海平面上升

温室效应会导致海平面上升。一是受海水受热膨胀会使海平面上升的影响，二是冰川、格陵兰岛及南极洲上的冰块溶解也会使海水增加。有学者预期，1900—2100年地球的平均海平面上升幅度介于0.09～0.88 m之间；有观测表明，100余年来海平面上升了14～15 cm；有研究表明，到2040年海平面将上升超过20 cm，海平面上升的形势越来越严峻。

海平面上升将扩大对海岸的侵蚀和海水入侵，加重洪涝灾害。全世界大约有1/3的人口生活在沿海岸线60 km的范围内，那里经济发达，城市密集。海平面上升将危及全球沿海地区，特别是那些人口稠密、经济发达的河口和沿海低地。这些地区可能会遭受淹没或海水入侵，海滩和海岸遭受侵蚀，土地恶化，海水倒灌和洪水加剧，港口受损，并影响沿海养殖业，破坏供排水系统。海平面上升最严重的影响是增加了风暴潮和台风发生的频率和强度，海水入侵和沿海侵蚀也将引起经济和社会的巨大损失。如果任由温室效应发展，那么地球上约90%的滨海区会遭受灾害，预测到2050年，南北极和永冻层冰盖及高山冰川将大幅度融化，沿海城市如上海、东京、纽约和悉尼都将受到不同程度的淹没。

我国三角洲地带地下水位如果升高，盐渍化耕地面积将扩大，许多耕地的地下水位和含盐量已处于临界状态。只要地下水位升高10～20 cm，将对沿海许多地区的农业造成毁灭性的打击。海平面上升严重影响沿海生态系统及生物资源，尤其是一些由小岛屿和珊瑚礁组成的岛国。据统计，如果海平面上升0.5 m，而防潮设施不完善，我国东部沿海可能约有4×10^4 km^2的低洼冲积平原被淹没。此外，沿海地区的地下淡水资源也会遭到海水侵入，温室效应带来的海平面上升也会致使海洋生物多样性降低，鱼类、贝壳类的数量将会锐减。海水倒灌导致江河的入海口水质变咸，破坏淡水系统，淡水鱼类的生存空间会受到挤压，品种数目将会减少，或许该地区的海洋鱼类品种数会有所增加。而那些小岛国，如马尔代夫或者帕劳等国家，它们可能会消失。

5.1.2　洪涝、干旱及其他气象灾害

温室效应导致气候变暖，使气候灾害增多。全球平均气温略有上升，就可能带来频繁的气候灾害，如洪涝灾害、大范围的干旱和荒漠化、持续的高温、陆地淡水流失、森林中的山火以及城市中的火灾。

1. 引发洪涝灾害

地球变暖，改变了大气环流及大气含水量，从而改变了正常的降水规律。有学者预计全球降水总量将有所增加，不同地区的降水变化差异增大且不均匀。1950—1989 年，我国平均每年洪涝面积约为 8.0×10^6 hm^2，1990—2000 年增至约 1.67×10^6 hm^2。温度的提高会增加水分的蒸发，部分地区水质因此受影响：河流流量减小，蒸发量大，原有的污染可能会加重；水温上升，也会促进河流里污染物沉积，废弃物分解，使水质下降。

从全球角度看，近 50 来年降水量在增加，但不同区域降水格局变化不同。北半球中高纬度陆地的降水量在 20 世纪每 10 年增加了 0.5%～1.0%，热带陆地每 10 年增加了 0.2%～0.3%，亚热带陆地每 10 年减少了 0.3% 左右。南半球的广大地区则没有发现系统性变化。我国北方和西部的温暖地区及沿海地区降雨量将会增加；长江、黄河等流域的洪水暴发频率会更高；东南沿海地区台风和暴雨也将更为频繁。

2. 引发干旱

气候变暖，低纬度和高纬度地区降水量将会增加，而中纬度地区降水量将有所减少。气候变暖影响最大的是中纬度地区，而我国的大部分地区处于中纬度，这将有可能使我国淮河以北地区的干旱问题更加突出；东北、华北地区夏季少雨，蒸发量加大；西北内陆地区干旱加重；亚热带的华南和长江流域，暖温带的黄河、淮河流域和关中地区可能出现热害；长江流域的伏旱会变得更加严重。气候变暖将导致我国春季和初夏许多地区干旱加剧，干热风频繁，土壤蒸发量上升。

在我国北方旱区，自 20 世纪 60 年代以来，气候变化主要以干暖化为主要特点。宁夏南部山区，20 世纪 90 年代较 20 世纪 50 年代年平均降水量减少了 56 mm，其中 7—9 月减少了 50 mm；气温升高了 0.89 ℃，在 5 cm、10 cm、15 cm 深处的土壤温度分别升高了 0.82 ℃、0.82 ℃、0.84 ℃；无霜期延长了 13 天，干旱化趋势明显加剧。青海省在 20 世纪 80 年代开始增温，至目前已持续了 20 年，预计增温至少还得持续 10 年，21 世纪前 10 年或更长一段时间内，青海省将以暖干型气候为主。1950—1989 年，我国年平均干旱面积约 2.0×10^7 hm^2，而 1990—

2000年增至约2.27×10^7 hm^2。

我国最大的内陆河塔里木河在铁干里克以下已完全断流，使下游缩短180 km，造成罗布泊完全干涸。黑河在20世纪80年代初就已经断流，石羊河道下游现已干涸。20世纪60年代以来，黄河下游出现断流，尤其是20世纪90年代，断流时间提前，时段和距离增加。1997年，黄河断流达226天，断流距离为700 km。气候变暖将使黄河未来几十年的径流量呈降低趋势，汛期和年径流平均分别减少2.54×10^9 m^3和3.57×10^9 m^3。

3. 引发异常气候

气候变暖在全球呈不均匀性，使极端天气事件的发生频率、延续时间和分布发生变化。气候变暖会导致气候带北移，引发生态问题。据估计，若气温升高1 ℃，北半球的气候带将平均北移约100 km；若气温升高3.5 ℃，则会向北移动5个纬度左右。气候带北移使占陆地面积3%的苔原带将不复存在，冰岛的气候将与苏格兰相似，而我国徐州、郑州的冬季的气温也将与现在的武汉或杭州差不多，气候带的北移将使我国贵州地区冬季气候越来越明显，雨雪霜冻变少，雨季与旱季越来越分明。

目前，伦敦1月的平均气温为4.2 ℃，比我国杭州和九江的气温还高，而同纬度的我国黑龙江呼玛地区1月的平均的气温为 -27.7 ℃，两者相差30 ℃以上，原因是大西洋暖流从墨西哥湾热带海域，不停地向西欧北部输送热水，这使北欧国家的海港冬季不冻。温室效应的增强，如果改变了大西洋暖流的方向或强度，那么对欧洲来说，将是一场灾难。对于中国来说，如果全球气候变化导致夏季东南季风的增强，西北干旱地区的农业将受益，反之黄土高原现已非常脆弱的农业将面临毁灭，沙漠化问题将更加严重。

由于温室效应导致了气候变暖，1980年长江流域的梅雨期较常年提前了1周，随之而来的便是南方广大地区持续不断的暴雨，江淮、黄淮地区出现了百年来未见的凉爽夏季。与此同时，北方则出现了中华人民共和国成立以来罕见的大范围严重伏旱与秋旱。同年10月，全国各地的气候又全然反了过来，从东北至广东，气温普遍较常年偏高2～8 ℃。之后，春寒、夏凉、秋冬暖的气候现象一直出现在我国，1986年全国农田受旱面积达1.8亿亩，河南省区域发生200万人饮水困难。

我国天山北麓沙漠南缘的石河子的气候也出现了异常现象，旱灾、冻灾、干热风、冰雹、霜冻连年不断。1988年以来气候多变的特征更加明显。首先是春洪严重，进入6月，低温多雨、降水多、夏季冰雹凶猛，使农业生产受到严重损失。1989年开始又是旱象露头，春季降水出现了偏少的现象。1988年3月石河子的平均气温为 -4 ℃，而1989年则比1988年同期平均偏高3.1 ℃。

4. 引起淡水匮乏

气温升高不仅会从海洋直接吸取水分，还会从陆地吸取水分，使内陆地区淡水匮乏。气温升高所融化的冰山，正是我们赖以生存的淡水最主要的来源。我们的地下淡水储备都是由冰山融水组成的。在气温平衡正常时，冰山有一个冰雪循环系统，即冰山夏天融化，流向山下、流入地下，给平原地区积累淡水，并起到一个过滤作用。冬天水分以水蒸气的形式回到山上，通过大量降雪重新积累冰雪，也是一个过滤过程。这整个的循环过程使我们的淡水有了稳定的平衡保障。而全球变暖将使冰山上的冰雪积累的速度远没有融化的速度快，甚至有些冰山已经不再积累，这就断绝了当地的饮用淡水。

5. 加剧荒漠化

气候变暖会导致荒漠化加剧。气候变暖和包括人类活动在内的种种因素会在干旱、半干旱和亚湿润干旱地区造成土地退化。在我国，气候的干湿变化是制约北方沙区自然化正、逆过程的主导因素。随着全球气候的变暖，我国北方地区，气温在波动中升高，年气温平均升高 0.5 ～ 1.5 ℃；降水在波动中减少，平均减少 10%～20%，使气候急剧干燥化。北方大部分地区，地表物质为疏松的沙质沉积物，且多沙质黄土、风成沙地，沙质沉积物的比例一般达到 30% 以上。这些沉积物，一旦上覆植被被破坏，加上气温升高，必然造成沙丘活化，为沙尘及沙尘暴天气的产生创造了有利条件。由于全球增暖，气候大范围的干旱，将会使一些河流流量减小甚至断流；高山冰川面积缩小、冻土后退；湖泊面积缩小，一些小的湖泊可能会干涸消失；地下水位下降，地表干旱会带来部分地表植被的死亡。气候干旱、河流断流、冰川后退、湖泊面积缩小、地下水位下降、地表无植被覆盖、荒漠化将会日趋加剧。

有历史记载以来，中国已有 1.2×10^{-7} hm^2 的土地变成了沙漠，特别是近 50 年来形成的“现代沙漠化土地”就有 5×10^{6} hm^2。特大沙尘暴在 20 世纪 60 年代发生了 8 次，20 世纪 70 年代发生了 13 次，20 世纪 80 年代发生了 14 次，20 世纪 90 年代发生了 23 次。21 世纪初，我国又频频遭受沙尘暴的袭击，仅 2000 年春季，我国北方地区就发生了 15 次大范围的沙尘暴。

5.1.3　对农业的影响

随着 CO_2 浓度增加和气候变暖，会增加植物的光合作用，延长生长季节，使世界一些地区更加适合农业耕作。但全球气温和降雨形态的迅速变化，也可能使世界许多地区的农业和自然生态系统无法适应或不能快速适应这种变化，造成大范围的森林植被破坏和农业灾害。温度升高将延长植物生长期，减少霜冻，CO_2

的“肥料效应”会增强光合作用，对农业产生有利影响；但土壤蒸发量上升、洪涝灾害增多和海水侵蚀等也将造成农业减产。对草原畜牧业和渔业的影响总体上是不利的。

气候变暖，由于生长期延长而使作物的产量提高，但气候变暖后，如果没有新的适应技术，主要作物的生长期会普遍缩短，这会对物质积累和籽粒产量有负作用。同时，热量资源增加对作物生长发育的影响，很大程度上受降水量的制约。如果降水量不能相应增加，会对农作物的生长产生不利影响。

气候变化导致我国农业生产的不稳定性增加。由于局部干旱高温危害加重，气象灾害造成的农牧业损失加大。农业生产布局和结构将出现变动，农业生产条件发生变化，农业成本和投资需求将大幅度增加，并存在几个明显的高脆弱区，主要分布在东北和西北部分地区。气候变化对农业的影响，还涉及水资源、林业及农业环境的相互作用，其结果可能进一步增大农业的脆弱性。

1. 农作物品质下降

冬季缩短、夏季延长，导致蒸发量增大，大片地区的土壤湿度将会降低。随着 CO_2 浓度的增加，植物的气孔张开得小一点，也可吸入同样数量的 CO_2，这样，植物由于蒸发所损失的水分就减少了，结果是植物会长得更大。农作物生长较快，土壤中的养分吸收更快，化肥需求更多。粮食的质量可能随着 CO_2 的提高而下降，因为叶子的含碳量增加，含氮量减少。

有研究表明，温度和降水的变化对土壤有机质含量的影响呈现相反的趋势，在岩石分化成土壤的过程中，分化程度、植被的发育程度与当地平均降雨量和气温有关。当气温升高 2.7 ℃，凋落物的分解速率（影响土壤养分）提高 6.68%～35.83%。土壤温度升高和降雨量的变化使土壤微生物活动发生改变，必然引起土壤养分发生变化。气候变暖将导致微生物对土壤有机质的分解加快，从而加速了土壤养分的流失，可能造成土壤肥力下降。

全球变暖会影响大气环流，改变全球的雨量分布与各大洲表面土壤的含水量。比如，气候的变化会造成我国北方地区雨量增大，而北方一些地区的黄土较松，容易产生沙土流失，土壤中的有机质流失会严重影响农作物的生长，影响农业收成和农业发展。全球变暖不仅仅会影响农作物生长，更会影响农作物品质。

2. 农作物病虫害

全球变暖将加重病虫害对农业生产的危害程度，特别是小麦锈病、黏虫、草地螟等的危害加重。小麦纹枯病、白粉病及棉铃虫、麦螃、麦蜘蛛等病虫害的发生均与气候条件的变化相关。暖冬对农作物和森林病虫害安全越冬十分有利，将导致农作物和森林病虫害加重。春暖有利于病虫害的发生和繁殖，春季干旱少雨对麦螃和麦蜘蛛等虫害的发生和繁殖十分有利。温度偏高伴随阶段性干旱的条件

下，病虫害的种群世代数量呈上升趋势，繁殖数量倍增，往往造成病虫害的大发生。由于气候变暖，病虫繁殖的时间相对延长，病菌和虫卵的生长发育速度加快，繁殖一代经历的时间缩短，世代增多。

据统计，我国农业产值因病虫害造成的损失为农业总产值的 20% ～ 25% 。气候变暖会使农业病虫害的分布区发生变化。低温往往限制某些病虫害的分布范围，气温升高后，这些病虫害的分布区可能扩大，从而影响农作物生长。温室效应使一些病虫的生长季节延长，一年中危害时间增加，作物受害加重。肥效对环境温度的变化十分敏感，尤其是氮肥，温度增高 1 ℃，能被植物直接吸收利用的速效氮释放量将增加约 4% ，释放期将缩短 3. 6 天。因此，要想保持原有肥效，每次的施肥量将增加 4% 左右。

3. 农作物产量下降

全球气候变化会影响到人类的粮食安全，这主要是因为全球气候变化引起降水格局的变化，而降水对农业生产起着决定性的作用。特别是处于干旱、半干旱、半湿润地区和缺乏应对手段的第三世界国家，气候变化将带来更加严峻的挑战。气候变暖导致我国部分地区的农作物产量下降，1980—2000 年，气候变暖引起黄淮海农业区雨养小麦全面减产，其中西部减产幅度大于东部。温度每增加 1 ℃，玉米平均产量将减少 3% 。在未来 100 年内，华北地区冬小麦产量会有不同程度的下降，平均减产 10. 1% 。在未来 30 ～ 50 年，气候变暖将导致我国农业生产面临 3 个突出问题：粮食产量波动将增大，农业布局和结构将发生变化，农业成本和投资将增加。据估算，到 2030 年，我国种植业产量在总体上因全球变暖可能会减少 5% ～ 10% ，其中小麦、水稻和玉米三大作物均以减产为主。如果不采取措施，到 21 世纪后半期，小麦、水稻、玉米等几种主要农作物的产量可能下降 37% ，气候变化将直接威胁我国粮食安全。

水稻是世界各国特别是亚洲国家的主要粮食作物，其生长发育有一个适宜的温度范围，在水稻生长的环境敏感期和敏感温度范围内，温度每升高 1 ℃，将导致产量损失达 10% 以上。水稻营养生长期遇到 35 ℃以上高温，生长会受到抑制；35 ℃以上的高温会影响减数分离行为，降低花粉育性及花药开裂率，造成结实率下降；抽穗开花期遭遇 35 ℃高温 1h 就会导致水稻不育；灌浆期，35 ℃高温通过影响花粉育性和干物质的转运和积累，从而导致每穗粒数和千粒重发生变化并影响稻米品质。水稻高温危害具有发生突然、成灾面积大、常造成致命性减产等特点。2003 年 7 月下旬至 8 月上旬，长江流域稻区出现罕见的高温天气，湖北省有 4.7×10^5 hm^2 中稻受害，损失粮食超 10^9 kg；随后的 2006 年、2007 年，长江流域部分地区出现严重的局部高温天气，也给水稻生产造成了严重损失。由此可见，在全球变暖的背景下，气温不断上升和极端气候频繁分别使水稻生产面临着巨大的常规性减产和突发性减产风险。

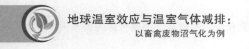

5.1.4 对生态系统的影响

1. 对动物的影响

由于温度的变化，台湾蝴蝶生态秩序大乱。热带东南亚蝴蝶拼命往北飞到台湾来定居，最远记录可到日本，慢慢入侵温带蝴蝶和寒带蝴蝶的地盘。研究人员大胆推测，这很可能与全球气候暖化有关。这些负面效应的浮现，不仅困扰台湾，连日本也遭殃。由于热带和亚热带蝴蝶来了，当地温带蝴蝶不得不往北迁移到寒带地区，导致蝴蝶生态大乱。

塞舌尔岛上海鸟众多，金枪鱼等渔业资源丰富。然而近年来，全球气候变暖引起的海水温度上升，导致塞舌尔海域的浮游生物大量死亡，威胁到该国海洋生物的生存。大量死亡的浮游生物不断腐烂，迅速消耗着海水中的氧气，使该区域的其他海洋生物面临窒息的危险。与此同时，浮游生物尸体形成的沉积物为某些海藻提供了良好的生长环境，使原本清澈碧蓝的海水变成暗绿色。北岛附近海域是受死亡浮游生物影响最严重的地区。此外，普拉兰岛、塞尔夫岛和锡卢埃特岛等也受到了不同程度的影响。

气候变暖会导致海水温度的升高，首先影响浮游动物。浮游生物位于海洋食物链的最底层，20 世纪 80 年代初，浮游动物的典型代表磷虾突然减少，后来磷虾又恢复到一定的数量，对比发现，20 世纪 90 年代的海洋浮游动物比 40 年前减少了 20%。浮游动物的数量变化和广阔水域内冷暖水流的重组具有直接关系。每隔两三年太平洋就会出现一次被称为“域变”的水温调整。记载资料显示，在水温低的年份，磷虾的数量就会增加，相反便减少。研究发现，当海洋表面的温水层变厚时，来自深海的富含养分的洋流就会被阻断，而磷虾正是以此为生的。磷虾的减少不是忍受不住水温的升高，而是死于因温室效应引发的饥荒。

随着温室效应的加剧，海洋温水层还在加厚，当这种水温变化达到顶峰时，可能会使浮游动物的数量达到临界点。美国霍普金斯海洋研究所的乔纳森·斯奇尔曼收集了生活在太平洋满潮湖里的几种不同种类的小海蟹，给它们接上了特制的心律监护器，然后把它们放回水中。然后逐渐升高水温，以便近距离地观察它们对水温上升的耐受反应。小海蟹们对现有温水的升高感应非常剧烈，只上升 0.2 ℃ 就使它们烦躁不安，上升 0.6 ℃后它们表现出丧失理智的痛苦，再上升 1 ℃后它们便完全失去了生命的气息（卓然，2009）。

沿岸沼泽地区消失肯定会令鱼类和贝壳类的数量减少。河口淡水变成海水，可能会减少淡水鱼的品种和数目，而该地区海洋鱼类的品种则可能相对增多。至于整体海洋生态所受的影响，仍未能清楚知道。

温度的上升，无脊椎类动物尤其是昆虫类生物提早从冬眠中苏醒，而靠这些昆虫为生的长途迁徙动物却无法及时赶上，错过了捕食的时机，从而大量死亡。昆虫们提前苏醒，因为没有了天敌，将会肆无忌惮地吃掉大片森林和庄稼。减少了绿色植物，等于无形中增加了 CO_2 的含量，加速全球变暖，形成恶性循环；减少庄稼，人类的食物也将减少。

2. 对植物的影响

在非洲，干旱和高温导致树木死亡率增加，包括乌干达的热带森林、津巴布韦的山金合欢、南非的克鲁格国家公园稀树大草原树木、纳米比亚历史悠久的箭筒树。在萨赫勒地区，长期的降水减少与人为导致的气候变化造成塞内加尔树木死亡，北非的极端干旱造成了从摩洛哥到阿尔及利亚北非雪松的大规模死亡。

1982—1983 年、1997—1998 年，厄尔尼诺现象引发的干旱使亚洲许多国家的树木死亡，如马来西亚和印度尼西亚婆罗洲的热带潮湿森林，韩国的冷杉，沙特阿拉伯的刺柏，土耳其中部的松树和冷杉。近期的干旱导致我国华东地区 5×10^5 hm^2 太白山油松和西南地区云南松大面积死亡。俄罗斯联邦森林机构对全国的森林健康风险进行评估，其中 3.38×10^8 hm^2 为低度危险，2.6×10^8 hm^2 为中度危险，7.6×10^7 hm^2 为高度危险，森林健康问题主要是由干旱造成的。

在澳大利亚东北的半湿润地区，多年干旱一度引发桉树大面积死亡，还导致刺槐死亡，也导致了新西兰温带假山毛榉森林树木死亡。1990—2000 年，欧洲树木死亡遍及地中海地区。2003 年，法国夏季的热浪和干旱之后，橡树、冷杉、云杉、山毛榉和松树的死亡率增加，分布在瑞士和意大利南部的长白松死亡率增加。2000 年的严重干旱导致希腊本土冷杉和地中海松的死亡，而地中海松是希腊东部地中海地区最耐旱的松科树种。此外，夏季的干旱导致了波兰栎树、挪威东南部的挪威云杉和俄罗斯西北部西伯利亚云杉的锐减。

气候变暖导致树木的死亡在北美具有完整的档案记载。在过去 10 年中，北美西部干旱和温暖的气候已导致整个地区的许多虫害大规模爆发和树木死亡，影响了从阿拉斯加到墨西哥州 2×10^7 hm^2 森林，造成阿拉斯加 10^6 hm^2 云杉和英属哥伦比亚 10^7 hm^2 小干松的锐减，干旱导致萨斯喀彻温省和阿尔伯塔 10^6 hm^2 美洲山杨的死亡。据报道，从密苏里州到南卡罗来纳州，橡树衰退、死亡率增加。1980—2000 年，多年的、季节性的干旱使魁北克省枫树衰退和死亡率增加。

无论是被称为野生生物宝库的热带森林还是西伯利亚的针叶森林，或是非洲大草原，它们今天的生态系统是在迄今稳定气候的前提下形成的。如果地球变暖的速度增加，那么寒带、温带和热带等气候带今后每年都会不同程度地向北方移动，而天然森林和植物却难以适应这种气候变化移动的距离。因此，天然森林将随着温度升高由南方开始衰退。另外，人类虽然竭尽全力地加快北方植物生长速度，但仍然赶不上气候带的移动速度，以至于生活在那里的野生植物不断地减少。据IPCC报告，遍及北美东部的加拿大铁杉针叶树林100年后将会大面积减少。

同样的温度变化还出现在垂直方向。生长在高山上的稀有动植物，由于适应不了温度的变化，被迫向更寒冷的高地移动，从而丧失了最后的栖息地而面临着灭绝的危险。在墨西哥海拔4000 m的高地上残留的蔷薇植物带，若温度上升2 ℃，也就是上移了200 m，则有灭绝的危险。气候变暖导致山区植物向顶峰迁移，这种现象主要出现在中、高纬度的高山上。根据资料显示，由于气温的升高，在阿尔卑斯山大多数山峰上，一些过去几乎没有植物能够生存或很少有植物生存的地方也长满了植物。

气候变暖促使喜暖热森林类型向北迁移。由于受气候趋暖干旱的影响，土壤含水量减少，大量植物向中高纬地区乔迁，据此推论，植物群落发生演替是在所难免的。气候变暖使冻土退化，覆盖于永久性冻土之上的针叶林带状分布受到破坏，高寒草甸植物群落发生演替。青藏高原冰川面积缩小和多年冻土退化使不同类型植被生长环境发生了较大的变化，从而植物群落和种群结构也发生相应变化。

气候变暖促使危害林木的昆虫大量繁殖，将影响林木生长。20世纪30年代以来，阿拉斯加地区气候逐渐增温，温度上升幅度较大，使一种名为棘胫蠹的甲虫在阿拉斯加州南部地区大量繁殖，毁坏了几百公顷的森林。尤其在冬暖的条件下，无论在气候湿润区还是较大干燥地区，都有可能促使林木中虫害加剧的趋势，从而危害林木生长，甚至缩小林区面积。

5.1.5 加大疾病危险和死亡率

南美洲岛屿特立尼达，接连发生孩子突然出现哮喘的情况，感染者原本畅顺的呼吸一下子变得困难起来。经调查，人们罹患的哮喘与随风而至的灰尘具有某种联系，在灰尘降临较多的时候，发病的人数也相对集中。还有，特立尼达沿岸的珊瑚礁染病，珊瑚礁中的生物也消失了。有关人员分析研究后，认为是非洲的有害沙尘导致哮喘病与珊瑚礁染病。非洲因气候干旱经常发生牛群瘟疫。近年来随着温室效应的加剧，非洲的干旱情况越发严重，乍得湖日益萎缩后面积不到30年前的1/20，整个撒哈拉地区土地干燥，沙尘中夹杂着成分复杂的各种有害毒菌四处传播。

地球大气系统有一定的运动规律，大西洋上空的大气环流特点是高压气团在与低压气团扭结较量中形成“北大西洋涛动”。正常情况下，它会将风暴引向北方，左右着北欧和欧亚大陆的气温和降水模式。与此同时，高气压的南部边缘会

推动非洲的沙尘向美洲移动。来自印度洋不断上升的高温扰乱了“北大西洋涛动”的规律，进而影响了全球大气系统的年度行为模式。热带海域升温后，会带来更多的降水。这一过程会消耗大气中的许多热量，从而对下游几千千米之外的大气流动产生巨大影响，它赋予了“北大西洋涛动”更多能量，所以才把撒哈拉的沙尘裹挟至美洲。正是印度洋的温度升高影响到了“北大西洋涛动”，炎热的高温又制造了撒哈拉的毒菌沙尘，“北大西洋涛动”的巨大能量轻易地就把它们带到美洲，以致美洲的人和珊瑚礁一起染病。

由昆虫传播的疟疾及其他传染病与温度也有很大的关系，随着温度升高，可能使人们患疟疾、淋巴结丝虫病、血吸虫病、黑热病、登革热、脑炎的次数增加。登革热病毒及西尼罗河病毒等高致病病毒的传播者是那些常在潮湿、温度高的环境中繁殖迅速的蚊子。10余年来，北半球越来越潮湿和温暖，蚊子得以在大范围内滋生。据估计，全球变暖会使疟疾和登革热的传播范围增加，威胁40%～50%的世界人口。联合国报告指出，与人类燃烧矿物燃料有关的气温升高有可能使热带地区登革热流行区扩大，因为在吸人血的时候传播病毒的蚊子在湿热气候环境中繁殖最快。现在，登革热已经扩散到了非洲和拉美的高海拔地区。一些热带疾病也开始向高纬度地区蔓延。除了以上的疾病外，温室效应可能使史前致命病毒威胁人类。由于全球气温上升，南北极冰层溶化，被冰封十几万年的史前致命病毒可能会重见天日，使人类生命安全受到威胁。

气温升高会使生物物种迁移，一个地区受到了外来物种的入侵，会造成生物链的断裂，一个物种或许再也没有了天敌或者没有了食物，那样带来的只会是生态系统的紊乱。与此同时，气温升高可能使虫害的分布地区扩大，生长周期加长，生存时间增加，危害时间延长，从而加重农林灾害。

5.2　应对温室效应的措施

5.2.1　温室气体的控制技术

5.2.1.1　生物技术

1. 海藻吸收 CO_2

利用自然界光合作用来吸收并储存 CO_2，是控制 CO_2 最直接且副作用最少的方法。地球上曾拥有的 7.6×10^9 hm^2 森林资源，在人类的过度砍伐下仅存 2.8×10^8 hm^2，而且正以每分钟 20 hm^2 的速度消失。在这种情况下，小范围的植树难以逆转 CO_2 积累的趋势。然而，日本环保科学家已筛选出几种能在高浓度 CO_2

下繁殖的海藻并计划在太平洋海岸进行繁殖，以吸收附近工业区排出的CO_2。美国一些研究人员以加州巨藻为载体，在其上繁殖一种可吸收CO_2的钙质海藻。它吸收CO_2后形成碳酸钙沉入海底，巨藻表面可供继续繁殖，试验的成功必将削减CO_2的人为排放量。

2. 转基因水稻吸收CO_2

转基因技术可为保护生态环境、减轻温室效应发挥作用。美国华盛顿州大学和日本农业研究所联合培育出转基因水稻品种，不仅可使水稻增产35%，而且有利于降低温室效应。研究人员将一种主宰玉米光合作用（含有丙酮酸盐类化合物）的基因导入水稻而得到一种新品种水稻，它能更好地吸收CO_2和光能，提高水稻光合作用的效率，产生更多的糖分和O_2，进而促进水稻生长。正因如此，工程水稻比一般水稻多吸收1/3的CO_2，有助于降低温室效应。这种工程水稻的关键在于含有玉米的基因，除能促进水稻光合作用外，还能增强水稻抗旱、抗高温能力。此转基因技术在各类作物中的应用不仅为人类提供了足够粮食，而且降低了温室效应、调节了生态平衡。

3. 微生物分解CH_4

全世界每年微生物产生的CH_4就达4×10^8 t，是导致全球变暖的重要因素之一。在沼泽地、下水道、垃圾填埋场及牛、昆虫消化道都会有CH_4产生。又如泥炭沼是大气中CH_4的最大天然来源，它们分布在俄罗斯、加拿大、美国和北欧的土地上；还有海底、冻土所存在的可燃冰，它既是蕴藏的巨大能源，又是潜在温室气体之源。CH_4的存在与消除都与微生物密切相关，当CH_4从厌氧环境进入氧化环境，需氧微生物可将CH_4氧化为CO_2，同等含量的CH_4的温室效应是CO_2的21倍。

美国密歇根州立大学研究人员发现一种噬甲烷细菌可以阻止CH_4到达大气层，从而为防止全球变暖发挥重要作用。他们在西伯利亚西部的酸性泥炭沼中发现了这种细菌，它能在CH_4逃逸到大气之前，把CH_4氧化成CO_2，从而减少CH_4释放到大气中。而CO_2的增加可通过自养性光合微生物来治理。其中某些微型藻类和光合细菌为吸收CO_2可充分发挥特定的光合作用，既同化CO_2，又可大量合成有机生物量。

除了上面提到的嗜甲烷细菌外，还发现一种叫贝耶林克氏菌的细菌具有氧化CH_4的能力，它可以控制泥炭沼泽向外释放CH_4，在酸性泥炭沼泽中将CH_4的含量减少90%。美国田纳西州橡树岭国家实验室分子生物学家认为，该细菌能够控制CH_4的人为排放量。

1999年挪威以天然气为底物，通过嗜甲烷细菌的作用将CH_4可转化为单细

胞蛋白，进入工业化生产，年产量达 10^4 t，分析其菌体蛋白：蛋白质含量 30%、碳水化合物 12%、脂肪 10%、矿物质 8%。这种生产菌是一种甲基营养细菌，即膜甲基球菌，在 40～45 ℃下将此甲基营养细菌与一组异常细菌混合培养，外加氧、氨水、矿物质和水，利用 CH_4 进行代谢活动，为大量获取菌体蛋白创造有利条件。2 种甲烷氧化菌分别是甲烷甲基单胞菌和以 CH_4 以原料生产塑料物质聚羟基丁酸的甲烷氧化菌，前者生产的量占菌体干重的 25%，后者占 30%，有一定的工业生产价值。还有一种甲基单细胞菌利用 CH_4 生产细菌多糖，分泌于体外。由此可见，微生物的存在与分布有它的两面性，一方面有些微生物是温室气体的制造者，另一方面有些微生物又是温室气体的清除者。可以采取人工方法尽最大可能充分利用嗜甲烷微生物的特点和功能作用来缓解全球变暖的趋势，并从这些菌体中获取有价值的产品。

5.2.1.2　能源技术

CO_2 的排放很大程度上取决于为获得能量而进行燃烧的矿物燃料，因此，改革能源形式或能量来源成为减少 CO_2 排放的一个突破口，这也符合污染控制的原则，即从源头控制 CO_2 的生产。20 世纪 90 年代以来出现了 2 种技术，即燃料脱碳与燃料电池。

燃料脱碳是含碳量较低的燃料（如石油和天然气）或无碳燃料（如 H_2）取代含碳量高的燃料（如煤），使每单位能耗量的平均 CO_2 排放量减少。早在 20 世纪 80 年代，美国化工界提出的碳化物混合处理气化流程便能实现这一目的。煤炭等不清洁燃料与 H_2 一起反应生成 CH_4、CO 及固态焦炭等，再将 CH_4 高温分解成 H_2、CO 及固态炭黑，然后 H_2 与 CO 合成甲醇（CH_3OH）。未反应的 H_2 与 CO 作为原料循环使用。1997 年 7 月，美国能源部又推出一项新技术，将一个重整器或汽化器与转移器组合起来便能把矿物燃料转化成 H_2 与 CO_2 的混合物，然后分离并处置 CO_2。

燃料电池是通过电化学氧化产生电力，即直接将化学能转化为电能，冲破了燃烧产热生成水蒸气再带动汽轮机发电的传统模式，因此燃料电池的效率不受卡诺定律限制，可达到 40%～60%（与之相比，火力发电的效率仅为 30% 左右），大大地节约了初级能源，也避免了大量污染。燃料电池有多种类型，其中质子交换膜燃料电池在低温下运行可产生高密度电力且体积小，可用作驱动汽车的动力来源。燃料电池是以 H_2 为燃料的，为了方便地输运和配给 H_2，波士顿东北大学研究人员正开发一种固态 H_2 载体，使大量的 H_2 在压力下储存在小容器内，解决 H_2 的输配问题。据报道，他们已用石墨纳米纤维获得成功，室温下 1 个碳原子能储存 18 个氢分子，超过目前储存介质储存 H_2 的能力的 10 倍。如把燃料脱碳与燃料电池合二为一，将形成一种全新的清洁能源体系，在这个体系中，矿物燃料和含碳的生物体被转化为 H_2 和 CO_2，前者通过燃料电池直接产生电和热，后者则被收集和处置。这样便能避免燃烧矿物燃料生产电能过程中排放大量 CO_2。

5.2.1.3 储藏技术

据日本东北电力公司宣称，CO_2 与 H_2 按 1 : 4 比例在一定温度、压力下混合，并以铑和镁为触媒，可生成 CH_4，东芝公司也在实验室中以激光束或电子束激发，直接用燃烧后的废气与乙炔（C_2H_2）在不同比例下混合，生成 CH_3OH 与 CO 或 CH_4、丙烷（C_3H_8）等其他化工产品。

CO_2 的处置尤其是地质处置正得到越来越多的关注与研究。目前常用的途径是将 CO_2 储存在废油、气井、地下含水层和海洋中。人类每年 CO_2 排放量仅 6×10^8 t（以碳计），由此可见地质储存潜力很大。将 CO_2 储存在油、气井中，并非一项新技术。早在 20 世纪 70 年代能源危机时，美国就曾利用 CO_2 溶于油可减少石油黏度的性质来强化采油，增加石油产量。挪威科学家甚至计划建一艘 10^6 kW 的大型发电船，以海底石油、天然气为原料，采用高效燃油气－蒸汽组合循环发电并将燃烧排放的 CO_2 冷却、压缩后送入海底油气田中。

向地下含水层深井注入 CO_2 的方法与深井注射处量液态有害废物的方法相似。虽然注入的 CO_2 不会严重污染地下水，但会降低地下水的 pH，从而腐蚀岩石。此外，对于 CO_2 深井注入是否会造成地面的不稳定尚未定论。有人提出一旦注入 CO_2 的地区发生地震，CO_2 可能大量喷出，在有人居住的地区特别是气体易于积累的谷地会置人于死地。1996 年喀麦隆火山坑湖湖底 CO_2 喷发，大量的 CO_2 释放夺去了 1500 余人的生命，并杀死了方圆 14 km 内的所有动物。

CO_2 的性质使之非常适合海洋处置。因为在水下 500 m 深处水温 10 ℃左右时，CO_2 就能变成液态；在 3000 m 以下，CO_2 的密度便能大于海水并沉入海底，相当安全地保存起来。海洋储存 CO_2 的潜力很大，即使把人类排放的全部 CO_2 储入海中，海洋含碳量每年仅增加 0.016%。1996 年 9 月，迄今为止最大的海床 CO_2 处置工程在挪威启动，CO_2 被注入北海海床以下 800 m 处多孔充满盐水的砂石地层中，年注入量 10^6 t，占挪威 CO_2 年排放量的 3% 左右。

在印度尼西亚水域的婆罗洲北部 Natuna 海岸气田，有另一项 CO_2 处置工程。Natuna 气田是世界上的大气田之一，贮量大，易于开采，但气体中含 81% 的 CO_2。满负荷生产时每年将产生 10^8 t CO_2，因此，计划将 CO_2 与 CH_4 冷冻分离后，把 CO_2 注入海底深处含水层。然而，目前海洋处置存在 3 个方面的问题。一是海洋处置费用昂贵。据英国一家工程承包公司估算，铺设从英国东部的发电厂至北海的液态 CO_2 输送管道，每千米管道费用可高达 110 万美元。二是 CO_2 进入海洋可能会危害海洋生态系统。研究表明，当海水与液态 CO_2 达到平衡时，海水的 pH 会下降到 3.5，而且 CO_2 还会生成水合物，这些都可能影响海洋生物的生

长。三是海洋处置绝非一劳永逸，由于大气与海水间 CO_2 的相平衡，储存在海洋中的 CO_2 会缓慢地逸出水面，回归大气。国际应用科学公司的一位名为 Stegen 的学者应用三维海洋通用环流模型对一个运行 100 年的发电厂做了预测，假设其排出的 CO_2 全部被捕获并注入海洋不同深度，在电厂停止运行 400 年后，有 13% 的 CO_2 从海洋回到大气，随着 CO_2 注入深度越深，CO_2 回到大气需要的时间越长。因此，CO_2 的海洋储量只是暂时缓解其在大气中的积累。

5.2.2　降低碳排放的对策和建议

5.2.2.1　调整产业结构

低碳经济是指较低的能源消耗、较低的排放、较低的环境污染的经济发展模式，调整现有产业结构，增加投资，优化城市产业结构，提升能源使用效率，减少污染物的排放，加大科学技术研发力度，积极发展现代物流业和制造业、高新技术产业，减少能源消耗。加大服务业在三大产业中所占的比重，提升服务业的服务质量，在零售、餐饮、生活服务等传统服务行业中进行优化，推进现代金融保险业、文化旅游产业、电子信息产业等能源消耗较少的行业，减少碳排放量。

1. 淘汰落后产能

目前，经济发展多以粗放型的增长方式为主，虽然会形成经济的快速增长，但会造成大量的资源浪费，污染物的大量排放，因此，淘汰这种落后产能是实现低碳经济发展的重要手段。与传统的工业污染严重、能源消耗大的特点比较，现代服务业具有知识密集型、拉动能力强、产品附加值高、低能耗、污染排放少的特点。

2. 鼓励科技创新，降低碳排放量

针对能源消耗高、效率低等碳排放量较高的行业，进行技术升级，改进生产过程中能耗高、效率低的操作，降低碳排放量，实现产业结构的优化升级，鼓励发展低碳技术，寻求新的清洁能源，但是短期内既要追求经济发展水平，又要寻求新的清洁能源，改变传统能源消耗量大的弊端，必须在科技研发上加大投入力度。借鉴发达国家的先进经验，加大清洁能源的开发投入力度，着力发展核能发电和水力发电，以满足人们的需要。

3. 加快发展第三产业，促进对外贸易

政府要从政策上鼓励社会大众积极从事第三产业，一是制定适合并促进第三产业发展的有力政策；二是要使现代制造业与服务业有机结合，如大力发展第三方物流，提升物流服务业的专业化程度；三是制定完善的行业标准和行为规范，以满足社会大众对服务的要求，培训服务行业工作人员的专业能力，提升服务质量。政府还要积极引导，制定合理的方针政策，积极且有效地扩大利用外资，重点引导外资投向基础设施、高新技术产业、开发性农业和第三产业。

5.2.2.2 调整能源结构

据统计，能源资源是主要的能源消耗，支持着经济发展。但是，目前在开发与利用上还存在着很多问题，比如说产品产出率较低、产品使用效率较低以及没有实现循环利用等。这些问题导致了企业的生产、开采成本比较高，无法实现经济效益的最大化和职工收入的提高，造成了严重影响，而且还加重碳排放量，因此，如何大力发展循环经济、提高能源资源的使用效率，是一个亟须解决的问题。除了相关政策支持，还应建立相关的配套服务中心，有专门的信息管理系统，为实现循环经济打造一体化的管理，金融服务、项目管理相互协调，实现共同发展。另外，还应提高企业职工的综合素质，进一步加强培训和环保意识教育，使企业全体人员的整体素质得到提高。

降碳的重要举措是发展风能与生物质能，把可再生能源技术的研究开发和示范放在首位。一是扩大核电能力，包括鼓励兴建先进的核电厂，资助研究与开发先进核反应堆技术，建立全球核能合作伙伴关系；二是加强生物燃料的研究与运用，推进生物燃料技术和降低生物燃料成本的研究；三是积极发展“氢经济”，加快氢燃料的开发以及相关基础设施建设；四是积极开发利用地热能、风能、太阳能等。

5.2.2.3 鼓励低碳技术发展

创新低碳技术的发展，加大技术开发，可以有效地加快发展低碳经济的步伐，而低碳经济的推动力和核心就是低碳发展的技术开发，因此，要针对其特点制定战略性的发展规划，加大专门技术人才的培养和引进，进一步加大低碳技术的开发和研究，所以应该分清主次，加大效能高、能耗低的低碳技术的开发，进一步激发、鼓励企业的研发，加大资金支持，形成政府、企业的相互协作，创新低碳技术的研究与开发的工作机制。

发展低碳经济的国家，大多制定了更严格的产品的能耗效率标准与耗油标准，促使企业降碳。例如，对建筑物进行能源认证，提高新建筑物和修缮房屋的能源效率标准；推广节能产品，逐步淘汰白炽灯等；对贸易商品，如电冰箱、计算机，执行更高的节能效率目标，推动改进交通能耗和强调使用低碳燃料，加强对已实施的措施的监管，防止能耗效率问题反弹。

加强低碳技术创新，开发廉价、清洁、高效和低排放的世界级能源技术，将发展低碳发电站技术作为减少 CO_2 排放的关键。一是调整产业结构，建设示范低碳发电站，加大资助发展清洁煤技术、收集并存储碳分子技术等研究项目，以找到大幅度减少碳排放的有效方法；二是采取综合性的措施与长远计划，改革工业

结构，资助基础设施以鼓励节能技术与低碳能源技术创新的私人投资；三是对可以大规模削减温室气体的捕捉及封存技术予以大力支持；四是研发减排技术装备，如投资燃煤电厂烟气脱硫技术装备，形成国际领先的烟气脱硫环保产业，更加高效地利用储量丰富的煤炭资源，开发创新型污染控制技术、煤气化技术、先进燃烧系统、汽轮机及碳收集封存技术等。

5.2.2.4　节能减排树立低碳意识

节能减排是应对气候变化、缓解能源紧张、改善环境日益恶化问题的主要途径，是实现节约发展、清洁发展、低碳发展、低成本发展的方式，是实现较低能耗、较低的环境污染、较低的废物排放和较高效率、较高能效，最终达到可持续发展的目标。当前我国对低碳经济、低碳发展比较关注的是环境与资源部门，即政府部门，而大部分人对什么是低碳经济和如何降低经济发展过程中的碳排放了解甚少，所以在发展低碳经济的过程中，迫切需要解决的问题就是要努力提高所有公众的低碳环保意识，对低碳经济进行大力的宣传，并且要加大研究力度，加大对如何降低碳排放量的知识的普及。

企业应该树立低碳发展理念，率先垂范，做低碳经济发展的主要参与者和推动者。我国人口众多，积极倡导低碳生活方式，引导低碳消费，降低居民碳排放量。在广大民众中广泛宣传低碳发展的益处，了解日常生活中节能减排的小知识，树立起良好的低碳意识，进而促使人们自觉地关注碳排放，控制碳排放量，改变旧的生活习惯。

5.2.2.5　建立碳交易市场

通过市场竞争使 CO_2 排放权实现最佳配置，弱排放权能限制给经济造成的扭曲，同时间接带动了低排放、高能效技术的开发和应用。建立温室气体排放贸易体系，扩大交易范围，除了污染性工业企业与电厂，交通、建筑部门也可以参与交易。通过制定排放限额，将鼓励企业以最低成本投资于能源效率和洁净技术。为了促进企业发展可再生能源，推行能源计划，出台一系列推动节能和可再生能源发展的财政措施。其目标是既要履行减排承诺，又要保证工业发展创造经济优势，从提高能源使用效率、促进节能的角度建立起低碳财政税收政策。积极参与全球应对气候变化体系，参与全世界的碳市场，促进碳交易机制在中国的发展。应加强与发达国家的技术交流合作，引进消化先进的节能技术、提高能效的技术和可再生能源技术，特别是要加强与国际间的低碳合作。

5.2.2.6　激励企业从事低碳生产与经营

应对气候变化所推动的低碳技术和产业的新兴与发展，将成为未来经济发展的大趋势，企业应预先认识并抓住这一全球趋势带来的重大变革与契机，未来的经济必定是低碳经济，未来的竞争必定是基于低碳产品与技术的竞争。要赢得未来的竞争，企业应该考虑以下几点：对低碳技术进行战略投资，发展低碳技术，尽早实现技术升级；紧密研究和跟踪国际企业应对气候变化的形势，制定低碳产业与产品的技术标准，超前做出企业的低碳战略部署；在企业中推行低碳标识，规模化应用低碳技术，将企业社会低碳责任与产品质量、信誉结合起来；抓住国际碳金融的新机遇，发展低碳融资；利用好国际低碳技术转让，加快实现跨越式技术发展；政府应通过低碳产业规划与财政、税收的扶持、金融融资的支持，引导企业发展低碳产业、低碳产品。

低碳技术是低碳经济发展的动力和核心，组织力量开展有关低碳经济关键技术的科技攻关，并制订长远的发展规划，优先开发新型的、高效的低碳技术，鼓励企业积极投入低碳技术的开发、设备的制造和低碳能源的生产。加快推进我国能源体制改革，建立有助于实现能源结构调整和可持续发展的价格体系；推动中国可再生能源发展的机制建设，培育持续稳定增长的可再生能源市场，改善健全可再生能源发展的市场环境与制度创新。加快低碳技术的转化，积极调整经济结构和能源结构，尤其是要调整高耗能产业结构，推进能源节约，重点预防和治理环境污染的突出问题，有效控制污染物排放，促进能源与环境协调发展。逐步形成低碳农业、低碳工业、低碳服务业等完善的低碳经济体系。

5.2.3 城市应对温室效应的对策

5.2.3.1 提高城市生态保护意识

在城市的发展进程中，要恢复城市原有的自然生态，控制消耗，倡导低消耗，是生态环境保护中所采取的必要措施，其目的是将遭到破坏的城市生态环境重新恢复并实现新的平衡。做好“保护”是首要的条件，更重要的是要采取必要的措施让生态平衡的状态循环下去。以此为前提，让城市的自然生态可持续地发展。这才是真正地实现生态环境可持续发展的意义所在。

目前，全球气候变暖等环境问题在一定程度上已经得到了缓解，但是，变暖趋势还在。如何才能够在保证人类消耗的前提条件下，让温室气体少量排放的同时，又能够遏制住全球变暖的趋势，避免未来自然灾害的发生，已经成为科学界的一个攻坚难题。

绿化城市成了调节城市生态环境、改善城市空气质量的关键。采用绿化的措施，主要在于树木的成活率高而且繁衍比较快。根据环境特征保护好城市中易于生长的树木，还可以因地制宜地栽种各种树木。伴随着树木成长的其他植物及微生物不断繁殖，这些都是对生态环境不断自主完善的过程。

5.2.3.2　实施城市生态保护

随着城市人口不断地增多，城市中有效的各项资源耗费连年递增，同时还没有采取更有效的措施来弥补所耗费的资源。随着城市大气中 CO_2 的人为排放量越来越多，温室效应日益加重。目前，普遍倡导城市居民减少各种资源的消耗，为城市的自然恢复留有余地，同时，还不断地将自然生态保护区建设起来，以促进城市自然生态的平衡。

加强森林的可持续经营和植被的恢复及保护，可对减缓气候变暖起到一定的作用。从人类生存的角度而言，城市中的各种自然资源和能源也应该被列入保护范畴。但是，如果城市资源所消耗的程度已经远远地超越自然资源自我恢复的程度，那就说明城市居民所消耗的资源超出了维持城市进化的合理范围。随着城市人口不断地增多，城市各项资源的耗费递增。城市居民需要在减少自然消耗的同时，不断地建设自然生态保护区。维护城市进化的过程中，实施城市生态保护不仅是采取多种绿化措施，城市生态保护是一个复杂的系统性过程，它需要遵循生态保护规划。此外，城市生态保护过程比较漫长。

生态保护所涵盖的问题极其广泛，并存在着一定的区域性。根据各个地区的气候环境、地理特点以及城市人文理念等各种因素来定位如何来治理城市的生态环境以获得显著的成效。但是，根据生态功能以及生态敏感区域的分布特点，可以总结出一些主导生态的功能，如土壤、水源、生物的多样性保护、蓄洪防风固沙，这些都属于自然环境保护。还有一些是人类的生活区域，这就需要考虑到城市的建设及城市未来发展状况，并将其纳入优先考虑的范围。

5.2.3.3　改善城市温室效应的建议

1. 建立绿色基础设施

“生态足迹”是用每个人平均所需的陆地和海洋面积，来衡量并表示人类所消耗地球资源的量。这个概念的提出，说明人类生态保护已经被列入科学研究的领域，而“生态足迹”就是衡量人类资源消耗量的一种标准。人类所生活的城市空间就是人工生态系统。“绿色基础设施”就是改善城市生活环境的一个重要内容。我国的一些城市每到干旱季节，会受到气候的影响而刮起沙尘暴。为了防治沙尘暴，一些城市采用了种植植物的方法，可以将气流与沙尘之间的传递减少，分散地面上的风动量，阻止土壤、沙尘的运动。沙尘暴的形成与地球温室效应、厄尔尼诺现象导致的效应有着一定的关系。加强生态环境的保护，是抑制沙尘暴的一种措施，在城市建设中绿化环境，减少污染物排放，会让城市的环境更为理想。

有效解决城市中的污染问题，建立绿色基础设施是非常必要的。所谓的“绿色基础设施"，就是指由各种敞开空间和自然区域组成的绿色空间网络，使包括绿道、湿地、雨水花园、森林、乡土植被等要素相互联系、有机统一。在城市中，充分地发挥绿色基础设施的功能，可以调控城市自身所需。这些具备自动功能的网络系统，不但可以节约城市管理成本，而且还可以改善水的质量，减少洪水的危害。"绿色基础设施"所模仿的是自然生态系统。因此，其在本质上是城市系统所依赖的生态基础设施。在城市中，林地、开放空间、草地与公园以及河流廊道等，是"绿色基础设施"中最常见的内容。通过"绿色基础设施"，空气质量、水质、微气候及管理能量资源等功能可以得到自动的调节。

2. 建立新的城市发展模式

大量自然资源耗费导致温室效应，造成城市资源不足、环境污染等。随之而来的，就是这些城市不良状况导致的居民焦躁不安、社会矛盾突出加剧、安全隐患频频出现，从而制约了城市的进化发展。让城市中的居民与环境和谐相处，就是解决温室效应、打造智慧城市的基本目的。建立新型的城市发展模式成为必然，在实现城市可持续发展的基础上繁荣经济，智慧城市成为一个发展主题。

以新的技术作为强大的驱动力，在城市科学的指导下，结合城市的区位优势，实现建设智慧城市的主要目的。智慧城市是一种根据现代的高科技发展水平而设计的，面向未来发展的全新的城市形态。新的生活方式、新的产业发展、新的社会管理等模式，都是建立在新的城市理念基础之上的。城市中所具备的各种先进科学技术，发达的信息通信产业，领先的无线射频识别技术，还有一些快捷的电信业务以及优良的信息化基础设施等，都是构建城市发展的智慧环境的先进技术。通过网络化管理，将先进的信息技术与先进的城市经营服务理念进行有效融合，将城市中的基础设施、基础环境以及与城市中的居民的生活息息相关的产业通过多方位的数字化、信息化技术进行实时处理和充分利用，使城市的治理与运营更为简捷、高效、灵活。创新技术的应用与安全、环保的服务模式，让现代城市更安全、健康地向未来发展。

5.2.4 农业应对温室效应的对策

1. 调整农业结构和种植制度

调整农业结构就是要针对未来气候变化对农业的可能影响，分析光照、温度、水资源重新分配和农业气象灾害的新格局，改进作物、品种布局，有计划地培育和选用抗旱、抗涝、抗高温和低温等抗逆品种，采用防灾抗灾、稳产增产的技术措施及预防可能加重的农业病虫害。在改革种植制度时要深刻了解作物生长发育、产量形成和气象条件的关系，进而开展合理利用农业气候资源，防御农业气象灾害的研究。

2. 发展生物技术，选育适应气候变化的作物、家畜新品种

要加强光合作用、生物固氮、生物技术、抗御逆境、设施农业和精确农业等方面的技术开发和研究，力求取得重大进展和突破，以强化人类适应气候变化及其对农业影响的能力。为此，必须建立及强化农技推广体系，提高科研成果的转化率。选育优良品种是根本的适应性对策之一。21 世纪农业发展主流将是先进的生物技术与常规农业技术的融合，通过体细胞无性繁殖变异技术、体细胞胚胎形成技术、原生质融合技术、DNA 重组技术等，快速有效地培育出抗逆性强、高产优质的作物新品种。

3. 调整管理措施

调整管理措施包括有效利用水资源、控制水土流失、增加灌溉和施肥、防治病虫害、推广生态农业技术等以提高农业生态系统的适应能力。

4. 改善农业基础设施，提高农业应变能力和抗灾减灾水平

加强节水农业和科学灌溉的研究、推广及应用，研制适应气候变化的农业生产新工艺，开发自动化、智能化农业生产技术，强化综合防治自然灾害的工程设施建设，对提高农业产量、增强气候变化的适应能力和防御灾害能力具有长远意义。

第2编 广东省畜禽废物沼气化的温室气体减排效果

本编的研究是为了查清广东省畜禽养殖情况、畜禽废物处理模式、沼气化建设现状及其空间分布的影响因素，揭示畜禽废物沼气化带来的温室气体减排效益及广东省畜禽废物沼气商业化前景，提出以服务地球环境改善为目的的广东生物能源产业发展政策性建议。主要内容包括：实地调查规模化养殖场和一些散养殖畜禽农户，确定广东省畜禽废物的来源、数量、种类构成、区域分布等信息情况，以及广东省畜禽废物污染现状、粪污处理模式；分析典型养殖场（佛岭猪场）畜禽废物对地表水、地下水的污染状况，评价在污水处理系统运行前后养殖污水对地表水及地下水的影响；分析广东省农村户用沼气池的空间分布格局及其影响因素；计算由于畜禽废物沼气化利用与管理减少的温室气体排放量；分析沼气工程内外效益。采用的研究方法主要有 4 种方法：第一，文献资料研究。本书研究了大量关于广东省畜禽废物沼气化的资料，其中包含来自中国期刊全文数据库的国内文献，以及来自 Elsevier Science 全文学术期刊的外文文献，查阅了广东省统计年鉴，并利用广东省农业环保与农村能源总站的一些沼气池建设的文献资料。第二，案例研究。以广东省博罗县佛岭猪场为案例，对规模化养猪场对周边地表水及地下水环境污染情况进行分析，并评价其在污水处理系统运行前后对地表水及地下水的影响。第三，调查。实地考察了广东省家畜粪便沼气化的模式，猪场的养殖状况，粪尿对环境的污染状况，处理污水的模式，以及由此发展的“猪 - 沼 - 果”“猪 - 沼 - 渔”生态农业模式。第四，数据统计分析。本书收集了广东省养殖家畜、家禽以及沼气池建设数量的数据，基于 SPSS 13.0、Origin 7.0、Arcview 3.2 等软件，应用聚类分析、偏相关分析、回归分析、基尼系数以及 BRT 指数，对广东省农村户用沼气池的空间分布格局及其影响因素进行了研究。参考了 IPCC 推荐的方法，估算出由于家畜粪便沼气化利用与管理减少的温室气体排放量。

本书结合环境科学、经济学，从减少温室气体效应的角度对广东省畜禽废物沼气化进行研究。本书包含了广东省家畜、家禽的养殖情况和空间分布，对广东省畜禽养殖进行了系统的分析研究；分析了广东省畜禽废物沼气化的空间分布及其影响因素；基于家畜粪便的沼气化，计算了广东温室气体减排效应；运用经济学的内外部效益分析，从能源收益、有机商品肥与饲料收益、减少排污费用等方面探讨畜禽废物沼气商业化的可行性。在研究方法方面，本书采用聚类分析、偏相关分析、回归分析、基尼系数及 BRT 指数相结合的方法，分析了广东省畜禽、沼气池建设的空间分布情况，以及影响沼气化建设的因素。采用了回归分析中的指数拟合人均收入与沼气化建设的关系。

第 6 章　畜禽废物沼气化的研究背景

6.1　畜禽废物的处置与利用

工业革命以来的 100 多年，土地利用的变化和化石燃料的使用导致大气中 CO_2 等温室气体浓度急剧增加，致使全球气候变暖，严重影响了地球环境及生态安全（张志强，2008）。因此，全球开始采取行动减少温室气体排放以应对气候变化。我国作为《京都议定书》的签约国之一，积极应对气候变化，公布了《中国应对气候变化国家方案》，并且明确指出要大力建设农村沼气和加强回收利用城市垃圾填埋气，从而达到减少温室气体排放的目的（林而达，2008）。国际食品政策研究所的研究表明（朱玲，2009），在全球温室气体排放总量中，农业排放占 13.5%，与交通排放温室气体的比重（13.1%）大致相当，因而不可小视农业的影响，可以通过制定正确的政策，如碳吸纳、土壤和农地使用管理及沼气生产等措施，为全球温室气体减排做出贡献。

伴随着农业产业经济结构的优化调整和农村经济的发展，畜禽养殖的专业化、规模化、集约化发展方向已成为传统的散户畜禽养殖发展的趋势，规模化养殖基本已成为广东省畜禽养殖业的主要形式，小户型畜禽养殖在粤北地区居多，规模化养殖占畜禽养殖总产值的 60%～70%（陆日东，2008）。多数畜禽养殖场的粪便污废物仅经鱼塘初步处理后就排放到河流与未利用土地，其产生的恶臭气体及污水对环境造成的污染日趋严重。例如，广东省博罗县的马石岗养猪场废水中的氨氮（NH_3-N）为 950 mg/L、悬浮物为 3000 mg/L、化学需氧量达到 8000 mg/L，其废水含有极高的有机质。此外，养殖畜禽产生的温室气体对气候变化有重要影响，据统计，人工排放温室气体总量的 18% 是由畜禽养殖排放产生的，其中甲烷（CH_4）占 37%，氧化亚氮（N_2O）占 65%，二氧化碳（CO_2）排放量占 9%（董红敏，2008）。加强畜禽废物处理对减少温室气体的排放量和降低人类对气候变化的影响具有重要意义。

全球气候变暖对地球环境造成严重的影响，已开始危及人类健康。全球每年超过 10 万人因气候变暖死亡，到 2030 年可能达到 30 万人（科技部，2007）。据初步估算（UNDP，2004），全球 2.4% 的腹泻病例和 2% 的疟疾病例是由气候变暖引发的，仅 2004 年夏欧洲各国出现的热浪就导致约 2 万人死亡。全球范围内

农业 CH_4 排放量占由人类活动造成的 CH_4 排放总量的50%，N_2O 占60%（IPCC，2001）。预计2030年，农业源 N_2O 和 CH_4 排放量将会比2005年分别增加60%和35%～60%（气候变化国家评估委员会，2007）。畜禽粪便对全球 N_2O 和 CH_4 排放总量的贡献率分别为7%和5%～10%（Dyer J. A. et al.，2007）。在加拿大2001年的 CO_2、CH_4 和 N_2O 农业源排放中，粪污储存过程排放的贡献率为17%（Janzen H. H. et al.，2002）。瑞典的2001年清单估计，农业源排放的 CH_4 和 N_2O 分别占瑞典全国的55%和58%，粪污管理过程中产生的 CH_4 和 N_2O 分别占全国的4.8%和8.3%（Mangino J. et al.，2001）。在荷兰，畜禽对 CH_4 的贡献率达40%，其中家畜肠胃发酵的贡献率为32%，粪污贡献率达8%（Schils R. L. M. and Olesen J. E.，2007）。2002年我国向联合国提交的《中华人民共和国气候变化国家信息通报》中，农业源排放的 CH_4 占全国排放 CH_4 的50%，其中畜牧业排放的 CH_4 占农业 CH_4 排放的32%（水利部应对气候变化研究中心，2008）。

在全球气候变化的基础上，根据《广东省统计年鉴》，运用Origin作图分析广东1957—2007年的地面平均气温走势，如图6－1所示。可以看出，从1957年到20世纪90年代末期，地面平均气温波动但没有升高的趋势，2000年以后，广东省年平均地面气温是在波动中升高。

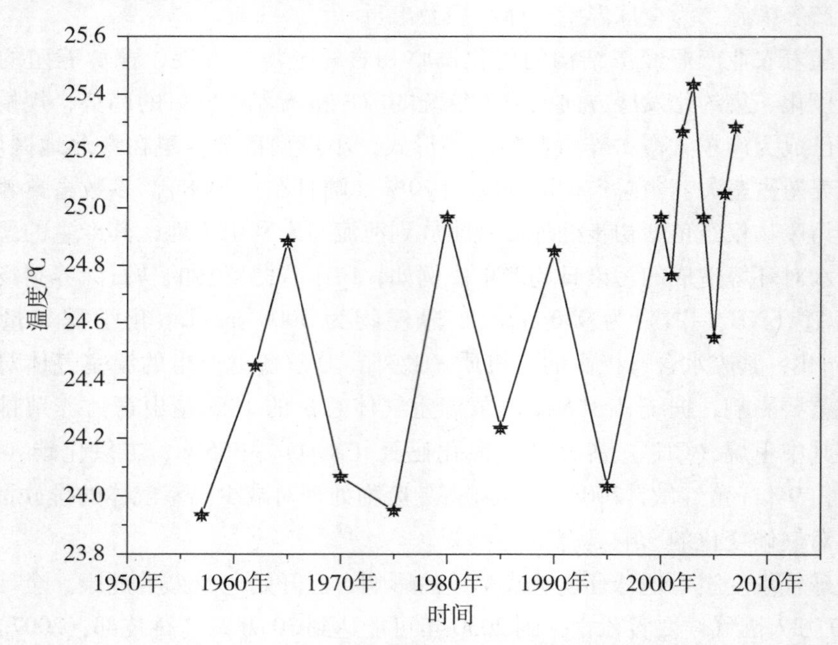

图6－1　广东1957—2007年地面平均气温走势

（广东统计年鉴，1985—2008）

畜禽废物沼气化可以减少环境污染、产生生物能源和减少温室气体排放。通过畜禽废物沼气化，不但能缓解农村能源短缺问题、改善农业生态环境和农村卫生面貌，还能够提供清洁能源、促进农村经济发展，而且能够有效减少温室气体排放，也是处理畜禽废物环境污染问题的有效途径。与此同时，沼渣和沼液又是绿色环保的有机肥料和饲料，并且具有良好的商业价值。20 世纪 70 年代是广东农村沼气建设的起始时期，广东农村户用沼气主要分布在粤东西两翼和粤北贫困地区，用来解决山区农村的能源严重短缺问题（陈迎卞，2004）。步入 20 世纪 90 年代中期以来，随着生态、资源和环境与经济发展、能源需求的矛盾日趋突出，将发展生态农业与农村能源建设有机结合起来，就成为调和矛盾的关键。对此，广东省大力开发多种生态农业模式，形成了“猪－沼－果（菜）”“猪－沼－渔”和“猪－沼－桑”等具有地方特色的新型农业模式（骆世明和黎华寿，2006）。并将改圈、改厕、改厨与沼气建设相结合，将高效生态农业技术与沼气技术相结合，彻底改变了农民传统的生活和生产方式，形成了既经济又实用的可持续发展循环模式。通过效益吸引、科技创新和试点示范，传授沼气技术，带领农民开展以沼气为纽带，以养殖带动种植业、种植业支持养殖业的能源生态模式。广泛地综合利用沼气、沼渣、沼液，在资源高效利用、保护植被资源、农业废弃物污染防治和资源高效利用等方面发挥重要作用，取得了较好的生态效益、社会效益和经济效益。

据 2004 年调查数据显示（广东统计局，2005），广东省粤北和东西两翼经济欠发达地区的 67 个县（区）有农户 794 万户，有 70% 左右的农户适宜推广沼气建设。到 2004 年年底，广东省累计推广的农村户用沼气池约 32.5 万户，年产沼气 1.48×10^8 m^3，年创 3 亿多元的经济效益，保护了 1.3×10^5 hm^2 山林免遭砍伐。因而，加强畜禽废物沼气化综合利用对于温室气体减排以及减少环境污染具有重要的现实意义。粪便排放不仅会对环境造成严重的污染，也是对农业资源的巨大浪费。前人研究指出，若年出栏 5.6 亿头猪，1 头猪约生产 700 kg 鲜猪粪尿计算，产生鲜猪粪尿为 $(3.9 \sim 4.0) \times 10^8$ t（周元军，2003），2003 年我国总畜禽废物产生量已增至约 3.190×10^{10} t（王方浩，2006），远超过当年工业固体废弃物 10^9 t的总量（赵青玲，2003）。畜禽废物中的总磷量、总氮量分别达到 3.785×10^8 t 和 3.785×10^{14} t。据文献（何逸民等，2009；吴小玲等，2008；卢辉等，2008；李淑兰等，2005；吴淑杭等，2003；肖冬生，2002；成文等，2000），国内粪便处理技术有以下方法：焚烧法、干燥法、化学法、低等动物处理法、好氧生化处理法、厌氧发酵处理方法。

焚烧法，来源于垃圾焚烧、干粪焚烧产生的热量作热源或发电利用，同时减少了废弃物的体积。焚烧法的优点是：废弃物在燃烧后产生的灰渣、残渣性质比较稳定，其重量和体积焚烧后可分别减少75%和95%左右，还可彻底消除病原菌，使有毒物质无害化（卢辉等，2008）。焚烧法的缺点是：处理费用昂贵，投资资金大，处理过程中会产生大量有害气体，威胁健康（何逸民等，2009）。国内基本没有使用此法。干燥法，粪便通过生物干燥、自然干燥、高温快速干燥、烘干膨化干燥、机械干燥等方法脱去水分，可使粪便灭菌和除臭，降低了对环境的污染。干燥后的畜禽废物可加工成肥料，也可作为畜禽的饲料的成分之一（常志洲，2000）。化学法，主要是在畜禽废物中添加化学药剂，使畜禽废物的性质改变，加以不同的利用。干鸡粪、猪粪中加入氢氧化钠后可作为饲料利用，喂养畜禽时提高了氯化钠和磷酸钙的利用率，以及纤维素的消化率；用福尔马林、乙烯、甲基溴化物处理畜禽废物可以除去粪便中的细菌及微生物（吴淑杭等，2003）。低等动物处理法，是在畜禽废物中喂养蝇蛆、蜗牛、蚯蚓等低等动物，让低等动物分解大量废弃物并提供有机肥和生物蛋白饲料达到优化畜禽粪便的目的（白春节，2008）。采用的方式是：封闭方式培养蝇蛆，立体套养蜗牛、蚯蚓等（沈明星等，2008）。好氧生化处理法，又叫好氧堆肥，指在有氧条件下，利用好氧微生物的作用，分解有机物、形成腐殖质、使病原性生物失去活性，把畜禽废物转变为有机肥的方法。利用方法：SBR处理方法和自然好氧堆肥。SBR（序列间歇式活性污泥法）是一种按间歇曝气方式来运行的活性污泥水处理技术。应用SBR方法处理粪便废水，NH_3-N去除率达到50%～70%，BOD5去除率达到97%（江立方等，2002），自然好氧堆肥使禽畜固体粪便在普通的有氧条件下发生生物化学反应，转变为对作物生长有益、有利于土壤性状改良和容易使植物吸收利用的有机肥（凌云等，2001）。厌氧发酵处理方法，是指畜禽废物在厌氧条件下通过厌氧微生物分解有机废物，杀灭有害细菌。一般包括UASB处理方法、沼气池处理方法与厌氧堆肥（吴小玲等，2008）。UASB反应器一般用在工业生产的厌氧处理装置，在处理较高浓度的有机废水方面，具有能耗低且效率高的特点；沼气池处理方法，由于技术简单、成本较低、实用性强而在国内的大部分农村地区与偏远山区普及；厌氧堆肥，在使用发酵菌或自然条件下，阻隔氧气进行堆肥。

国内粪便资源化的途径一般主要为能源化、肥料化、饲料化3种（江波涛等，2007；贾永全等，2009；魏刚才等，2005；胡明秀；2004）。能源化一般指家畜粪污废水经过微生物的厌氧发酵，产生沼气用于取暖、发电等代替薪柴、煤气作为燃料使用。大庆市对畜禽粪便处理和利用的主要途径就是发展沼气（贾永全等，2009）。还有一种能源化途径是把粪便直接燃烧，这种方法适用于已经干燥的粪便。但我国大部分养猪场都是冲洗水、粪便和尿一起排放，粪便含水量高，干燥比较困难（吴小玲等，2008）。肥料化利用主要是把畜禽废物直接利用

或厌氧发酵后作为肥料还田使用。主要方式有固体圈肥、高温堆肥、膨化处理、水解处理和直接利用（黄海龙等，2007）。目前，在所有利用方式中，高温堆肥以其无害化程度高、堆腐时间短、腐熟程度高、成本较低、处理规模大、适于工厂化生产等优点而逐渐成为畜禽废物首选的处理方式（汪建飞等，2006）。在高温堆肥时，在微生物作用下分解畜禽废物中有机物的过程中，不但可合成新的高分子有机物腐殖质，还生成了大量可被植物利用的有效态磷、氮、钾化合物（谭新和方热军，2006）。饲料化是把畜禽废物通过干燥、氨化、发酵等方法处理后再作为畜禽饲料。张红骥等学者认为，畜禽废物中营养价值最高的是鸡粪，含有许多未被消化吸收的营养物质，可作为蛋白质补充饲料资源（张红骥，2007；程绍明等，2009；单昊书等，2007）。相俊红等认为，畜禽废物既含有丰富的营养成分，但又是有害物质的潜在来源，这些有害物质包括病原微生物（如细菌、病毒、寄生虫）、化学物质（如真菌毒素）、有毒金属、杀虫药、激素和药物（相俊红和胡伟，2006），并认为为了防治禽流感，防止禽病对人类造成危害，不应将饲料化作为发展方向。

据资料（Ndegwa P. M. et al.，2002），国外对畜禽废物的开发研究始于20世纪40年代初，在20世纪50年代以前国外的诸多小型畜禽养殖场中，畜禽废物都是用传统的固态粪方式进行收集利用，然后作为肥料施入地内。20世纪60年代以后，由于大型畜禽饲养场的建立，为了实现生产高效率和机械化，大量采用了冲水的方法清除粪污而形成了大容量的液态粪（Burton C. H.，2007）。到20世纪60年代中后期，国外养殖场的畜禽粪便无害化处理技术已基本成熟，发达国家推行畜禽养殖清洁生产技术，特别是清粪工艺改为干清粪工艺的方式（Szogi A. A. et al.，2006）。

畜禽废物处理与一个国家的经济发展水平有关，从国外最新资料来看，发达国家与发展中国家畜禽粪便处理方式略有不同。对经济发达国家而言，畜禽废物作肥料还田成为主要方式，目前欧美、日本等经济发达国家基本上不主张用粪便作饲料（Munch，E. V. and Barr，K.，2001），东欧和独联体国家主要采用粪水分离，固体粪渣用作饲料，液体部分用于生产沼气或灌溉农田（Møller H. B. et al.，2002）。

日本畜禽废物采用分类利用的方式（Akiyama H. et al.，2000）。猪粪废水产甲烷效率高，一般用于产沼气；鸡粪发热量高且水分含量低，用于直接燃烧释放热量用以取暖、做饭，燃烧灰作为磷源肥料、肥料添加剂、水泥原材料使用；含水率30%以下的鸡粪进行炭化处理，在20 min以上无氧状态热处理及在850 ℃以上的水蒸气活化，可制活性炭（Hadi T. et al.，2003）。日本畜禽废物处理流程为：首先，粪污经过固液分离，污水直接作为有机肥料还田或是采用好氧－缺氧法以及絮凝沉淀、结晶法去除氮、磷后排放（Bahman E.，1997）。然后，采用超临界燃烧法或800～850 ℃高温焚烧家畜粪便，以此得到高热高压水蒸气用来发电，灰分用作肥料出售（Laridi R. et al.，2005）；或是将生活废弃物与畜禽废弃物复合处理，产生的沼气用于供暖或发电（Atsushi H. k. et al.，2009）。加拿大的农场一般采用堆肥技术处理畜禽废物，堆肥处理有3种情况（VergéX. P. C. et al.，2008）：一是使用秸秆等农作物当作载体吸收粪便，之后进行混合堆肥；二是用木屑作载体吸收粪尿，然后进行堆肥；三是直接用干牛粪做堆肥，牛粪经堆积发酵腐熟后可作为商品肥销售。美国农业部ARS（Agricultural Research Service）研究把粪便转变成活性碳，能吸收多种污染物（Terence J. C. et al.，2008）。流程是把畜禽废物作成小球，经过特定条件下的活化，畜禽废物改变成一种具有多孔、疏松，可以大量吸收污染物的物质，可运用于环境治理（Zhu，J. et al.，2001）。

畜禽废物的利用研究在许多发达国家已取得了较有成效的成果。在葡萄牙，有的大型养殖场利用沼气池中积聚的残余物添加在反刍动物和猪的饲料中（Burton C. H.，1992）。瑞士学者Wellinger针对冬季温度较低，将畜舍下粪便废水池设计成为沼气池，沼气池温度靠动物身体的热量保持，可高于环境温度，保证冬季沼气产量（Wellinger A.，1990）。Santos J. Q. 等人开发了锯末和玉米棒芯混合畜禽粪便堆沤的方法，并对堆沤的设计参数进行了优化（Santos J. Q. ‖，1988）。国外研究表示，畜禽废物还有多种利用潜力，如单细胞蛋白质的提炼和能源的开发（Henry S. T. and White R. k.，1990），在可溶性粪肥营养成分中培养单细胞蛋白（Walid H. et al.，1993），经过热解从畜禽废物中提取类似于石油的能源（Legg B. J.，1990）。

6.2 沼气的处置与利用

国内农村户用沼气一般被农民用于炊事、照明，可选的设备是沼气饭煲、沼气热水器、沼气灶和沼气灯（董仁杰等，2001），我国农村沼气也可用于农民诱杀害虫、储粮、孵化家禽、保鲜水果、增温等（张无敌等，2001），如图6－2所示。

我国大型养殖场产沼气用于发电。许多沼气产量大的养殖场将柴油发动机改装成全燃气发动机，有的改造成沼气－柴油双燃料发动机，并且配套异步电机或小型同步电机来实现沼气发电（倪慎军，2005）。沼气燃烧发电是我国沼气综合利用和大型沼气池建设的新技术，把生物能转化为电能和热能，综合热效率可达75%（颜丽，2004）。目前我国沼气发电方面的研究工作主要集中在内燃机系列

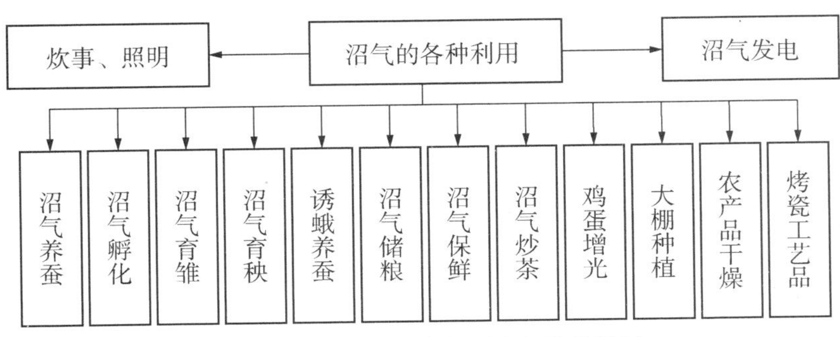

图 6－2　沼气的各种热利用和非热利用

上，沼气发动机主要为 2 类，即全烧式和双燃料式，用于沼气发电的设备主要有汽轮机和内燃机（陈泽，2000）。在深圳已建成下坪沼气发电厂和南山沼气发电厂，据测算，只要平均电价约为 0.4 元/(千瓦时)，该类电站的规模在 1000 kW 以上，其经济性就基本能与煤电抗衡（曾国揆，2005）。

沼气燃料电池是一种将储存在沼气中的化学能直接转化为电能的装置，当源源不断地从外部向燃料电池供给燃料和氧化剂时，它可以连续发电。依据电解质的不同，燃料电池分为碱性燃料电池、磷酸型燃料电池、熔融碳酸盐燃料电池、固体氧化物燃料电池（SOFC）及质子交换膜燃料电池等（李蒙俊和杨立新，1996）。沼气燃烧发电与沼气燃料电池发电相比，具有以下优点：①能量转化效率高，综合效率可达 60%～80%，并且不受卡诺循环限制；②噪音、振动、污染都极低，CO、NO_x 与 SO_x 几乎不被排出；③可以集中供电，也适合于分散供电（曾国揆，2005）。利用沼气压缩生产汽车燃料，既能节约能源，又能降低温室气体的排放（庞云芝，2006）。鞍山市垃圾填埋气制取汽车燃料示范工程于 2004 年首次在中国投入使用（王艳秋，2004），每天处理垃圾填埋后产生的沼气 10000 m^3，经过净化的沼气压缩后作为汽车燃料，每天的产量为 6000 m^3，再用于全市的公交车上，目前主要应用于鞍山市 200 辆垃圾运输车。

沼气可以用来生产化工原料和产品，沼气中的 CH_4 和 CO_2 通过净化提纯技术可被分离出来，作为工业气体直接使用，或生成合成气（$CO + H_2$）。合成气在化学工业领域可以生产多种高附加值液体燃料和化工产品，是一种重要的化工原料。如图 6－3 所示，在我国，沼气发酵残留物主要应用于培养料液、肥料利用、生物农药和饲料利用。沼液的营养成分较高，但因加水量和投料量的不同，其养分含量都会有所不同。可以把它作为叶面肥直接喷施，也可直接将沼液作为有机肥灌溉到农田中，均能对作物生长起到很好的作用（张全国，2005；刘振波，2006）。还可以利用沼液来浸种，提高种子的发芽概率和后期的生长能力，沼液对防治农业病虫害有显著效果，可作为一种无毒、无残留的农药施用（范竹波，

2007）。

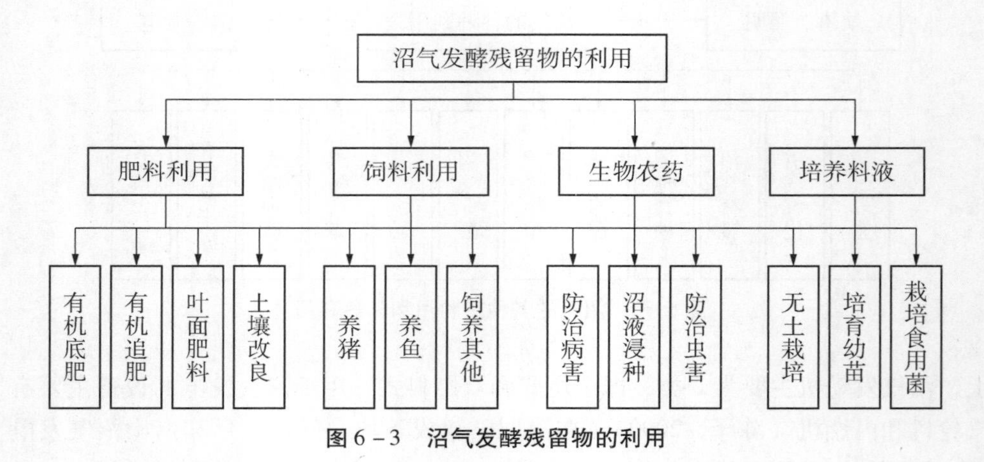

图6－3　沼气发酵残留物的利用

沼渣含有丰富的有机物和较全面的养分，其中腐殖酸10.1%～24.6%；有机质36%～49.9%；全K 0.61%～1.3%；全N 0.8%～1.5%；全P 0.39%～0.71%。沼渣还含有对作物生长起重要作用的Mn、Fe、B、Cu、Zn等微量元素，是优质有机肥料（余东波，2006），可以使土壤理化性质改良，对作物亦有增产的作用（叶夏等，2010）。利用沼渣可以代替部分饲料饲养蚯蚓、猪、鱼、土鳖虫，培植食用菌、花卉等（毕崇存等，2003）。

德国能源需求的12%来源于生物质能源，德国沼气工程的主要目的是发电，全德国拥有2000个沼气工程，其中用于沼气发电的占98%（Andreas S. et al.，2008），但是利用再生能源发电比用其他材料发电的成本高1倍左右。目前，在德国几乎全部采用发动机－发电机组模式（Drake H. L. et al.，2002）。德国每年产生1.9×10^{8} t人畜粪便（Gill S. R. et al.，2006），德国鼓励农民生产生物质能源，诸多地区的农民通过国家的援助安装了沼气设备。德国大多数农户采用“集团热电装置”，该装置可供电（Erbeznik M. et al.，2004），且产生的余热用于供暖，最突出的特点是农户不仅可以满足自己的用电和供暖，余电还可以输入公共电网使用。德国沼气发酵以青贮饲草、玉米青贮秸秆、畜禽粪便为主要原料。沼气发酵装置中，中小型牧场以地下池的完全混合式为主；较大型的沼气发酵装置以地上USR工艺为主，发酵池形状均为圆柱体式（Feinerman E. et al.，2004）。根据沼气发酵原料形态差异，采取2种不同的进料方式：第一种是将固体原料（多数为切碎后青贮的秸秆、牧草或玉米）通过螺旋式送料器输送到发酵池内，第二种是利用泥浆泵将液态原料输送到发酵池（Entcheva P. et al.，2001）。德国沼气工程一般都采用橡塑气袋装置沼气（Demain A. L. et al.，2005）。大型的沼气发电机组主要采用纯沼气的内燃发动机，中小型的沼气工程大多采用的是双燃

料（沼气 + 柴油）的发动机，少数采用纯气体内燃机。混合式中温发酵沼气工艺是日本的主要方式，农户用的发酵装置一般为混凝土结构，有群体组合，亦有单体，大部分为圆柱形装，个别是卵形。储气柜有湿式和干式，湿式主要是水密封浮罩式，干式有圆筒形、球型、卧式圆柱形（Yukoh S. et al.，2008）。日本的沼气也多用于发电。在北美、欧洲和日本，燃料电池发电已经快步发展起来。20世纪 70 年代末期，日本就已经开始研究沼气燃料电池。主要以日本的东芝公司为代表，该公司主要研究分散型燃料电池，将 200 kW 机、11 MW 机形成了系列化，11 MW 机是世界上最大的燃料电池发电设备（Kasai E. and Akiyama T.，2006），其中有 2 台燃料电池分别安装在美国某公司和日本大阪梅田中心的大阪煤气公司，累计运行时间已经突破了 4×10^4 h（Prasertsan S. and Sajjakulnukit B.，2006）。

沼气燃料电池发电与沼气发电机发电相比，不仅出电效率和能量利用率高，而且振动和噪音小，排出的氮氧化物和硫化物浓度低（Gollehon N.，2001）。目前，中国科学院广州能源研究所与日本能源研究所合作，开展了沼气燃料电池系统的实用化研究，在广东番禺建成 1 座 200 kW 的磷酸型沼气燃料电池示范工程（赵会平，2005）。美国明尼苏达大学 Philip. Goodrich 教授采用沼气催化制氢，2005年在 Haubenschild 奶牛场沼气工程成功研发 5 kW 氢燃料电池发电机（Hari K. and Alok K. B.，2009）。根据国际能源署 2005 年的研究报告，目前已有欧美的 7 个国家有规模化的车用沼气生产厂 23 座，其中，瑞典还生产出世界上第一列沼气火车，该火车可连续运行 600 km，最高时速可达 130 km/h（Pokharel S.，2007）。

在 2006 年年底，联合国粮油组织公布：肉类食品生产向大气层排放的温室气体大于交通业，占全球温室气体总排放量的 18%（王林云，2009）。刘燕华等（2008）认为，煤炭和石油是我国排放 CO_2 的主要来源，而沼气等生物质能源与同等热量的煤炭、石油相比，CO_2 排放量要少得多。李玲玉等（2009）认为，中国农村生物质能消费的 CO_2 排放总量达到 7.25×10^8 t，约占全国温室气体总排放量的 11.2%，生物质能是中国农村地区的主要生活能源，年消耗量约为 2.8×10^8 t，其中，秸秆、薪柴等传统生物质能利用方式对 CO_2 排放量贡献较大，贡献率可达 98.64%～99.74%。全国农村户用沼气在 1996 年有 489.12 万户，到 2003 年发展到 1228.6 万户，以年均 14.06% 的速度增加。1996 年和 2003 年我国农村户用沼气产气量分别为 1.59×10^{10} m^3 和 4.61×10^9 m^3，折合标煤分别是 1.13×10^6 t 和 3.30×10^6 t（中华人民共和国农业部，2007）。有研究表明（吴创之和马隆龙，2003），煤炭燃烧造成室内 SO_2、CO_2、CO、TSP 的浓度比使用沼气的燃烧、供电等能源使用的浓度分别高出 73.94%、83.8%、27%、77%。段茂盛和王革华（2003）计算得出，存栏 6000 头、日产鲜粪 10 t 的猪场，若使用沼气工程，CH_4 作为燃料使用每年可以避免因为煤炭使用而导致的 CO_2 排放量为

277 t，该沼气工程每年的温室气体减排效益为 781 t CO_2 当量。张培栋和王刚（2005）假设以 1996—2003 年每年所产的全部沼气分别替代薪柴、秸秆或煤炭作为日常生活用能，计算出年均净替代秸秆、薪柴或煤炭的实物量分别为 3.18×10^6 t、4.24×10^6 t 和 2.55×10^6 t，替代 SO_2 年减排量为（2.13 ～ 6.20）$\times10^4$ t，CO_2 的年减排量为 3.98×10^5 ～ 4.19×10^6 t，占同期农村年生活排放量的比例分别为 1.10% ～ 2.10% 和 0.048% ～ 0.40%，还预测了 2010—2050 年，沼气替代煤炭和生物质能可使 SO_2 年排放量减少（1.31 ～ 9.89）$\times10^5$ t，CO_2 年排放量减少 3.08×10^6 ～ 4.59×10^7 t。

刘尚余等（2006）以一个 3 ～6 口人、养殖 3 ～5 头猪，建 1 口 10 m^3 的沼气池的家庭为例，用沼气代替标煤当作燃料，计算出沼气池每年温室气体减排量为每户 3.19 t CO_2 当量。董红敏等（2009）调研湖北省的西南部地区，预计建设沼气池 3.3×10^4 个，将处理 1.56×10^5 头生猪所产生的废弃物，可以回收沼气 1.22×10^6 t · m^3/a，若替代包括烧水、做饭、煮猪食等在内的农户生活用能，每年可节煤 23350 t，计算出每个农户可减少排放温室气体 1.43 ～2.02 t/a，整个项目的减排量为 58444.04 t/a。日本学者 Junichi F. 等（2005）认为，利用畜禽废物代替化石燃料能够减少 CO_2 的排放量，合理处理畜禽废物能够减少其他（如氮氧化物）的温室气体的排放量。日本 2000 年畜禽废物的生物能相当于 167 PJ，这相当于整个初级能源供应的 0.7%，若畜禽废物用于发酵产生沼气和电厂燃烧干粪，能够产生 4.1 TW · h 的电和 46 PJ 的热量，减少化石燃料所产生的 CO_2 6.9 Mt，相当于减少了 1990 年 CO_2 总排放量的 0.6%。美国学者 Keri B. C.（2008）认为，畜禽废物利用生物技术和热化学转换技术能提供多种附加价值的能源产品，把粪便热解，直接液化、汽化后，可转变为气体燃料、易燃油类和木炭，并结合藻类固定 CO_2 技术，可以彻底减少 CO_2 排放，且能循环利用营养素。北美最大的再生天然气工程在得克萨斯，把沼气提纯压缩成为高纯度 CH_4 后注入天然气管道，再提供给用户。工程于 2008 年 10 月投入运行，工程处理 10000 头奶牛粪便，总投资 1200 万美元，预计每年可产生 2×10^5 t 可抵扣碳信用（Mullen J. D. and Centner T. J.，2004）。我国台湾学者（Su J. J. et al.，2003）对温室气体样本进行分析，得知猪和奶牛平均每头每年分别产 CH_4 0.768 kg 和 4.898 kg，产 CO_2 0.714 kg 和 4.200 kg，产 N_2O 0.002 kg 和 0.011 kg，因为在畜禽废物进行固液分离、废水发酵系统处理前就进行了稀释，所以猪场、奶牛场的温室气体排放平均速率低于 IPCC 规定值。德国的村庄 Wendland 开展了沼气利用项目，该项目利用沼气转变为电和热，每年减少排放 CO_2 1600 t，同时利用沼渣和氮肥灌溉作物，降低化肥成本（Gaudin C. et al.，2000）。

第 7 章　广东省畜禽养殖及其污染

7.1　广东省畜禽养殖业情况

广东省畜牧业以饲养生猪和家禽为主。近年为适应国内外市场需求，逐步发展了一些珍、优、稀畜禽品种，如乳鸽、鹧鸪、珍珠鸡、山鸡、鸵鸟和节粮型草食动物等。生猪是广东最主要的家畜，常年猪肉产量占肉类产量的 64% 左右。近年来，各级政府重视养猪业，多方增加投入，积极引进、推广良种猪，建设大规模集约化养猪场，使养猪业得以快速发展。2007 年，全省出栏 3213.881 万头肉猪（广东统计局，2008）。广东的家禽饲养以鸡、鹅、鸭为主，多年来，不同规模、不同档次的养禽场同时发展，推动养禽业连年大幅度增产，近年逐步走上集约化道路，向规模化、现代化方向发展。2007 年，全省家禽出栏 12.69 亿只（广东统计局，2008）。广东传统的草食家畜主要是役用水牛。目前，广东的草食动物饲养主要有牛、山羊、兔等。2007 年，全省出售和自宰肉用牛 45.86 万头，牛肉产量 5.33×10^4 t（广东统计局，2008）。

养猪业是我国农业中传统的优势产业，是城乡居民肉食品的重要来源，在农业和农村经济中占有重要地位。养猪业的发展不仅满足了人们对猪肉及其产品的消费需求，而且为农民增收、农村劳动力就业、粮食转化、带动相关产业的发展等做出了重大贡献。2007 年，全国生猪存栏 4.40 亿头，出栏 5.65 亿头，猪肉产量 4.2878×10^7 t，猪肉占全国肉类总产量的 62.5%，生猪产值 6443.5 亿元，占畜牧总产值的 48.4%（中华人民共和国国家统计局，2008）。

我国养猪业区域布局初步形成。生猪生产主要集中在长江流域、中原、东北和两广等地区，这些地区的猪肉产量占全国总量的 80% 以上，是我国主要的生猪、猪肉生产区和调出区。在这些区域中，2007 年出栏生猪 4000 万头以上的有四川、湖南和河南三省，年出栏猪在 2000 万～4000 万头以上的有河北、山东、湖北、广东、广西、江苏等省（区），东北已成为我国生猪生产的新产区（中华人民共和国国家统计局，2008）。

广东省作为主要的生猪生产地区之一，生猪存栏量远大于其他家畜。自 2000 年以来，生猪年末存栏量均超过 2000 万头，2007 年达 2275.09 万头，在黄牛、水牛、奶牛、山羊、生猪等主要家畜生产中，生猪养殖数量最大，成为广东省的支柱养殖产业。以2007年为例，广东省黄水牛年末存栏量仅216.29万头，山羊35.45万头，奶牛5.36万头，远远少于生猪的2275.09万头（表7-1）。

表7-1　广东省畜牧业生产情况（年末存栏量）（广东统计局，2001—2008）

年份	黄水牛/万头	奶牛/万头	山羊/万头	生猪/万头
2000	416.92	3.72	29.33	2034.79
2001	409.35	4.12	29.66	2003.33
2002	402.01	4.38	28.33	2104.58
2003	387.44	4.06	33.54	2175.54
2004	374.38	4.43	33.48	2234.47
2005	367.43	4.83	39.2	2143.5
2006	223.92	5.29	34.52	2002.72
2007	216.29	5.36	35.45	2275.09

从表7-2来看，广东省生猪出栏头数基本呈上升趋势，1995年为2395.21万头，2005年增至3616.74万头，此后稍有回落，但年出栏头数一直在3200万头以上。猪肉产量则由1995年的188.75×10^4 t，增加到2007年的235.37×10^4 t。相比较而言，其他畜牧业产品产量比生猪的少得多。例如，1995年牛肉、羊肉产量分别为5.68×10^4 t、4400 t，仅为当年猪肉产量的3.00%和0.23%。1995—2007年，牛肉、羊肉产量变化不大，2007年牛肉、羊肉产量仅相当于猪肉产量的2.26%和0.32%。

表7-2　广东省畜牧业主要产品产量（广东统计局，2000—2008）

年份	生猪出栏头数/万头	猪肉产量/10^4 t	牛肉产量/10^4 t	羊肉产量/10^4 t	牛奶产量/10^4 t
1995	2395.21	188.75	5.68	0.44	5.49
2000	2954.98	206.85	5.17	0.43	9.19
2002	3145.23	220.17	5.65	0.54	10.82
2003	3325.24	232.77	6.37	0.57	10.55
2004	3459.11	242.14	6.76	0.65	10.94
2005	3616.74	256.28	7.21	0.71	11.64
2006	3444.68	251.46	5.05	0.7	12.17
2007	3213.88	235.37	5.33	0.75	12.63

由于规模与产量最大，生猪养殖场成为广东省畜禽养殖中的主要农业污染

源。以养猪为主的畜禽养殖场排放的废渣（主要为粪便），清洗畜禽体和饲养场地、器具产生的污水及恶臭等对环境造成明显危害和破坏。

广东省畜禽养殖由于受市场需求、价格、技术、政策等众多因素影响，自中华人民共和国成立以来，各主要畜禽产品的生产量一直处于动态变化中。广东省主要家畜年末存栏量变化情况如图 7－1 所示。

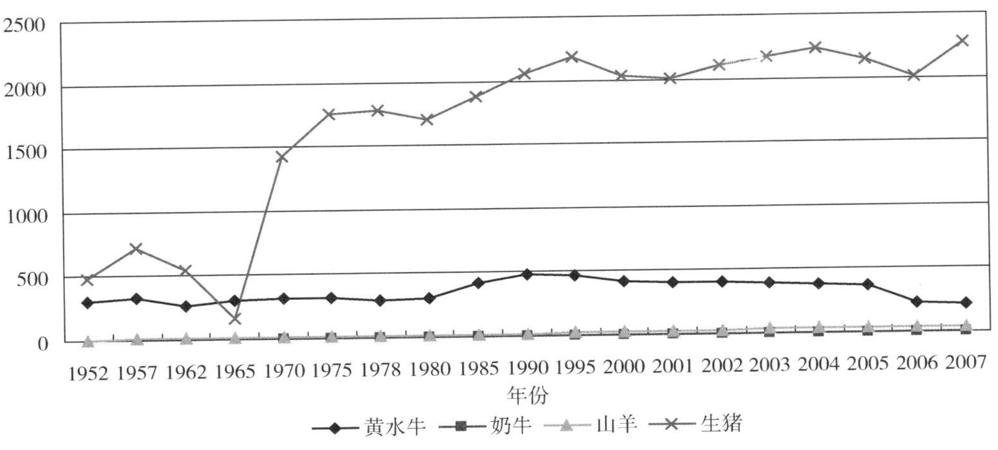

图 7－1　广东省主要家畜年末存栏量变化情况（单位：万头）

（广东统计局，1985—2008）

生猪生产情况大致可以分为 3 个阶段。1949—1970 年为低产量阶段，生猪年末存栏一直少于 1000 万头，在 1965 年仅为 161. 82 万头。1970—1995 年为高速增长阶段，由百万头增长至 2000 多万头，1995 年高达 2183. 89 万头。伴随着广东省经济的高速增长，生猪饲养量和存栏量也快速增长。1995 年以后为生猪养殖基本稳定期，生猪年末存栏量基本维持在 2000 万～2200 万头之间（广东统计局，1985—2008）。

黄水牛的养殖量变化较小，由 1952 年的 303. 42 万头增加至 1990 年的 473. 55 万头，达到年末黄水牛存栏量最大值，此后一直呈下降趋势，到 2007 年为 200 万头。

山羊和奶牛由于养殖量相对于生猪和黄水牛来说十分少，在广东省家畜养殖中占的比重小，产量波动的影响小。总体情况是，山羊年末存栏量由 1952 年的 3. 73 万只逐步增加到 2007 年的 35. 45 万只，其间，1975 年之前处于产量不稳定的状态。奶牛的存栏量也在不断增长，1970 年仅为 1. 21 万头，2007 年已增加至 5. 36 万头。

广东省三鸟养殖变化情况如图 7－2 所示，鸡、鸭、鹅的饲养量增长迅速。1970 年为 7730 万只，1975 年则减少到 1034. 38 万只，此后饲养量迅速增加，到

2000 年已达 12.48 亿只，最近几年也一直维持在 12 亿只左右。

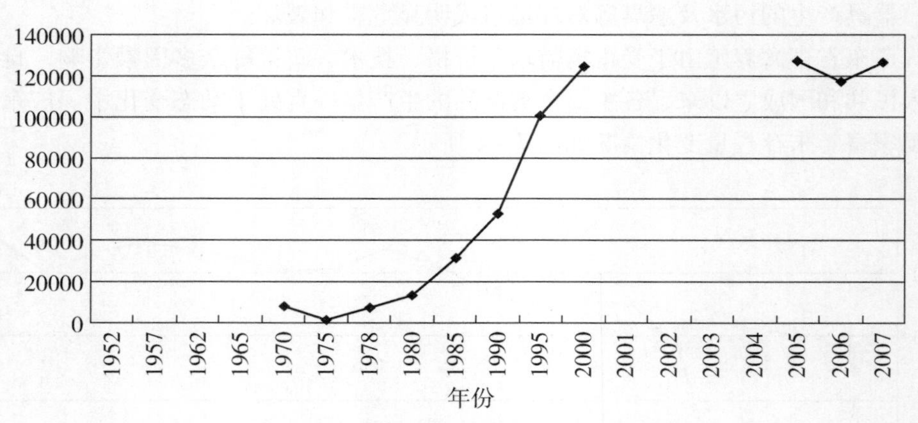

图 7-2　广东省三鸟养殖变化情况（单位：万只）

（广东统计局，1985—2008 年）

7.2　广东省畜禽养殖空间分布

从全省范围来看，生猪养殖呈现出珠三角少，两翼多，且西翼多于东翼的特点。主要分布在茂名、肇庆、湛江、梅州、清远、韶关、江门、阳江、惠州等地，其中，茂名和肇庆生猪饲养量在全省分别为第一、第二名，2006 年年末生猪总头数分别为 295.45 万和 234.65 万，2007 年均有所增加，分别为 323.38 万和 245.04 万。东莞、深圳、中山、汕尾、潮州等地养殖较少（图 7-3）。

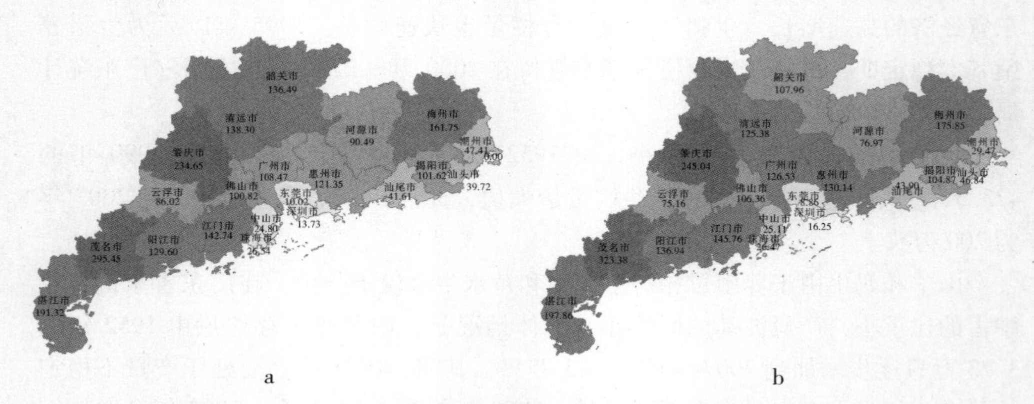

图 7-3　广东省各地区生猪饲养量（单位：万头）

a. 2006 年广东省各地区生猪饲养量（广东统计局，2007）；b. 2007 年广东省各地区生猪饲养量（广东统计局，2008）。

广东省2006年和2007年牛饲养量空间分布如图7－4所示，西翼的湛江和茂名黄牛、水牛、奶牛的饲养量居全省前列。2006年和2007年湛江牛饲养量分别为71.01万头和52.98万头，2007年有所减少。茂名牛饲养量分别为63.26万头和32.82万头。其他地区如肇庆、清远、韶关等地的饲养量也较多，而深圳、中山、珠海、东莞、佛山、汕头、潮州饲养量很少。

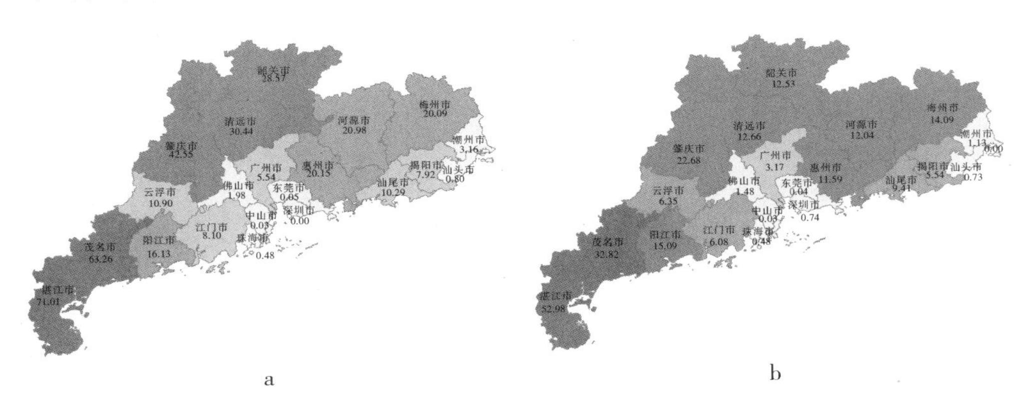

图7－4　广东省各地区牛饲养量（单位：万头）

a. 2006年广东省各地区牛饲养量（广东统计局，2007）；b. 2007年广东省各地区牛饲养量（广东统计局，2008）

广东省的山羊饲养总量在畜禽养殖中不多，西翼的湛江和东翼的梅州为最主要的产区。与2006年相比，2007年各地区的山羊饲养量普遍下降，湛江由12.12万只减少至8.04万只，梅州由7.94万只减少至4.80万只。另外，北部山区的肇庆、清远、韶关的饲养量也较多。其他地区饲养量较少（图7－5）。

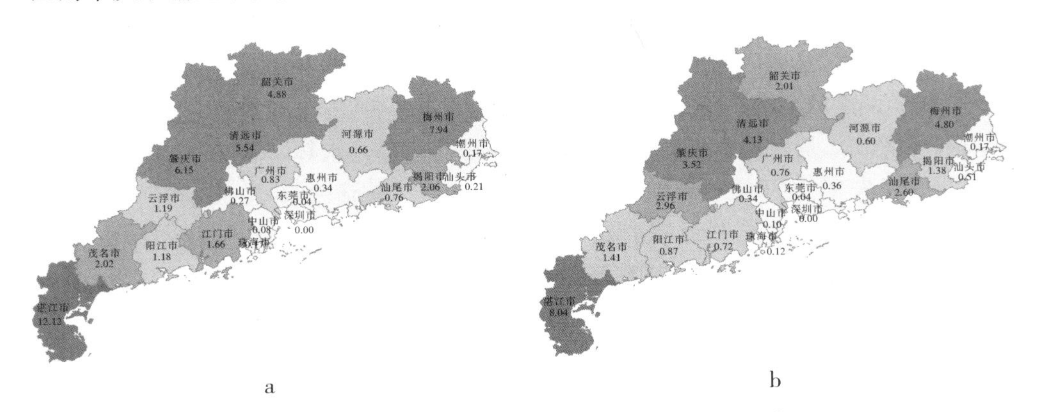

图7－5　广东省各地区山羊饲养量（单位：万只）

a. 2006年广东省各地区山羊饲养量（广东统计局，2007）；b. 2007年广东省各地区山羊饲养量（广东统计局，2008）

三鸟饲养的地区分布与家畜饲养有所不同。茂名和云浮是最重要的养殖区，其中，2006 年和 2007 年茂名的三鸟饲养量分别为 7349. 71 万只和 5404. 71 万只，而居第二位的云浮则分别为 5169. 23 万只和 4230. 43 万只，2007 年比上年有所减少。与家畜饲养不同的是，广州和佛山的三鸟饲养量较多。以广州为例，2006 年广州三鸟饲养量为 3790. 68 万只，居全省第四位，2007 年则为 2774. 19 万只，居全省第三名。深圳、东莞、中山、珠海的三鸟饲养量很少（图 7 –6）。

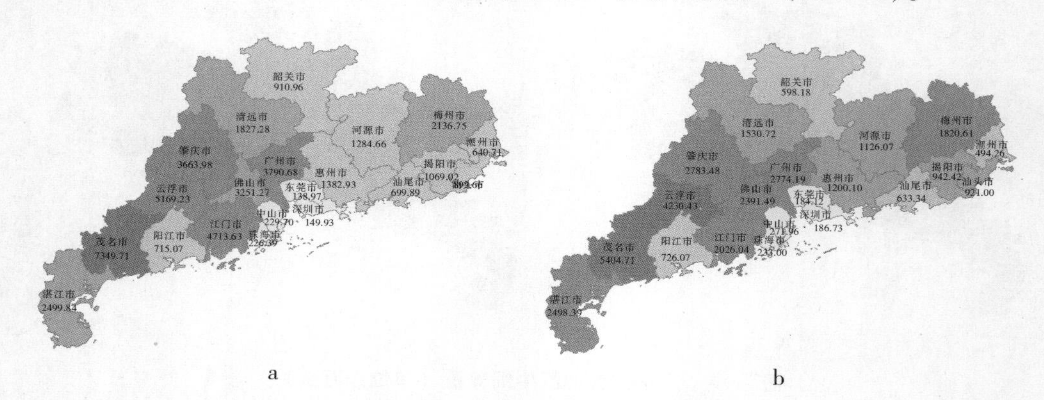

图 7 –6　广东省各地区三鸟饲养量（单位：万只）

a. 2006 年广东省各地区三鸟饲养量（广东统计局，2007）；b. 2007 年广东省各地区三鸟饲养量（广东统计局，2008）

7. 3　广东省畜禽废物污染

畜禽养殖业排放废水污染浓度极高，污染物排放负荷极大。这对地表水、地下水、土壤和空气造成严重的污染，甚至还会造成传染病和寄生虫病蔓延（孙军德，2008）。畜禽废物一般通过 2 种途径进入水体：一是在饲养过程中直接排放进入水环境，二是在堆放储存过程中因降雨或其他进入水体。研究表明，市郊畜禽粪便的流失率为 30% ～40% （卞有生，2000）。按流失率为 30% 计算，2001 年广东省畜禽粪便的流失污染负荷为：粪尿量 4.20×10^7 t，是工业固体废弃物（1.99×10^7 t）的 2. 1 倍；生物需氧量（BOD）1.31×10^6 t，化学需氧量（COD）1.52×10^6 t，NH_3-N 1.55×10^5 t。畜禽粪便 COD 和 NH_3-N 的流失量分别是生活和工业废水排放量的 1. 4 倍和 1. 7 倍（陈迎卞，2004），畜禽粪便污染相当严重。

2007 年，广东省 50 头以上规模猪场的总规模有 3088. 04 万头（广东统计局，2008），按此计算，理论上每年排出的猪粪便总量约为 1.25×10^6 t，每天排出的猪粪量（未计尿量）约为 3.40×10^4 t。但实际生产上，目前猪舍结构以漏缝地

板为主，用水冲洗方法清洁栏舍，相当部分的固体物混入废水中，实际上一条生产线年产粪量多在 3600 ～ 4500 t 之间。显然，粪便的实际产量与不同类型和不同阶段猪、饲料、栏舍结构、清洁方式、用水量、固液分离设备及分离程度等有很大关系。

按 2007 年全省家禽出栏量 130685 万只，其中生猪、母猪、黄牛、奶牛、山羊的总量为 3792 万头（广东统计局，2008），每只或每个饲养期为 50 天，全期排粪 4.5 kg 计，则全年排禽粪约 2.94×10^8 t。目前规模化畜禽场排放粪便的特点可概括为：排泄量大，排放点集中。从表 7－3 得知广东省部分猪场粪便成分分析结果。

表 7－3　广东省部分猪场粪便成分测定结果

猪场	猪粪类别	C/(g/kg)	P_2O_5/(g/kg)	N/(g/kg)	Cu/(g/kg)	Zn/(g/kg)	C：N
佛山 A 猪场	生长猪粪	382.8	34.3	29.8	418.4	245.1	12.8
广州 B 猪场	育成猪粪	387.0	50.9	28.6	817.0	488.3	13.5
广州 C 猪场	分离后的粪渣	410.6	30.6	29.2	98.4	490.2	14.1

畜禽养殖业在排放大量有机污染物的同时，也排放大量的 N、P、K 等营养盐。按照畜禽粪便的养分含量计算，由畜禽粪便流失造成全年 N、P 养分流失分别为 2.618×10^5 t 和 8.52×10^4 t，分别占全年广东省实际化肥施用量的 26.9% 和 42.4%。可见畜禽粪便既是污染源，又是宝贵的农业资源，它的充分利用是广东省农业可持续发展的保障。

第8章 广东省畜禽污水处理工艺简介及案例分析

8.1 广东省畜禽养殖污水处理工艺简介

实地考察广东省畜禽废物处理的工艺流程。

（1）废水沼气处理工艺流程。粪污废水首先经沟渠送到沼气池，沼气厌氧消化后的废渣和污水排放到水葫芦池塘，经池塘过滤，最后的废水排进鱼塘喂鱼，如图8－1所示。

图8－1 废水沼气处理工艺流程

（2）沼气发电处理工艺流程。粪污废水进入收集池，再进行固液分离，分离后的固体废物进入调节池、均值池、酸化池，最后进行厌氧发电，发电后的废水进行曝气池曝气，然后废水流入人工湿地，过滤后的残渣排入鱼塘喂鱼，如8－2图所示。

图 8－2　沼气发电处理工艺流程

（3）污水净化工艺流程。首先收集粪便污水，然后排入调节池，接着进行曝气，再到酸化池，酸化后的污水进入微生物接触耗氧池，充分反应后进入混凝反应池，最后经过沉淀池出水，如图 8－3 所示。

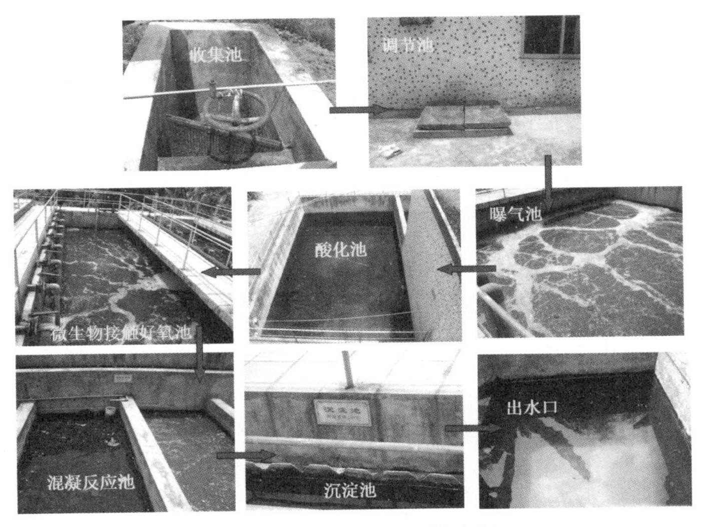

图 8－3　污水净化工艺流程

8.2　佛岭猪场畜禽废物水体污染治理情况

养猪过程对周围环境的影响是显而易见的。对环境产生影响的猪场废物主要包括排泄的猪粪便、猪食物残留物以及冲洗猪场而产生的废水。它不仅会通过产生的废水、固体废物（主要是粪便）污染周围的水体和土壤环境，还会散发出臭气而污染大气环境。根据中国政府对环境管理的要求和标准，必须对养猪场的养猪活动所产生的废水、废物进行管理，使它们在向周围环境进行排放前达到国家规定的标准，并在猪场建设和管理过程中采取措施以尽量减少废水、废物和臭气的排放。本报告以佛岭猪场为例，对猪场内及其周边的地表水、地下水和猪场系统排水进行评估以及处理前后的对比。

8.2.1 评价区域概况

佛岭猪场的设计规模为1000头。目前，该猪场的常年存栏量约700头，猪圈产生的粪肥通常采用水冲洗的方法去除。因此，在饲养过程中，除了供应饮用水外，还要用相当数量的水来冲洗粪便、清洁猪舍卫生，这方面的用水量占了养猪生产用水的主要部分，而且这部分水终将要作为猪场废水进行排放和处理。一般来说，带仔母猪每天的用水量为75～100 升/头，妊娠母猪、公猪为45 升/头，育成猪为30 升/头。因此，此规模的猪场每天排放废水约100 t。经人工猪栏拾粪后，废水中的主要有机质含量约为：化学需氧量8000 mg/L、生物需氧量54000 mg/L、悬浮物SS 3000 mg/L、氨氮 NH_3-N 950 mg/L，属极高有机质含量废水。

8.2.2 样品的采集与分析

确定猪场内及其周边的地表水、地下水和猪场系统污水的监测点位，并准确采样和分析。监测点位的设置：①猪舍向福田排水沟的猪尿排放口（改建工程完成后即关闭）；②猪舍向鱼塘的污水排放口；③每个鱼塘（共2个）。共4个监测点，如图8-4所示（黑色方框图）。

地表水样品的采集方法（常用于采集瞬时水样）、容器的洗涤方法和水样保存方法，均采用《地表水和污水监测技术规范》（HJ/T 91—2002）和《水和废水监测分析方法（第四版）》，并参考 *Water Sampling and Analysis Guidance for CAFO Monitoring*。

8.2.3 监测项目与分析方法

表8-1列出了地表水环境质量标准部分项目分析方法。采用GB 3838—2002标准和《水和废水监测分析方法（第四版）》，并参考 *Water Sampling and Analysis Guidance for CAFO Monitoring*。

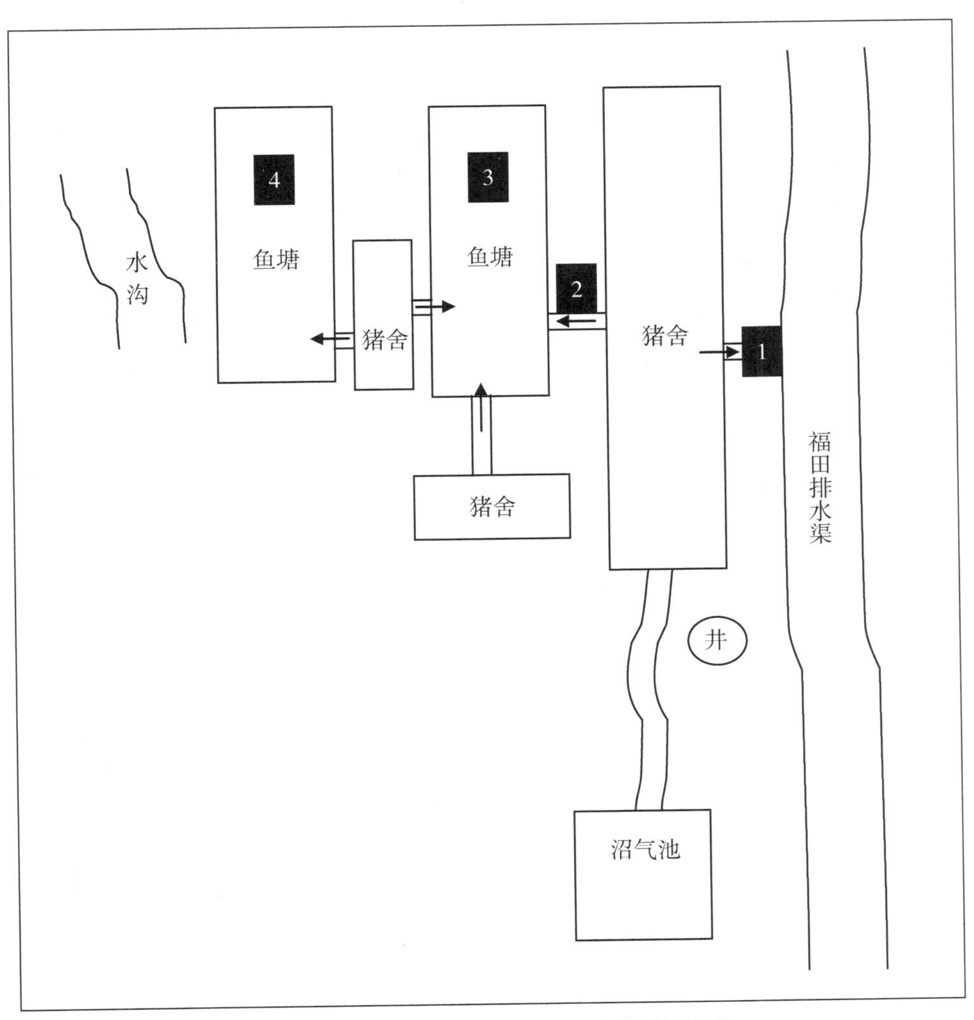

图8－4　佛岭猪场地表水和地下水的监测点位

表8－1　地表水环境质量标准部分项目分析方法

序号	项目	分析方法	最低检出限/(mg/L)	方法来源
1	化学需氧量	重铬酸盐法	10	GB 11914—89
2	五日生化需氧量	稀释和接种法	2	GB 7488—87
3	总磷	钼酸氨分光光度法	0.01	GB 11893—89
4	总氮	碱性过硫酸钾消解紫外分光光度法	0.05	GB 11894—89
5	粪大肠菌群	多管发酵法或滤膜法		水和废水监测分析方法（第四版）

8.2.4 监测期限及采样和分析次数

在开工建设前1个月内采样和分析2次。完工后每月采样和分析2次，为期1年。表8－2为佛岭猪场的地表水监测结果。监测点1是猪舍向福田排水沟的猪尿排放口，监测点2是猪舍向鱼塘的污水排放口，监测点3和监测点4都是鱼塘。从表8－2看出，整个猪舍废水的pH都在6.5～9.0之间，达到《畜禽养殖污染物排放标准》（GB 18596—2001）对pH的要求。这里把整个猪场以及周围的沟渠和鱼塘作为一个系统，鱼塘仍作为净化养殖污水的一部分。主要对比讨论污水处理系统运行前第2次采样值与污水处理系统运行后第二季度采样的平均值。

监测点1是猪舍向福田排水沟的猪尿排放口，在污水处理系统运行前，粪大肠杆菌、总N、总P、COD、BOD都达到了《畜禽养殖污染物排放标准》（GB 18596—2001）的排放标准。在污水处理系统运行后，各项指标仍然达标，但是粪大肠杆菌、总P以及COD值有所升高，不过幅度不是很大，粪大肠杆菌仍然在同一数量级。这个可能因为猪的数量比未运行污水处理系统时有所增加，因此，后来即便处理了污水，但是在第一排放口，它的值甚至比未运行污水处理系统前高。

监测点2是猪舍向鱼塘的污水排放口，在污水处理系统未运行时，各项指标中只有总N达标，粪大肠杆菌、总P、COD、BOD分别超标612倍、2.36倍、0.88倍、2.68倍。从污水处理系统运行后第二季度采样的结果看出，只有粪大肠杆菌超标8.8倍，其余各指标全部达标。即便粪大肠杆菌未能达标，废水处理系统运行后第一季度采样比处理前第1次采样减少3.39×10^6个/升的大肠杆菌排放，比处理前第2次采样减少了6.13×10^8个/升的大肠杆菌排放；废水处理系统运行后第二季度采样比处理前第1次采样减少2.80×10^6个/升的大肠杆菌排放，比处理前第2次采样减少了6.12×10^8个/升的大肠杆菌排放。总N、总P、COD、BOD的处理后第一季度平均值比处理前第1次采样减少42.35 mg/L、15.99 mg/L、296.4 mg/L、40.3 mg/L，比处理前第2次采样减少24.8 mg/L、20.89 mg/L、706.3 mg/L、538.7 mg/L；总N、总P、COD、BOD的处理后第二季度平均值比处理前第1次采样减少37.95 mg/L、14.96 mg/L、255.6 mg/L、28.8 mg/L，比处理前第2次采样减少20.4 mg/L、19.86mg/L、665.5 mg/L、527.2 mg/L。

监测点3是鱼塘，在污水处理系统运行前，其中只有粪大肠杆菌超标11倍，其余各项指标都合格。污水处理系统运行后，粪大肠杆菌超标2.9倍，比之前减少了8倍的标准值。但是，在污水处理系统运行后，总N、总P的值有所增高，这可能与当时猪场喂养饲料的种类有关，且与猪场猪数量增加有关。

表8-2　佛岭猪场地表水监测结果

监测点	监测项目	废水处理系统运行前		废水处理系统运行后第一季度采样		废水处理系统运行后第二季度采样	
		第1次采样	第2次采样	范围	平均	范围	平均
1	pH	7.61	7.27	7～7.78	7.40	6.50～8.00	7.26
	粪大肠菌/(个/升)	3233	2567	613～1186667	234406	67～9133	3123
	总氮(N)/(mg/L)	2.06	7.7	1.29～7.31	4.23	3.38～8.05	6.36
	COD/(mg/L)	8.8	31.1	1.46～22	11.1	10.5～450.8	87.7
	BOD/(mg/L)	4.3	5.2	1.34～3.92	2.73	<2～5.67	4.23
	总磷(P)/(mg/L)	0.27	1.19	0.29～2.8	1.27	0.62～2.84	1.41
2	pH	7.96	7.83	7.58～8.04	7.76	7.48～8.85	8.23
	粪大肠菌/(个/升)	3700000	613333333	1800～726667	308856	2767～2633333	896350
	总氮(N)/(mg/L)	53.35	35.8	8.02～17.2	11.0	8.69～22.6	15.4
	COD/(mg/L)	341.5	751.4	29.6～59.6	45.1	17.2～118.9	85.9
	BOD/(mg/L)	54.4	552.8	4.71～24.2	14.1	13.0～34.6	25.6
	总磷(P)/(mg/L)	21.98	26.88	4.14～7.54	5.99	4.60～8.54	7.02
3	pH	7.36	7.07	6.79～7.75	7.42	7.00～8.73	7.61
	粪大肠菌/(个/升)	6800000	1266667	21000～7133333	3077667	2467～1533333	291311
	总氮(N)/(mg/L)	13.50	6.51	5.27～11.6	8.99	9.21～16.3	11.4
	COD/(mg/L)	98.5	76.9	8.23～57	32.1	12.7～90.7	47.8
	BOD/(mg/L)	39.3	24.1	4.72～70.4	28.5	4.10～48.4	21.0
	总磷(P)/(mg/L)	15.21	1.72	0.53～8.39	4.14	1.45～8.52	5.33
4	pH	7.29	7.61	6.78～7.52	7.18	6.64～7.38	6.94
	粪大肠菌/(个/升)	5233333	176666667	28333～5850000	1699833	727～22000	6516
	总氮(N)/(mg/L)	5.51	38.42	2.46～16.46	8.72	3.22～15.2	7.85
	COD/(mg/L)	38.0	300	4.07～69.9	39.1	10.8～28.8	19.5
	BOD/(mg/L)	15.8	92.3	2.92～73.5	25.8	4.08～8.53	6.30
	总磷(P)/(mg/L)	1.91	5.27	0.69～7	3.01	1.38～4.23	2.33

监测点 4 也是鱼塘，在污水处理系统运行之前只有粪大肠杆菌严重超标，其含量是 1.77×10^{8} 个/升。在污水处理系统运行后，粪大肠杆菌降到 6516 个/升，达到标准，此外，其他各项指标都相对大量减少，总 N 减少 79.57%，COD 减少 93.5%，BOD 减少 93.17%，总 P 减少 55.79%。污水处理系统运行后，无论是排放口还是鱼塘，各个测量点的污染值都明显降低，只有少数点位中少量实测值有所升高，可能是由养猪规模的增加导致的。

第 9 章　广东省沼气池空间分布及其影响因素

9.1　广东省沼气推广情况

沼气是一种优质的生物质能源和可再生能源，在我国得到了大力推广。广东省在农村沼气开发方面是先行者。罗国瑞总结改进前人的经验，经过 10 多年的试验研究和示范，于 1929 年在广东汕头开办了中国第一个推广应用沼气的机构——汕头市国瑞瓦斯汽灯公司，标志着中国沼气应用技术的成熟和沼气事业以商品化方式走向市场，数月之后，沼气已推广到粤东各县和广州、宝安（今深圳市）、香港等地农村，之后在国内不少地方开展了技术培训和示范推广工作，成为中国沼气事业的里程碑（黄邦汉等，1999）。20 世纪 90 年代以来，随着我国“生态家园富民工程”等一系列改善农村生态环境和解决能源需求政策的落实，广东沼气也得到了发展，出现了骆世明等（2006）所称的广东西南部丘陵区典型农户沼气模式，东部丘陵区典型农户沼气模式，东北部丘陵区典型农户沼气模式，低洼地和积水区农户沼气模式，以及规模化养殖场沼气模式等多种模式。

相对于全国其他地区，广东的沼气推广力度非常弱。早在 2002 年，四川农村户用沼气池就达 239 万个，广西 169 万个，湖南 94 万个，湖北 83 万个，而广东当年仅为 28 万个（来源于科学数据库中心中国能源数据库，2002），全国排名第 12 位。据《三湘都市报》报道，2006 年湖南沼气池已达 152 万个，而广东省农业厅的资料显示，到 2005 年 11 月，广东全省能正常使用的沼气池仅为 18.2 万个，远远落后于四川、广西、湖南、云南等省区。不过，最近几年来，广东省逐步提高了农村户用沼气池建设的投资规模和力度，出现了重视农村沼气建设的好势头。

广东省 1991—2008 年农村户用沼气推广情况见表 9 - 1。1991—2002 年这 12 年间，除 1992 年外，户用沼气池实有数呈增长趋势，由 1991 年的 11.91 万户增长到 2002 年的 27.58 万户，总产气量也相应由 4.384×10^{7} m^{3} 增加到了 1.1549×10^{8} m^{3}。但是，2002—2005 年，沼气用户数和总产气量明显下降，2005 年达到最低值，分别为 18.20 万户和 8.186×10^{7} m^{3}。2005 年后，户用沼气池建设又开始稳步发展，2008 年已达 35.18 万户，居历史最高水平，总产气量也高达 1.583 ×

10^8 m^3。

广东省大型沼气工程由于其规模化、集约性、产气稳定性等特点，已在广东省畜禽养殖场（主要是养猪场）中得到了长期的推广应用。2008 年全省大型沼气工程已有 287 处，总池容为 1.442×10^5 m^3，年产气量为 1.4762×10^7 m^3。其中，惠州、广州、江门、韶关的推广力度较大。惠州累计大型沼气工程已有 108 处，占全省的 37.6%，居全省大型沼气工程建设第 1 位。其次为江门，年度新增大型沼气工程 38 处，累计为 43 处，占全省的 15%。居第 3 位的广州则占全省的 13.9%。

表 9-1　广东农村户用沼气推广情况

（中国能源数据库，1991—2002 年；广东省农业环保与农村能源总站，2003—2008）

年份	户用沼气池实有数/万户	户用沼气池利用数/万户	户均产气量/m^3	户用沼气池总产气量/10^4 m^3
1991	11.91	10.96	397.00	4348.33
1992	9.64	9.56	879.40	4879.69
1993	13.10	12.90	327.30	4222.25
1994	14.21	14.09	295.10	4158.53
1995	14.81	14.76	399.40	5535.97
1996	16.77	16.73	379.80	6353.83
1997	17.58	17.22	377.12	6493.66
1998	18.34	17.78	395.37	7029.39
1999	18.70	17.42	388.30	6764.58
2000	19.24	17.44	392.35	6842.21
2001	25.12	25.12	406.95	10224.17
2002	27.58	27.58	418.79	11549.43
2003	13.20	13.20	450.00	5938.52
2004	14.28	14.28	450.00	6427.98
2005	18.20	18.20	450.00	8185.95
2006	24.06	24.06	450.00	10825.97
2007	29.13	29.13	450.00	13108.64
2008	35.18	35.18	450.00	15829.79

9.2　广东省沼气工程的利用模式

广东沼气应用刚开始发展的时候是就沼气论沼气，发酵沼气一般用来解决农

村生活燃料方面的问题，认为沼气仅是帮助农民解决生活能源问题。因此，忽视了沼液、沼渣的综合利用，如用沼液浸种、喷施果树蔬菜、用作畜禽饲料添加剂、沼渣养鱼种蘑菇、当肥料等其他价值得不到应有体现。在促进种植业与养殖业的结合、发展生态农业和建设生态家园等方面的作用理解不深、重视不够、办法不多，未能发挥沼气池的综合效益，因此影响了农户建池的积极性。

表 9 – 2　广东省 2008 年大型沼气工程情况

（广东省农业环保与农村能源总站，2008）

单　位	年初/处	本年新增/处	本年报废/处	年末累计		
				总计/处	总池容量/10^4 m^3	年产气量/10^4 m^3
广东省	201	86	0	287	13. 42	1476. 2
广州市	30	10	0	40	2	220
韶关市	18	1	0	19	0. 8	88
深圳市	5	0	0	5	0. 3	33
珠海市	2	0	0	2	0. 2	22
汕头市	3	1	0	4	0. 2	22
佛山市	2	0	0	2	0. 08	8. 8
江门市	38	5	0	43	1. 6	176
湛江市	4	0	0	4	0. 22	24. 2
茂名市	0	2	0	2	0. 2	22
肇庆市	7	0	0	7	0. 56	61. 6
惠州市	58	50	0	108	4	440
梅州市	9	4	0	13	0. 93	102. 3
汕尾市	5	1	0	6	0. 36	39. 6
河源市	5	2	0	7	0. 48	52. 8
阳江市	2	1	0	3	0. 19	20. 9
清远市	2	2	0	4	0. 32	35. 2
中山市	2	1	0	3	0. 18	19. 8
潮州市	1	2	0	3	0. 12	13. 2
揭阳市	4	4	0	8	0. 46	50. 6
云浮市	4	0	0	4	0. 22	24. 2

但是，随着广东农业的结构性调整，其对于能源的要求应该更紧凑、更充

分。广东农业中施用大量的无机农药化肥，不仅造成面源污染，甚至影响了人们的健康，而沼肥作为一种高效无污染的有机肥，为解决这些问题提供了可行的途径。在新能源需求紧迫的今天，沼气作为一种燃料发电能源是不可多得的可再生能源。沼气工程的发展碰到了前所未有的机遇。

9.2.1 典型农户小型沼气模式

在广东生态农业建设中，沼气、沼液和沼渣都建立了综合利用模式，大多以沼气为纽带，把种植业、养殖业、渔业与加工业结合起来，带动各业的全面发展。选取适宜的模式可起到更好的效果，如“猪－沼－果”“猪－沼－茶”“猪－沼－菜”是很好的模式。这 3 种模式中，沼气发酵能解决猪粪便的环境污染问题，使种菜施肥的间隔时间变短，能很好地消化大量的沼气肥，而且能提高蔬菜的品质，有利于无公害蔬菜的生产。种果、种茶所需的肥料亦较多，不受施肥时期的限制，也是比较理想的模式。当然，各地可因地制宜，根据气候、土壤、作物类型选择适宜的模式。

当然，他们生产沼气的目的是辅助自身畜牧养殖和农业种植的发展，节约资源。但是，由于广东各个地方地形不同，其模式是在“猪（畜禽）－沼－果”“猪（畜禽）－沼－茶”“猪（畜禽）－沼－菜”这 3 种模式的基础上稍有不同。

在丘陵平原地区，如在广东西南部丘陵区和东部丘陵区，未发展沼气之前面临着农业生态不断恶化的难题。发展沼气池之后，形成了以沼气为纽带的生态农业模式。其养殖模式以“猪－沼－果”为主，大多数农户以农牧沼气生态模式为纽带，在房前屋后栽种荔枝、龙眼、杧果等果树，庭院养猪养鸡，在村边低洼处发展畜禽－果基－鱼塘系统。

在丘陵山区，如在广东东部的梅州市，自 1986 年以来便发展“牧－沼－果”生态模式，即以种果为中心，结合养猪、养鸡，以沼气为纽带，综合发展果树种植业、畜牧业的生态模式。该模式的主要方法为：山顶种植林木，以水土保持为主；山腰种植果树，以沙田柚、官溪蜜柚、柑橘、荔枝、三华李为主（黄德辉，2001）。果园边则建猪舍及沼气池，农田杂草、果园鲜嫩杂草、猪鸡粪便和生活垃圾等作为沼气池原料，沼气供生活燃料和照明，沼液用水泵抽到果园供给果树，使用沼肥生产出的梅州沙田柚已成为远近闻名的优质绿色食品品牌。全市 2004 年年底前累计建池 48361 个，每年产气量近 1.934×10^7 m^3，可使农民节省燃料支出约 1450 余万元（傅晓，2009）。

在低洼地和积水区，主要是“作物－畜禽－沼气－鱼塘”模式，这个模式是 20 世纪 80 年代后不少养猪专业户实行的低洼地基塘新模式。其模式主要方法

是：在基塘养猪、种香蕉等作物，在猪舍和农户住房一侧配套建沼气池，这样既解决了生活用能，又使畜粪便经沼气池发酵杀灭病菌虫卵后再入鱼塘，沼渣、沼液入塘还比原粪便减少有机物分解而有助于水质改善和水产健康养殖。同时，在基面养殖禽畜，发展沼气，利用鸡粪喂猪，猪粪进沼气池，沼液喂鱼。塘泥、沼渣肥农作物等食物链形式，利用食物链的原理减小系统废弃物产生，达到了系统物质循环利用，降低生产成本，减少环境污染，增强系统稳定性，实现最大限度利用资源的目的。这种复合基塘系统根据基和塘的不同生态条件组配生态系统生物种群，充分发挥各物种间的互补特性，考虑生物种群搭配的时间序列，使环境节律和生物机能节律有机配合，在基面种植经济效益较高的蔬菜、花卉和其他经济作物。

9.2.2　广东规模化养殖场沼气模式

随着现代农业向企业化、集约化、规模化、商品化方向发展，沼气生态模式也需要适应这种趋势，所以广东沼气发展出了小型农户沼气模式，还发展了一些大中型沼气工程模式。一些规模大的农业企业，在企业内配置沼气池，建立起独立的沼气生态农业体系。

1. 沼气集中供气发电模式

四会下布农场创办于 1975 年，1976 年后相继建成 4 个总容积 1009 m^3 的沼气池，日产沼气 200 余立方米，全农场生活用能沼气化已 20 多年，1991 年又建成 75 kW沼气发电项目，同时实现生产用能的基本自给（赵玉环，2002）。

江门市鹤山市共和镇平汉猪场沼气利用是运用集中供气。他们建立沼气池，以猪屎、尿水为原料，产生的沼气通过管道输送，内接通往炉具、照明灯、保暖灯等满足了日常煮食、照明和猪仔的保暖，外接输气管道，将沼气输送到附近汉塘村的村民使用。该猪场 2006 年被列入江门市农村沼气建设试点项目。猪场 1 年在照明、保温上节约的电费达 3 万多元（徐旭晖，2008）。

江门新会罗坑大兴猪场是利用沼气集中发电，它是江门养猪场最大的沼气工程。2007 年其建成发电机房，利用沼气发电。猪场加工饲料、猪仔保温、大猪降温以及生活用电都是用猪场自己发的电。猪场利用沼气发电后，1 年可以节约电费 20 余万元（瞿志印，2008）。除此之外，猪场的宿舍，食堂做饭、炒菜，以及洗澡全部都用上了沼气。预计该项目 5 年左右就可以收回成本。

2. 以沼气为纽带的物质资源多级利用模式

深圳光明农场生产项目包括奶牛、猪、乳鸽等，其牛奶供应占香港市场六成以上的份额，该农场建立的农业生态系统体系包括：水库周围的水源林保护区，丘陵山顶的人工林保护区，低丘中上部的果园区，低丘中下部的牧草区，奶牛生产的废物通过灌渠到牧草区循环利用，猪粪便污水经过大型沼气池发酵后，沼液就地利用，沼渣制作有机无机－复合肥。

广东省揭东县塔西种养场是以万头猪场—蛋鸭—沼气池—商品有机肥—鱼池（果树）为主要生态链的生态农业示范园。

江门果科所立项“沼气技术综合应用与示范推广”，建有100 m^3 的发酵池，对沼气、沼液、沼渣进行综合利用，基地实现“猪－沼－果”“猪－沼－鱼”“猪－沼－苗”“猪－沼－草－猪”“猪－沼－菜－猪”等多种良性循环生态农业生产模式。沼气为基地员工日常生活提供清洁能源以及香蕉炼苗棚增温；配套15 kW的沼气发电机组，为良种苗木繁育中心提供发电动力（徐旭晖，2008）。沼液则作为母液载体对果树示范区和香蕉育苗区进行营养配方施肥，同时还用于养鱼。沼渣用作香蕉袋装苗育苗基质和果园有机肥源。

沼气工程是利用沼气技术处理猪场粪便污水，利用沼气燃料作为能源，将沼气、沼液与沼渣进行综合利用，其产生的效益是多方面的，在经济效益、生态效益和社会效益方面较传统养殖模式更符合现在的社会发展要求。

沼气工程的建设开始从单纯获取能源转向了以治理环境为主，沼气、沼渣和沼液的有效综合利用，逐步形成较为系统、综合的“能环工程”模式。虽然现在已经在积极探讨各种商业化发展模式，但是政府对于规模化养殖场的沼气工程的综合利用程度还是不够，能源建设与促进当地主导产业发展结合不紧密。也就是说，沼气工程还处在自己生产产品、自己销售的“小农经济”阶段。

沼气的发展应该集中建设，这样做的好处是沼气使用的配套用具能较好配置，同时用户之间也可以相互交流经验，出现问题时可以相互请教，有利于提高沼气综合利用的效益。今后要发展农业循环经济，要将养殖业、沼气工程和周边的鱼塘、农田等进行统一筹划、系统安排，要将能源建设与促进当地主导产业发展紧密结合起来，开展沼液、沼渣的综合利用，带动无公害农产品生产，延长生态链，发展生态农业。

9.3　广东省农村户用沼气池建设情况

1991—2002年，广东的农村户用沼气池整体呈增长趋势，由1991年的11.91万户增长到2002年的27.58万户，总产气量也相应由4.384 $\times 10^7$ m^3 增加到1.1549 $\times 10^8$ m^3。但是2002—2005年，沼气用户数和产气量明显下降，2005年到最低值，分别为18.20万户和8.186 $\times 10^7$ m^3。2005年后，户用沼气池建设又开始稳步发展，2008年已达35.18万户，居历史最高水平，产气量也高达

$1.583\times10^{8}\ m^{3}$。但是，广东省户用沼气池建设空间分布却极为不均，粤北和粤东地区占全省的绝大部分，珠三角地区分布极少。以 2008 年为例，全省户用沼气池共 35.18 万个，仅粤北的韶关市就有 12.23 万个，占全省的 34.8%，居第 2 位的粤东梅州市拥有户用沼气池 6.87 万个，占全省的 19.5%。两市沼气池总数占了全省的 54.3%。粤东地区的潮州、揭阳、河源三市的沼气池拥有量也较大，均超过了 2.3 万个。粤西地区只有阳江和茂名超过了 1.8 万个。而属于珠三角地区的广州、深圳、中山、佛山、东莞、珠海、江门等地极少。

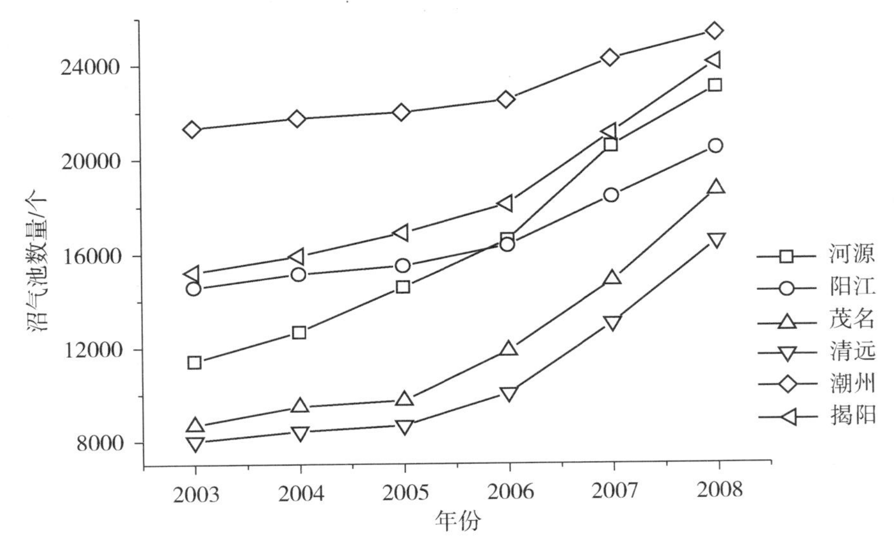

图 9-1　广东省中等水平地区农村户用沼气池数量 2003—2008 年的变化

（广东省农业环保与农村能源总站，2003—2008）

广东省各市中，广州、佛山、中山、东莞、深圳、珠海、江门农村户用沼气池建设数量均少于 200 个，对受地方政府政策影响以及城市化效应显著的这 7 个城市进行了特殊处理，单独列为农村户用沼气发展低水平地区（陈德宁、沈玉芳，2004）。

因此，广东农村户用沼气池发展水平可以归纳为 4 种梯度类型地区：Ⅰ高水平地区包括韶关和梅州两市，Ⅱ中等水平地区包括茂名、清远、阳江、揭阳、河源、潮州，Ⅲ较低水平地区包括汕头、惠州、汕尾、肇庆、云浮、湛江，Ⅳ低水平地区包括广州、佛山、中山、东莞、深圳、珠海、江门。

从聚类分析中可以看出，Ⅰ高水平地区中韶关和梅州两市的沼气发展水平远高于广东省其他地区，韶关的沼气池数量是中等水平地区沼气池数量的 5 倍左右，梅州的沼气池数量也是中等水平地区沼气池数量的 1 倍左右、较低水平地区沼气池数量的10倍左右。

Ⅱ中等水平地区可分为3类：一为茂名与清远，二为阳江、揭阳与河源，三为潮州。清远和茂名沼气池数量相当，且少于其他4个市，从图9－1可以看出，两地沼气池数量增长速度近似。阳江、揭阳与河源沼气池数量相差不大，增长速度近似，而潮州从2003年一直保持沼气池数量在2万～2.5万之间，居于最高水平。

Ⅲ较低水平地区可以依据图9－2分为3类：一为汕头、惠州、汕尾和肇庆，二为云浮，三为湛江。由图9－2得出，汕尾从2003年的30个沼气池增长到2008年的3195个，增长了100多倍，肇庆从2003年的490个沼气池发展到2008年的4169个，增长8倍多。惠州和汕头沼气池数量在这几年间变化不大。云浮与湛江各为一类，原因是两地沼气池数量相对中等水平地区中的其他地市较多，而云浮从2003年至2008年，沼气池数量增长很快，2008年的沼气池数量是2003年的68倍。湛江沼气池数量增长较平缓，2008年仅为2003年的2倍。

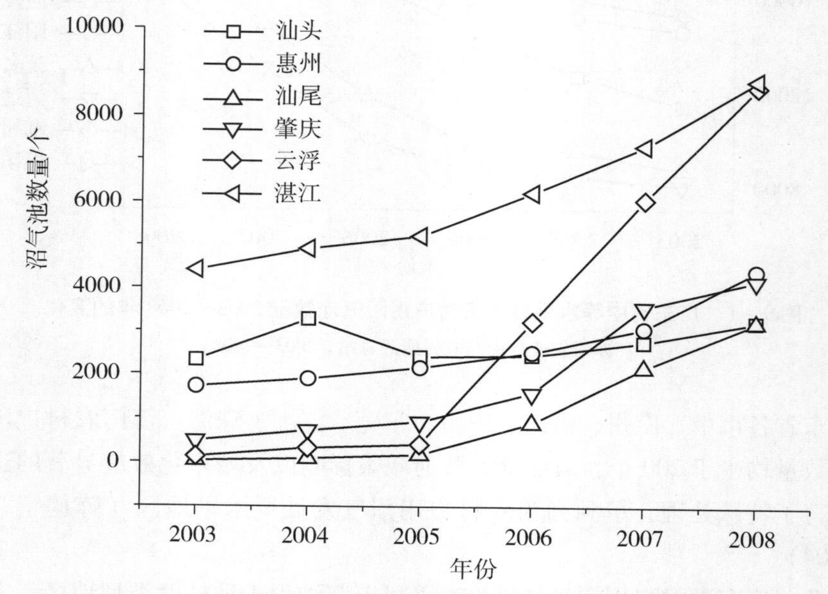

图9－2　广东省较低水平地区农村户用沼气池数量2003—2008年的变化

（广东省农业环保与农村能源总站，2003—2008）

Ⅳ低水平地区包括广州、佛山、中山、东莞、深圳、珠海、江门。2003—2008年，这7个地区的沼气池数量相比其他地区都极少，2003年江门农村户用沼气池数量5个，广州26个。其他地区建设数量均少于50个。2003年以后，这7个地区的沼气池有所增长，但涨幅都较小，仍低于200个。

9.4　广东省农村户用沼气池空间分布及影响因素

9.4.1　广东省农村户用沼气池空间分布情况

基于对广东农村户用沼气池分析，把广东各地区沼气池建设情况分为 4 类，利用 Arcview 3.2 绘制出广东省农村户用沼气池的空间分布图，如图 9－3 所示。

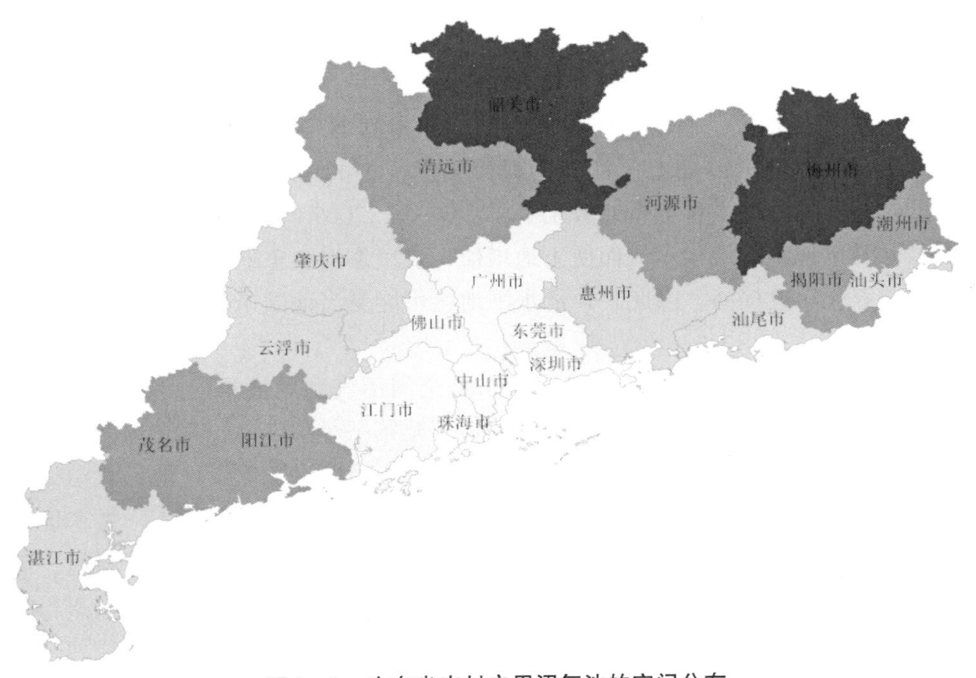

图 9－3　广东省农村户用沼气池的空间分布

（广东省农业环保与农村能源总站，2003—2008）

从图 9－3 可以看出，属于珠三角地区的 7 个地级市的农村户用沼气池数量明显很少，成为一个低值区域，围绕珠三角的其他城市沼气池数量相对增加，并且增加幅度很大。其他地区的沼气池数量是这 7 个地级市的 10 倍甚至百倍。除珠三角地区外，其他同类地级市在区域上并不连贯。总体来看，粤北和粤东地区沼气池数量高于粤西。

户用沼气池建设情况受多种因素共同影响。杨占江等研究指出，政府投资力度在农村户用沼气池发展的过程中扮演着重要角色，而农民的受教育程度以及农户种植情况与沼气池建造的关系不甚密切（杨占江，2008）。Tonooka 等认为，居民的能源消费观念或消费习惯影响能源消费选择（Tonooka Y. and Liu J.，2006）。徐晓刚等研究认为，农村沼气的推广受到南北气温差异和农民纯收入双重因素的影响（徐晓刚、李秀峰，2008）。杨艳丽等研究发现，影响沼气建设的首要因素是气候条件和市场消费，其次是原料来源，地区经济状况对其影响不显著（杨艳丽等，2009）。汪海波等研究指出，农村商品能源价格等因素对农户沼气消费具有显著影响（汪海波、辛贤，2007）。

9.4.2 农村户用沼气池建设的影响因素

影响农村户用沼气池建设的因素可能有以下7种，本书将探讨这些因素是否对广东省农村户用沼气池的空间分布有影响。

（1）城市化水平。属于珠三角的Ⅳ低水平地区具有优越的地理位置，城市化发展迅速，促进了传统农业社会向现代工业社会的转变，这些地区已有超过50%的农村劳动力进入各类企业务工（邓劲松等，2009）。特殊区位的垄断经营等因素导致土地绝对地租增大而使土地增值，农民靠出租土地为生不再从事农业活动，非农化比例提高。因此，Ⅳ低水平地区可能受当地城市化影响，户用沼气池建设非常少。

（2）传统能源消费观念的影响。广东是全国沼气利用最早的一个省，从20世纪20年代开始（赵玉环，2002），汕头市兴建第一个沼气池，粤东地区农民比其他地区更早地接触沼气，可能从思想意识上更能接受沼气建设，他们对沼气给生活带来的便捷比其他地区农民更有了解。1985—1995年10年期间，粤东地区的汕头、揭阳、梅州等地沼气建设达到高潮。到2003年以后，梅州、潮州、河源地区沼气池数量都上万，2008年梅州户用沼气池数量达到68665个，潮州与河源也分别达到25326个和23012个。

（3）政府投资力度。粤北地区的沼气池建设数量是广东省最多的，与政府投资推广沼气建设有关。据文献（骆世明、黎华寿，2006；徐旭晖，2008），农村沼气工程建设一直是韶关市农村农业工作的重要工作之一，韶关市委、市政府对农村沼气建设高度重视，该地区从2004年下半年开始，在全市10个县（市、区）选择8500户农户作为推广使用沼气的试点，2005年起全面开展这项工作，到2007年全市建设沼气池农户达9.55万户，有50多万农村人口用上沼气。比较2003—2008年广东省各地级市沼气建设的总投资，韶关地区一直是最高的，2008年达到8361万元。采用2008年投资金额数据运用Origin 7.0作图9－4。图9－4说明，2008年各地市的农村沼气建设投资规模中，韶关、梅州等地的资金投入要明显大于其他地区。

（4）农村人均纯收入。各地区经济发达程度的不同导致农民收入差异，影

响了农民选择能源消费的方式。Ⅳ低水平地区全部聚集在珠三角地区，这 7 个地级市经济发展迅速，农业产业化格局基本形成。该地区农村城镇化的进程加快，物资资源更丰富，人们收入水平增加，购买能力增强。佛山、中山、东莞、深圳、珠海、广州、江门 2008 年农村人均收入分别是 8961.5 元、10000.9 元、11606.2 元、18692 元、7598 元、8444.3 元、5887 元（广东统计年鉴，2009），是广东省其他地级市农民人均纯收入的 2 倍以上。高收入地区，农村居民追求方便、清洁能源消费的意识提高，可能对使用沼气的偏好降低，转而消费更多优质的商品能源（Wang X. H. and Feng Z. M.，2005）。而Ⅰ高水平地区韶关和梅州与Ⅱ较高水平地区茂名、清远、阳江、揭阳、河源、潮州，很多农村居民选择沼气，使农村居民从传统烟熏火燎的炊事中解放出来，还可以废物利用、发展循环经济，但是可能由于物资供应以及经济收入上的落后致使他们没有选择更优质的能源。

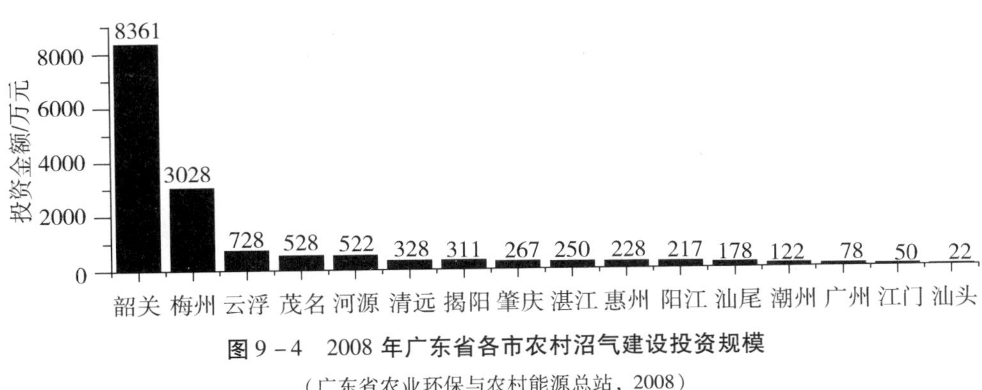

图 9-4　2008 年广东省各市农村沼气建设投资规模

（广东省农业环保与农村能源总站，2008）

（5）养猪数量。家畜粪便是沼气发酵的原料，家畜日产粪便量基本固定，所以家畜的数量直接影响沼气池建设数量（游玉波、董红敏，2006）。《广东农村统计年鉴》（2001—2009 年）等资料表明，广东畜牧业以饲养生猪和家禽为主，生猪存栏量远大于其他家畜（广东统计局，2001—2009）。猪粪作为广东省沼气发酵的主要生物质原料，理论上猪数量对广东省沼气池建设的空间分布应具有一定影响。而实际上，从各市的养猪数量与沼气池建设数量来看，没有必然联系。2008 年沼气池数量达到 12.23 万个的韶关，养猪总量在 241.97 万头，广州和江门养猪分别达到 324.94 万头和 364.82 万头，但沼气池却都在 200 个以下。笔者认为生物质资源是沼气池建设的必要而非充分条件，在沼气池建设中，生物质资源必须有，这样才能提供沼气发酵的原料。生物质资源充足并且远大于沼气发酵所需量时，沼气池建设的数量不受生物质数量影响，而生物质资源少且不能满足沼气池建设时，沼气池的空间分布才受生物质资源分布的影响。

（6）温度。本书收集了1952—2008年广东省6个区域的温度，运用Origin 7.0作图比较各区域历年来的平均温度，如图9－5所示。6个区域的平均温度在23.3～26.6℃。Ⅳ低水平地区处于粤中气温居中，但沼气建设水平最低。粤北平均气温最低而沼气池建设水平最高。粤东平均气温较高，沼气建设发展良好。全国沼气分布受气温影响出现沼气建设南高北低（Ramachandra T. V. and Shruthi B. V.，2007；汪海波、辛贤，2007；Alvarez R. and Liden G.，2008），而广东省各地区平均气温浮动于猪粪的最佳发酵温度为25℃，广东省各地气温对沼气发酵的影响差异不大，广东省户用沼气池数量的空间分布可能不受气温影响。

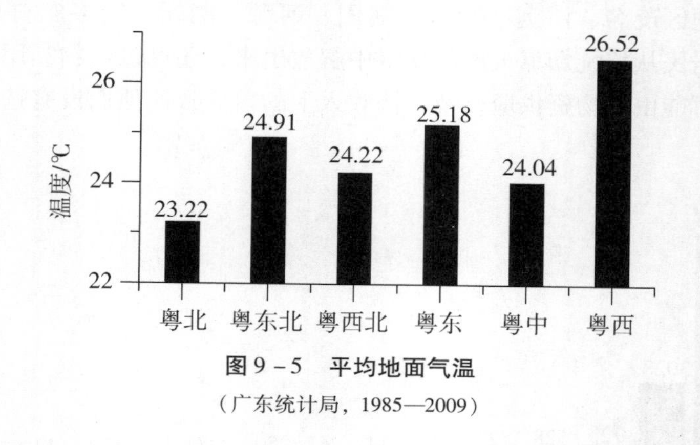

图9－5　平均地面气温

（广东统计局，1985—2009）

（7）电及燃料的价格指数、各地区果桑面积及淡水鱼饲养量。本书采用各地农村电、燃料的价格指数表征当地农村能源消费价格指数。电、燃料与沼气有潜在的竞争关系，而广东省各地区农村能源价格变化不大，但是沼气建设差异显著，本书推断能源价格对沼气建设的影响不显著。

广东省沼气建设有自身特点，广东各山区市县为了提高沼气的整体效益，提高农户使用沼气的积极性，大力推行“猪－沼－果（菜）”“猪－沼－渔”“蚕－沼－桑”等生态农业模式（黄红星等，2007；Chen R. J.，1997）。但根据2007年的资料显示，广州沼气池有150个，果桑面积达到64708公顷，淡水养鱼3.02×10^{5} t，果桑面积居全省第8位，养鱼居第2位。韶关沼气池有95465个，果桑面积25884公顷，淡水养鱼5.8×10^{4} t，果桑面积居全省第13位，养鱼居第15位。从分析可知，虽然农业生态模式发挥了沼气建设的经济价值，但是果桑渔产业的发展对沼气池建设的影响仍不够显著。

9.4.3　沼气池空间分布的影响因素

沼气池空间分布差异是多种影响因素在区域空间上的叠加效应（Liu H. et al.，2008）。根据上述分析，可看出广东省农村户用沼气池的空间布局主要受传

统的能源消费观念、政府投资力度、农民收入以及生物质资源等因素影响。为进一步验证上述猜测，本书以 2008 年广东省各地级市的政府投资沼气建设的金额，对各地农民平均每人纯收入、各地全年养猪数量以及各地 2008 年平均温度与该年各地沼气池建设数量做偏相关分析，具体见表 9 - 3。由于没有能源消费观念的调查数据，在此不对其做偏相关分析，但 Cai 等（2008）和 Wang 等（2003）的研究亦说明居民的能源消费观念或习惯影响了他们选择生活能源消费的方式（Cai J. and Jiang Z.，2008；Wang X. H. and Feng Z. M.，2003）。

表 9 - 3　广东省各市沼气池数量与其影响因素的偏相关性

（广东统计局，2004—2009；广东省农业环保与农村能源总站，2003—2008）

	投资金额	城市化水平	农村人均纯收入	生猪饲养量	平均温度	能源消费价格指数	生态农业模式	
							果桑面积	鱼产量
沼气池数量	0.931**	-0.408	-0.404	-0.124	0.245	0.248	0.086	0.319

注：* $p<0.05$，显著相关；** $p<0.01$，极显著相关。

从表 9 - 3 中可以看出，各地区农村户用沼气池数量与投资金额呈极显著正相关，相关性系数达 0.931，而与其他因素相关性均介于 -0.5 ～ 0.5，相关性均不显著。各地级市沼气池数量的空间变异主要是由于政府的投资金额差异，各地区政府的重视程度与投资力度成为广东省各市沼气池数量分布的决定性因素。

各地区城市化水平与沼气池数量线性关系不明显。本书用 2008 年各地区沼气池数量与城市化率取对数，消除数量级差异作图 9 - 6，进一步讨论两者的关系。从图 9 - 6 可以得出，Ⅳ低水平地区城市化水平较高，沼气池数量极少，其他地区城市化水平中等偏低，沼气池数量颇多。城市化水平高的地区与沼气池建设呈镜像对应，而城市化水平低的区域与沼气池建设的镜像对应不明显。因此，广东省沼气池空间分布格局受城市化水平影响很大。Ⅳ低水平地区城市化水平高，沼气池数量少，而其他地区城市化水平低，沼气数量相对增加，增加幅度并不随该地区城市化水平高低而变化。

在表 9 - 3 中，各地区农村人均纯收入与沼气池数量呈弱负相关，说明随人均收入的增加，沼气池数量有所降低，但影响不明显。许多文献中提到，人均收入是沼气池建设的主要影响因素之一，此处的偏相关分析结果不够理想，考虑到偏相关分析体现的是两组数据的直线关系，而汪海波的研究曾提出，农村人均纯收入与沼气池数量是 U 型曲线关系，因此，本书将进一步用回归分析中的曲线拟合探讨农村人均纯收入对沼气池空间分布的影响。

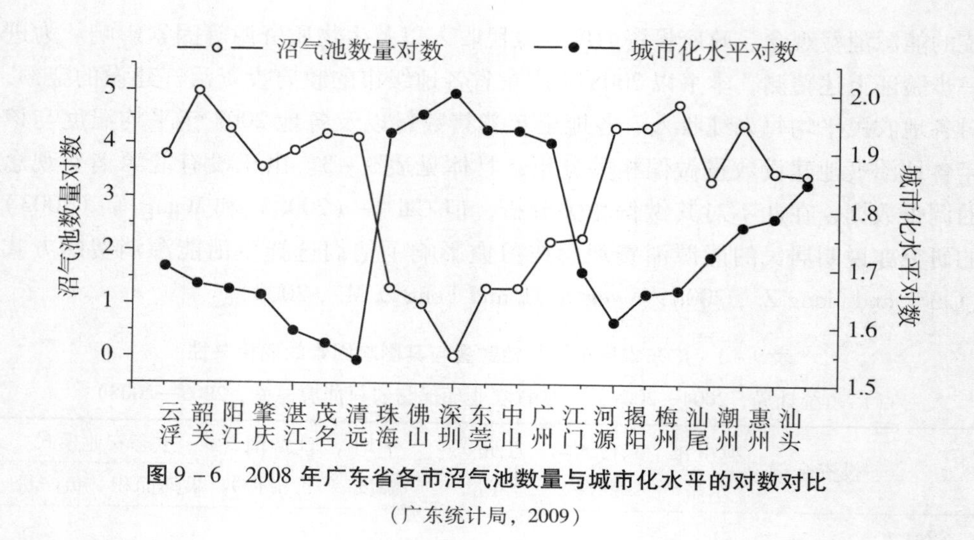

图9－6　2008年广东省各市沼气池数量与城市化水平的对数对比

（广东统计局，2009）

表9－3得出各地区全年生猪饲养量与沼气池分布基本不存在偏相关性，而生猪粪便是沼气发酵的生物质资源，生物质资源是沼气建设的充分非必要条件。前面分析与此处结果一致，说明广东省的沼气建设并未达到饱和，养猪提供的生物质资源远远超出了沼气池的建设所需要的量，广东沼气池的建设没有受到生物质资源的限制。广东各地生猪饲养量与沼气池分布的不均衡性可以用基尼系数进一步说明。

能源价格对广东各地区沼气池建设数量的影响不显著，生活能源的价格不能决定人们的选择，各地所消费能源数量和构成的差异主要与该地区各种可稳定获得的资源有直接关系，家庭生活用能取决于当地能源的可获得性。

“猪－沼－果（菜）”“猪－沼－鱼”“蚕－沼－桑”等生态农业模式与沼气池建设基本不存在偏相关性。可能由于这些生态农业模式还在推广期间，沼气池与果、桑、鱼的关系在农村没有完全被农民接受。有些地方不发展沼气，依靠化肥、饲料种植果桑、养鱼也可以增加收入；有些地方沼气发展良好，但是由于地理原因农民没有把沼液、沼渣用于施肥、养鱼。所以，生态农业模式还需要进一步依靠政府力量进行推广，提高沼气的环境及经济效益。

全年平均温度与沼气池空间分布基本无偏相关性，与前面分析一致。

9.4.4　投资金额与沼气池分布的直线拟合

为了进一步证实投资金额与沼气池分布的直线关系。本书以2008年各地区沼气池数量 F 为被解释变量，以投资金额 M 为解释变量，基于SPSS 13.0的回归分析直线拟合作图，如图9－7所示，回归分析结果见表9－4。

表 9－4　回归分析的直线拟合结果

变量	未标准化系数 B	标准化系数 β	T	p
常数	7523. 823	—	2. 943	0. 011
变量系数	11. 232	0. 935	9. 865	0. 000
R	—	—	—	0. 935
R^2	—	—	—	0. 874
修正 R^2	—	—	—	0. 865
DW 值	—	—	—	2. 171
F	—	—	—	97. 315
p	—	—	—	0. 000

从表 9－4 可以看出，相关系数 $R=0.935$，$p=0.000$ 表明，投资金额与沼气池分布情况相关性很强，且极显著。$R^2=0.874$ 说明，在图 9－7 的直线拟合中，投资额的变化可以引起 0. 874 的沼气池分布数量变化。DW 值在 2 附近，说明模型变量不存在自相关关系。模型的直线方程为 $F=7523.823+11.232M$。

从图 9－7 可以看出，圆点分布于直线两侧且靠近直线，多数点集中于图的左下角，只有 2 个分散点分布在直线中部与右上方，说明广东沼气的投资额度非常不均匀并且投资量少的地区占大多数，导致沼气池空间分布不均匀。随着投资金额的增加，沼气池数量增加，沼气池与投资金额线性关系明显。

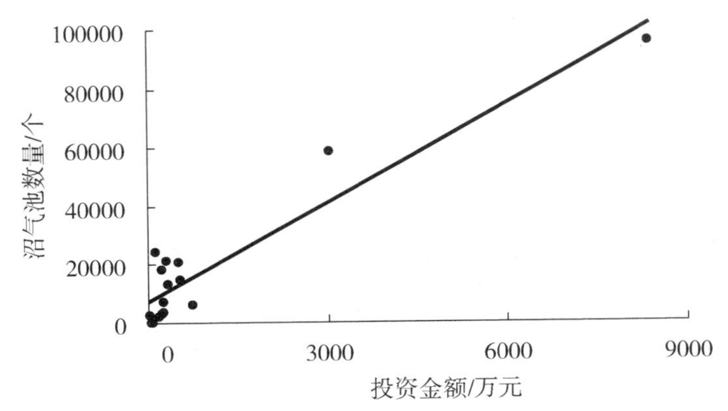

图 9－7　2008 年广东各市投资金额与沼气池数量的直线拟合

（广东省农业环保与农村能源总站，2008）

9. 4. 5　农村人均纯收入与沼气池分布的曲线拟合

本书以 2008 年广东各地区沼气池个数为被解释变量 F_1，农村人均纯收入为

解释变量 N，基于 SPSS 13.0 运用回归分析的曲线拟合作图，进一步分析广东各地农村人均纯收入与沼气池分布的关系，本书采用乘幂拟合，如图 9－8 所示，回归分析结果如表 9－5 所示。

从表 9－5 可以看出，相关系数 $R=0.917$，$p=0.000$ 表明农村人均纯收入与沼气池分布情况相关性强，且极显著。$R^2=0.840$ 说明在图 9－8 的拟合中，农村人均收入的变化可以引起 0.840 的沼气池分布数量的变化。表 9－5 得出沼气池分布与农村人均纯收入的指数拟合曲线方程为 $F_1 = 7E+25N-6.068$。

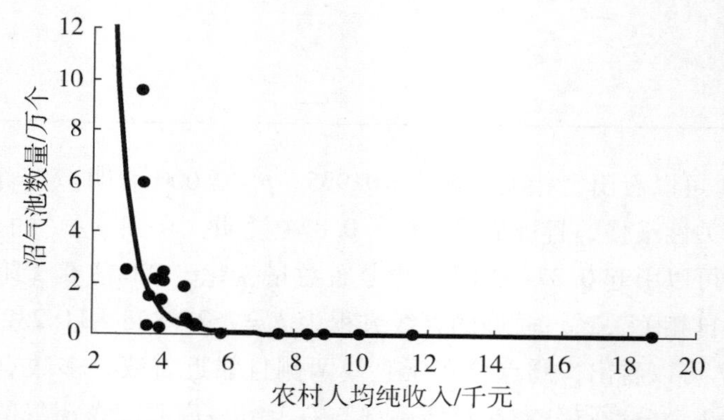

图 9－8　2008 年广东各市农村人均纯收入与沼气池数量的乘幂拟合

（广东统计局，2008）

从图 9－8 的结果得出，各地区随着农村人均纯收入的增加沼气池个数呈乘幂递减。当人均收入在 4000 元以下时，小的增幅也会使各地沼气池数量差异明显降低；在 4000～6000 元的收入区间内，各地区的沼气池数量变化幅度居中。但人均收入达到 6000 元以上后，人均纯收入增加地区间的沼气数量差异幅度变小，趋于平稳。

表 9－5　回归分析的指数拟合结果

变量	未标准化系数 B	标准化系数 β	T	p
常数	$7E+25$	—	9.006	0.000
变量系数	－6.068	－0.917	－9.998	0.000
R	—	—	—	0.917
R^2	—	—	—	0.840
修正 R^2	—	—	—	0.832
F	—	—	—	99.953
p	—	—	—	0.000

农村人均纯收入在 4000 元以下的地区，社会经济发展水平及商品能源的可获得性差，而当地由政府投资等多种因素可获得稳定的沼气资源，因而沼气建设发展良好。农民人均收入差异代表各地区间商品稳定获得性差异，收入较多地区的农民更有条件及意愿去尝试商品能源。广东省农村人均纯收入在 4000 ～ 6000 元的区域，沼气池建设为 1 万～ 3 万个，表明广东除Ⅳ低水平区域外的大多数农村地区处于沼气与商品能源共用阶段，且商品能源与沼气资源都有较好的可获得性。农村人均纯收入高于 6000 元的地区，沼气生产过程涉及收集原料、进料、出料等多个环节，相对于直接采用液化石油气等方式繁琐许多，因此，可能在其他条件不变的情况下，农户的收入越高，越倾向于使用液化气、电力等清洁能源。

9.4.6　广东省生猪饲养量与沼气池分布的基尼系数

意大利经济学家基尼在 20 世纪初提出基尼系数（Gini coefficient）。它在洛伦兹曲线的基础上发展起来，又被称为洛伦兹系数。图 9 －9 中描绘出的洛伦兹曲线是拐角线，表明控制指标的分配极不均匀；对角线时，表示绝对均等线。实际上，控制指标的分配的绝对不均匀和绝对均匀等都是极端情形，若按照事实情况把洛伦兹曲线描绘出来的，都会具有一定的弯曲程度，这样的曲线被称作实际分配线。

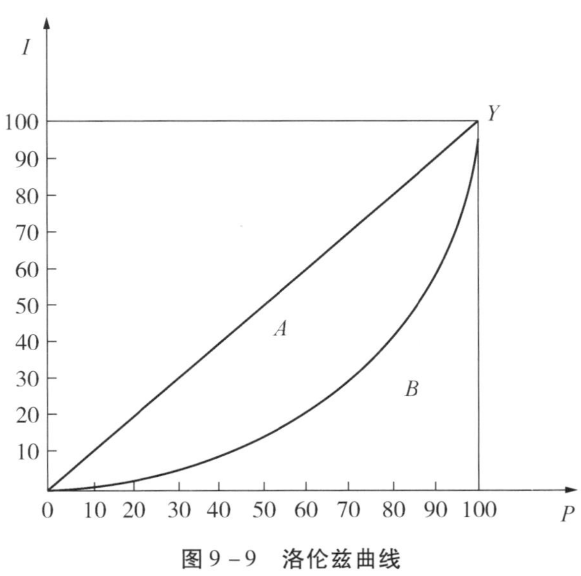

图 9 －9　洛伦兹曲线

分配的不平等程度主要以洛伦兹曲线的弯曲程度来反映，洛伦兹曲线弯曲程度越小，收入分配越平等，反之，洛伦兹曲线弯曲程度越大，收入分配越不平等。假设所有收入全集中在一个人手中，其余人口一无所有，这时的收入分配完全不平等，从图中可见，这时洛伦兹曲线为图中对角线下三角形的两个直角边。假设人口累计百分比等于收入累计百分比，这时的收入分配完全平等，由图 9－10 可以看出这时的洛伦兹曲线为正方形对角线。

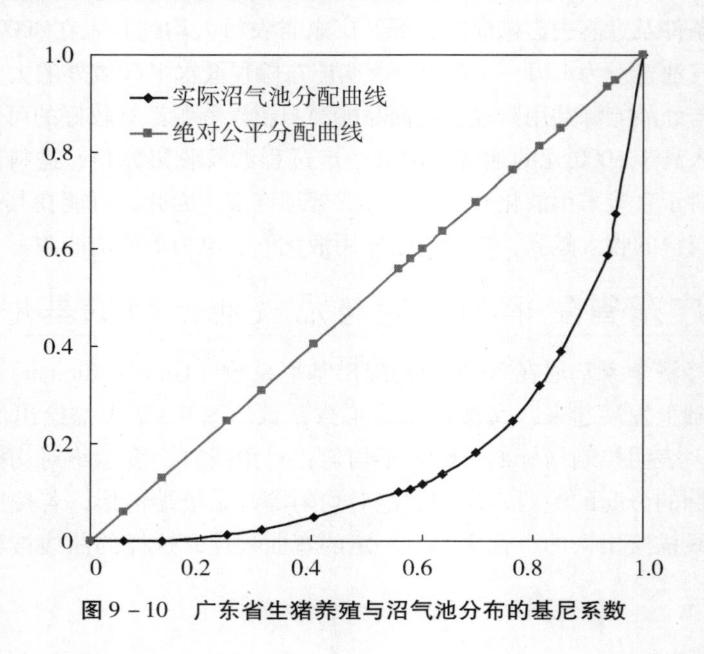

图 9－10　广东省生猪养殖与沼气池分布的基尼系数

在洛伦兹曲线的基础上，基尼提出了测量收入分配均等程度的综合指标，从而弥补了洛伦兹曲线在反映收入分配均等程度方面不能定量化的缺陷，这个指标被人们称作基尼系数。基尼系数把居民家庭户数累计百分比与居民收入累计百分比联系起来，以揭示收入分配的平均程度（龚红娥，2002）。在图 9－9 中，若用 A 表示实际分配线与绝对均等线之间的面积，即不均等面积，用 B 表示实际分配与绝对不均等线之间的面积，则基尼系数的定义式为：$G=A/(A+B)$。当 A 等于 0 时，基尼系数为 0，表明收入分配处于绝对平均状态；当 B 等于 0 时，基尼系数为 1，表明收入分配处于绝对不平均状态。实际基尼系数总是在 0 和 1 之间，其数值越小，表明收入分配越平均；反之，则越不平均。按照国际惯例，基尼系数在 0.2 以下，表示居民之间收入分配“高度平均”，0.2～0.3 之间表示“相对平均”，0.3～0.4 之间为“比较合理”，同时国际上通常把 0.4 作为收入分配贫富差距的“警戒线”，认为 0.4～0.6 为“差距偏大”，0.6 以上为“高度不平均”。基尼系数不是一个能够说明所有社会问题的概念，但在通过政策和法律界定公平与效率相互关系时，其警示意义绝不容忽视。

根据基尼系数有定量评价空间差异程度的特征，本书依据基尼系数的内涵，以广东省行政单位为基本单元，计算农村沼气建设之间差异的基尼系数。按照一

般平等性原则，农村沼气池数与生猪饲养量是相对应的，生猪饲养量大则沼气池数也相应较多，对各地来说也是一个道理。即按照沼气池的建设潜力，在同样的条件下，相同的生猪饲养规模是可以建设相同数量的户用沼气池的，而实际情况是各地区农村沼气池保有量有多有少，如何评价各地区的差异性，可以借鉴基尼系数来定量分析。

基尼系数计算方法主要有直接计算法、三角形面积法、回归－积分二步法、城乡分解法、收入分组法、协方差方法以及弓形面积法 7 种。总体而言，这 7 种算法存在两大缺陷：一是只能计算每组样本人口数量完全相等的数据，为此必须对有关收入状况调查数据重新分组，工作量很大，据此推算出来的结果容易失真；二是计算方法的简化与结果精确不兼容，前 2 种方法计算的结果精确但程序太多，耗费时间，后 5 种方法计算相对简单，但又很容易产生误差（张立建，2007）。本书采用陈传波等（2001）提出的基于 Excel 的方法计算广东省沼气建设与生猪养殖排放的基尼系数。该方法核心是假定样本人口可以分成 n 组，设 w_i、m_i、p_i 分别代表第 i 组的人口频数、平均人均收入和人均收入份额（$i = 1, 2, \cdots, n$），按人均收入（m_i）由小到大排序排列的全部样本以基尼系数（G）表示，见以下公式：

$$G = 1 - \sum_{i=1}^{n} 2B_i = 1 - \sum_{i=1}^{n} P_i(2Q_i - w_i)$$

其中，

$$Q_i = \sum_{i=1}^{n} w_k$$

Q_i 为从 1 到 i 的累计收入百分比，B 为洛伦兹曲线右下方的面积，p_i、w_i 从 1 到 n 的和为 1。

基于农村户用沼气池建设的基尼系数计算的合理性在于：如果以平等性为判断依据，那么各地市同样规模的生猪养殖条件下，沼气池数量应该相同，这是基尼系数立论的假设条件。本书基于 CO_2 排放的基尼系数等级划分沿用基尼系数评价的国际惯例。根据基尼系数有定量评价空间差异程度的特征，本书依据基尼系数的内涵，以广东省行政单位（地级市）为基本单元，计算农村沼气池建设之间差异的基尼系数。按照一般平等性原则，农村沼气池数与生猪饲养量是相对应的，生猪饲养量大则沼气池数也相应较多。具体到广东省农村户用沼气池建设的基尼系数计算过程，可以在基尼系数计算的内涵基础上，以生猪饲养量的累计百分比为横坐标，以各地市的农村户用沼气池数为纵坐标，作出洛伦兹曲线图，再采用陈传波等（2001）提出的基于 Excel 的方法，可以得到各地区沼气池建设的基尼系数。以 2008 年各地市农村户用沼气池数量为基础，结合各地市的生猪饲养数据，得到广东省沼气池建设的基尼系数，如图 9－10 所示。结果表明，2008

年广东各地市的沼气池建设基尼系数为0.66，大于“警戒线”0.4，体现了各地市农村户用沼气池建设数量与生猪养殖规模的极不均衡。

9.4.7 BPR指数定量分析生猪养殖与沼气池建设

为了研究各地市的沼气池建设与生猪养殖的关系，我们构建了BPR指数，即沼猪比指数，计算方法采用某地市户用沼气池建设量与当年该地市的生猪年末存栏量之比，即

$$\mathrm{BPR} = \frac{\text{户用沼气池数}}{\text{生猪年末存栏量}}$$

其中，户用沼气池数单位为个，生猪年末存栏量单位为百万头。

2007年的BPR指数分布如图9－11所示。根据当年生猪养殖情况，茂名、肇庆、湛江、梅州、江门、阳江、惠州、广州、清远、韶关等地的生猪年末存栏量较多。与之相对应的是，韶关、梅州、潮州、揭阳、河源、阳江、茂名、清远沼气池保有量较多。BPR指数就很好地区分了二者之间的关系。例如，茂名生猪饲养量居全省第一，但其户用沼气池保有量只排名第七，因而其BPR指数相对偏小，全省排名第十一，得分只有45.9。同样，肇庆和湛江的生猪饲养量大，但沼气池建设落后，其BPR指数也相应落后，分别居全省的第十四、第十二名。

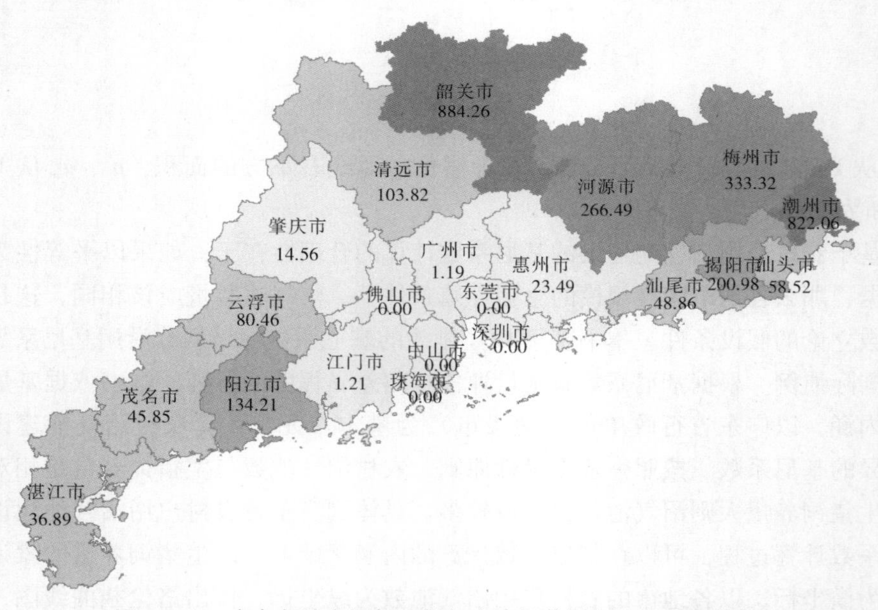

图9－11　广东各地市沼气池数与生猪饲养量之比（BPR指数）

总体来说，BPR指数显示出，韶关、潮州、梅州、河源、揭阳的沼气建设工

作走在全省前列，尤其是韶关和潮州。韶关的生猪饲养量为 108 万头，但沼气池有 9.5 万个，因而 BPR 指数最高，达 884.3，居全省第 1 位。同样，潮州的生猪饲养量也不多，仅 29.47 万头（排名第 17 位），但沼气池却拥有 2.4 万个，居全省第 3 位，BPR 指数高达 822.3，仅次于韶关。BPR 指数也表明了茂名、肇庆、湛江、江门、惠州、广州的沼气推广工作较为落后。茂名、肇庆、湛江是全省排名前三的养猪大市，但其沼气池拥有量分别排名全省的第 7 位、第 11 位、第 9 位，与其养猪量不成比例。这些地区由于生猪饲养量大，具有沼气池建设的资源优势，需要进一步加大投入力度，推广农村户用沼气池和规模化养殖场的沼气池建设工作。

广东农村户用沼气池发展呈现 4 种不同的发展水平，珠三角地区的 7 个地级市沼气池数量明显很少，成为一个低值区域，围绕该区域的其他城市沼气池数量相对增加，并且增加幅度很大。以上分析结果表明，影响农村户用沼气发展空间格局的主要因素是城市化水平、政府资金投入量与农村人均纯收入。气温、生物质资源、能源价格指数、农业生态模式对其影响不显著。

区域差异是广东农村户用沼气发展的重要特征，产业空间格局是其多种影响因素在区域空间上的叠加效应。广东农村户用沼气发展应在充分认识产业发展空间格局情况下，从沼气池建设享有权利的公平性角度考虑，部分地市需要进一步加大农村户用沼气池建设，尤其是那些养猪较多但沼气池保有量较少的地市。开展农村户用沼气发展的战略目标设定和产业布局规划，开拓农村沼气发展的潜力空间，加大科研投入力度，拓展沼气输出利用途径，促进农村沼气持续、高效、健康、有序发展。

第10章 沼气化的减排效应与工程收益

畜禽养殖活动中的温室气体排放主要包括两大来源：消化道（肠道发酵）排放和粪便管理排放，主要都是CH_4排放。如果没有沼气池建设等措施，畜禽养殖所排放的温室气体将直接排放到大气中（王成杰等，2006）。本部分内容首先将计算在没有沼气工程的情况下，按照广东省常规畜禽养殖技术和条件将排放的温室气体量，然后与沼气工程下的排放量进行比较，分析沼气工程对温室气体的减排效应。

10.1 广东省畜禽养殖的温室气体排放

家畜养殖所排放的温室气体主要是通过肠道发酵和粪便管理排放的CH_4。农业活动中，对于黄牛、水牛、奶牛、山羊等反刍动物，粪便管理所排放的CH_4要远小于肠道发酵所排放的（De Ramus H. A. et al.，2003）。例如，1头水牛1年中由于反刍过程导致植物纤维在厌氧条件下发酵产生的CH_4约有55 kg，但其产生的粪便在目前我国的管理条件下大概能排放2 kg CH_4，仅为前者的3.6%。而对于非反刍动物猪来说，其粪便管理产生的CH_4为主要来源。各种家畜的CH_4排放系数采用IPCC的推荐值（IPCC，2006），具体数据如表10-1所示。

表10-1 家畜养殖的温室气体（CH_4）排放因子（IPCC，2006）

	CH_4	
	肠道发酵/[千克/(头·年)]	粪便管理/[千克/(头·年)]
黄牛	55	2
水牛	55	2
奶牛	56	16
山羊	5	0.17
猪	1	4

根据2007年各种家畜的饲养数量，即可计算出广东省当年的家畜养殖所排放的温室气体量。由表10-2可知，2007年广东省家畜养殖所排放的CH_4为2.427×10^5 t，其中，由于动物肠道发酵排放1.465×10^5 t，粪便管理排放了

9.62×10^4 t。按照 CH_4 的全球增温潜力，全省家畜养殖排放的 CH_4 相当于 5582.83 Gg 的 CO_2。从不同家畜的 CH_4 排放量来看，黄水牛的排放量最大，共排放了 1.233×10^5 t，其次为生猪，为 1.138×10^5 t，奶牛和山羊较少，分别为 3859.2 t 和 1832.8 t。

表 10－2　2007 年广东省家畜养殖的温室气体（CH_4）排放量（广东统计局，2008）

	黄水牛	奶牛	山羊	生猪	合计
肠道发酵排放/t	118959.5	3001.6	1772.5	22750.9	146484.5
粪便管理排放/t	4325.8	857.6	60.3	91003.6	96247.3
小计/t	123285.3	3859.2	1832.8	113754.5	242731.8

由数据可知，黄水牛等反刍动物的肠道发酵为最主要的 CH_4 排放源。而生猪由于饲养量大，其肠道发酵的 CH_4 排放量也较大，废物管理的 CH_4 排放量更是远远高于其他家畜的，从而其温室气体排放的总量巨大。

10.2　畜禽废物沼气化的温室气体减排

畜禽养殖废物沼气化减少温室气体的排放主要通过能源替代和粪便集中管理两种方式。由于沼气是一种高效的清洁能源，能用于农村生活用能，替代部分化石燃料和其他常规能源的使用，在此，能源替代减少的温室气体量可表述为 ERES（emission reduction from energy substitution）。粪便的集中管理也减少了大量的温室气体（主要是 CH_4），可表述为 ERMM（emission reduction from manure management）。此外，沼气作为生活能源燃烧也会释放出 CO_2 等温室气体，这部分温室气体本书称为 EBC（emission from biogas combustion）。扣除 EBC 之后的 ERES 与 ERMM 总和即为沼气利用净减少的温室气体排放量。

ERES 的计算参考 IPCC 推荐的方法，即能源利用导致的温室气体的排放量由能源利用量（FS）及其排放因子（EF）决定（IPCC，1996；IPCC，2006）：

$$ERES_{\mathrm{GHC,fuel}} = FS_{\mathrm{fuel}} \cdot EF_{\mathrm{GHG,fuel}}$$

ERES 的计算关键在于排放因子的合理选取。由于不同国家和地区农村生活能源利用效率、炉灶结构、农民生活习惯不同，因此，IPCC 推荐的默认值针对不同国家可能会产生较大误差，必须采用本国甚至本地区的排放因子。Zhang（2000）公布了中国家庭炉灶温室气体的排放因子，通过实验分析了不同能源使用过程中排放的温室气体（Zhang Smith et al.，2000）。本书计算以他们的排放因子为主。此外，还搜集了其他一些中国家庭的温室气体排放因子（IPCC，1997；

Bhattacharya Abdul et al，2000；Bhattacharya and Abdul，2002；国家发改委，2006），具体见表 10－3。

表 10－3　中国家庭生活用能中温室气体排放因子

生活用能	CO_2/(g/kg)	CH_4/(g/kg)	N_2O/(kg/TJ)	燃烧效率
秸秆	1130	4.56	4	0.21
薪柴	1450	2.7	4.83	0.24
煤	2280	2.92	1.4	—
油品	3130	0.0248	4.18	0.45
沼气	748	0.023	—	—
液化石油气	3075	0.137	1.88	0.55
天然气	117500（kg/TJ）	1.24（kg/TJ）	1.84	0.57
煤气	92500（kg/TJ）	—	—	0.46
电	1.0577（t/MW・h）	—	—	—

由于不同作者提供的排放因子单位不一致，有的以燃烧的能源量（g/kg）为单位，有的以消耗的能源热量（kg/TJ）为单位，在后者的计算中需要考虑到炉灶的能源利用效率问题，因此，排放因子需要乘以能源利用效率得到单位能源排放的实际温室气体的量。

农村粪便的管理主要排放的温室气体是 CH_4，因此，在粪便管理减少的排放量（ERMM）的估算中，N_2O 的排放量可以忽略。农村户用沼气池的原料以猪粪为主，因此，本书以如下公式计算粪便管理过程中 CH_4 的排放量（IPCC，2006），具体指标可参看 IPCC 报告：

$$CH_{4\mathrm{Manure}} = \sum_{T}(EF_T \cdot N_T \cdot N_{\mathrm{household}})$$

$$EF_T = (VS \cdot 365) \cdot [B_{0(T)} \cdot 0.67\ \mathrm{kg/m^3} \cdot \sum_{S,K}\frac{MCF_{S,K}}{100} \cdot MS_{(T,S,K)}$$

此外，沼气的使用过程仍会排放温室气体，主要的来源是作为生活能源提供者 CH_4 的燃烧会产生 CO_2，计算方法与 *ERES* 的计算公式相同，由沼气燃烧量与其对应的排放因子决定。

沼气池使用过程中，由于管道的老化和操作失误等，有可能会有 CH_4 的泄漏问题，如果有详细的数据需要进一步考虑这个问题，但是由于这部分泄漏量非常少，而且农户为了提高沼气的利用率，会经常检查管道的密闭性，减少泄漏的可能性，因此计算时沼气泄漏量可以忽略不计。

2007 年广东农村户用沼气池建设的温室气体减排效果计算结果见表 10－4。

由于目前广东省的沼气池都是利用猪粪为发酵原料，因此粪便管理减少的温室气体只是生猪饲养中的粪便管理减少量。

表 10－4　2007 年广东省农村户用沼气池建设对温室气体的减排效果

效果	项目		
	CO_2	CH_4	合计
能源替代	28.82	0.11	28.93
粪便管理	—	4.22	4.22
沼气燃烧	11.96	0.01	11.97
净减排量		21.19	

注：单位为千吨（Gg）的 CO_2 当量。

从表 10－4 的结果可知，全省农村户用沼气池减少的温室气体总共为 2.1×10^4 t（21.19 Gg 的 CO_2 当量）。其中，由于沼气使用替代了部分化石燃料和秸秆等常规能源，而减少的温室气体为 2.9×10^4 t（CO_2 为 2.88×10^4 t，CH_4 为110 t），粪便管理减少了温室气体 4220 t，但同时沼气燃烧产生了温室气体 1.197×10^4 t，因此净减少的温室气体的量要有所减小。

从气体组成来看，农村户用沼气池建设减少的 CO_2 为 1.686×10^4 t，占全部温室气体减排量的 80%；减少的 CH_4 为 4320 t，只占减排量的 20%。

对比沼气池技术在全省家畜养殖中的温室气体减排效果，2007 年全年家畜养殖排放 24.27×10^4 t CH_4，沼气池建设后减排比例为 0.38%。若考虑生猪饲养所产生的温室气体，则在没有沼气池的情况下，全年生猪饲养排放温室气体 11.38×10^4 t CH_4，合 2.6164×10^6 t 的 CO_2 当量的温室气体，沼气池建设后减少的温室气体占生猪饲养排放量的 0.81%。总量上虽然不太大，但主要原因还是农村沼气池的建设规模不够，全省只有 29 万个沼气池，拥有沼气池的农户只占全省 800 万户农户中的很小一部分，而全省适合建沼气池的农户估计在 500 万户左右。如果加大户用沼气池的推广力度，畜禽废弃物的沼气化工程将在数量级上增加对全省温室气体的减排效果。

10.3　广东省大型沼气工程收益分析

沼气工程具有良好的经济、环境和社会综合效益。环境和社会效益包括能够减少能源消耗、减少污染气体排放和减少化肥的使用。经济效益属于内部效益，就是项目自身能够得到的效益，沼液和沼渣作为肥料出售所得的收益，以及养殖场可以少缴的部分排污罚款等都是经济效益。一般来说，企业对于内部经济效益的关注会更高。沼气商业化进程中重要的一个环节就是要搞好其外部效益。

（1）能源收益。通过出售沼气站的沼气或自用于自身用电设备，可获得可观的收益。生产的沼气可用于职工生活、食堂、饭店，用于保育圈栏的保温或用于发电等，已获得显著的能源效益。例如，博罗县长宁镇石坳种养场，生猪存栏量约为5000头，每天因小猪保温就要消耗超过100 kW · h的电。自从修建了大中型沼气工程后，基本能满足该场这些工作对能源的要求。但是，能源价值定位仍存在问题，如作生活燃料，是按现福利价或液化气价还是煤价定位，差异很大。

（2）有机商品肥与饲料收益。沼气发酵产生的沼渣与沼液所生产的有机肥料，营养成分较丰富，养分含量较为全面，如果实现商品化，由固体肥料和液体肥料的出售又可获得可观的内部收益。处理好畜禽粪固体，可生产出不同档次的有机肥料，如果其厌氧消化液进一步开发，还能生产出植物生长刺激剂、杀虫剂和液肥等。据考察者说，1990年日本已有猪场生产商品化粪肥，其利润与养猪持平或超过。惠州市利用沼肥发展种养业，农产品市场竞争力大大提高，取得了良好的经济效益。

（3）减少排污费用。经过沼气工程处理的污水作为液体肥料利用，养殖场可以少缴排污罚款。大中型沼气工程一次性投资大，投资回收期一般在10年以上。近年来一些资深科技工作者完成的研究成果表明，沼气工程的国民经济经济效益率高（基准值12%），即具有良好的社会环境效益。但是从财务角度看，沼气工程的经济效益较差。经济效益问题和投资回收期过长等依然制约着大中型沼气工程的产业化发展。

广东省2003—2008年农村户用沼气池每户年平均产气量均为450 m^3，全省农村户用沼气池总产气量从2003年的5.939×10^7 m^3增长到2008年的1.583×10^8 m^3。广东省2008年大型沼气工程共有287处，每处年平均产气量为5.14×10^4 m^3，大型沼气工程总产气量为1.4762×10^7 m^3。从以上数据可以看出，农村户用沼气池年均产气量少，故此处以广东省大型沼气工程的平均产气量为例，进行经济性评价。

10.3.1 沼气站内部性效益分析

1. 沼气收益

广东省大型沼气站年均产气量5.14×10^4 m^3，沼气单价按1.5元/立方米计算，出售沼气的年平均收益为77100元。若用于发电，1 m^3的沼气发电1.8 kW · h（王宇欣，2008），电的市场单价为0.55元/(千瓦 · 时)，年发电

92520 kW·h，总收益达到 50886 元/年。

2. 有机商品肥收益

沼气发酵产生的沼渣与沼液是一种优质的有机肥料，营养成分较丰富，养分含量较为全面，如果实现商品化，每年又可获得可观的内部收益。

（1）固体肥料。平均每个大型沼气站年产固体有机肥料 85.6 t，若按照现有产品的市场价格 380 元/吨，则出售固体有机肥的收益为 3.25 万元/年。

（2）液体肥料。年产约为 3.52×10^4 t，若市场价为 5 元/吨，则出售液体有机肥的收益为 17.6 万元/年。

通过以上两项计算可知，沼气站通过有机肥商品化至少可获收益 20.85 万元/年。

3. 减少排污费用

经过沼气工程处理的污水作为液体肥料利用，养殖场可以少缴排污罚款。若按水污染特殊行业收费标准 2 元/吨计，则养殖场可减少排污罚款就至少可达 7.04 万元/年。

以上分析表明，沼气站的沼气收益、肥料收益和减少排污费用三项相加，使沼气站内部性总收益达到 35.6 万元/年。同时，我们也注意到，大中型沼气工程一次性投资大，大中型沼气工程投资回收期一般在 10 年以上，经济效益问题和投资回收期过长等依然制约着大中型沼气工程的产业化发展。

10.3.2　沼气站外部环境效益分析

1. 减少能源消耗

通过沼气工程建设，可以为农民提供清洁高效的能源，解决农户炊事用能问题，沼气站年产气 5.14×10^4 m^3，相当于减少标准煤消耗 36.7 t（沼气的折标煤系数为 0.714 kg/m^3）。按国家税务总局发布的《关于调整焦煤资源税适用税额标准的通知》规定，从 2007 年 2 月 1 日起，焦煤的资源税适用税额标准将确定为 8 元/吨。沼气站生产的沼气相当于给用户节省了约 293.6 元能源资源税支出。

2. 减少污染气体排放

沼气站年减少 CO_2 排放 127.27 t，减少 SO_2 排放 1.41 t，减少 NO_x 排放 0.49 t，减少粉尘排放 0.65 t。目前，国际市场上的温室气体减排权交易的价格为每吨 CO_2 当量 10 美元。参考 2008 年银行间外汇市场美元对人民币汇率的中间价为 1 美元对人民币 7.6739 元，参与国际市场减排权交易，沼气站每年由减排 CO_2 得到的收益约为 9766 元人民币。

自 2000 年起，SO_2 排污费提高到 1.20 元/千克，由减少 SO_2 排放得到的收益相当于1692元。而美国市场上SO_2减排权交易的价格为每吨SO_2当量200美元。根据国家发展和改革委员会价格司发布的有关报告，力争“十一五”期间把SO_2排污费征收标准逐步提高到治理污染的全部成本水平，可以预见以后由减少SO_2排放得到的收益还会有很大的上升空间。

3. 减少化肥使用

用农民支付意愿调查方法，通过估计绿色农产品和一般农产品的价差来确定化肥的外部环境成本为0.79元/千克。沼气站每年所产固体肥料可替代化肥85.6 t，相当于增加外部性收益为6.76万元。

第11章　广东省畜禽沼气化发展的建议及总结

11.1　广东省畜禽养殖管理的对策

针对广东省畜禽养殖业的特点，本书基于上述研究，提出以下适合现阶段实施的畜禽养殖业管理的对策。首先对各个大型生猪养殖场及生猪饲养散户进行规范管理。针对广东畜牧业以饲养生猪为主的特点，生猪饲养产生的粪污是养殖业环境污染的主要来源。畜禽养殖管理应首先针对生猪养殖业开展工作。从周边环境承载力、粪便利用途径及其商业化的角度限定生猪养殖数量。生猪粪污经过不同的处理方式后，有的利用途径多，相对来说产量少，可以被完全利用，或被环境完全消纳；有的利用途径少，相对产量大，只能部分被循环利用，然后排向周边土地、鱼塘、河流，造成污染。政府职能部门应该设立法规，建立评价体系，招纳专业人员，对不同规模的养猪场、农村养猪户进行全面的评价，推算养殖数量的临界值。

加强宣传教育，提高农民和公众的环保意识。本书认为，以农村生活环境的优质化、气候变化、社会责任感为基本思路对农民和公众加强环保教育。在广东，珠三角地区的农村生活环境较好，农民基本使用天然气、煤气作为燃料，基本城市化，户用养猪极少；在粤北、粤西、粤东地区，户用养猪较多，农村生活环境较差。因此，在粤北、粤西、粤东地区应加大宣传家畜粪便沼气化带来的好处。在珠三角农村地区和广东大型养殖场，应该重点宣传气候变化带来的灾难以及个人的社会责任感。完善法规，加强部门之间的合作，并投入环保补贴。针对广东省的实际情况，建立和完善有关法律法规、标准和技术规范，把畜禽养殖管理规范化、法制化。地方各级落实职责，实施相应的监督、管理举措，加强各部门之间的合作，包括上级单位和下级单位之间，环保部门、畜禽养殖管理部门及村党政部门之间。投入环保补贴，如对建立沼气池的、对增加有机肥利用的、对沼气发电及当作燃料利用的农户及大型养猪场投入补贴。加强环境监测工作。在有了法规、评价体系、宣传、补贴后，仍然应该加强环境监测工作，了解实际情况以便落实补贴和法律惩处。监测点应该分布在大型养殖场的各个污水排放口、周边地下水里，对于农村户用型养殖，不便每户监测，应该以村为单位进行区域性监控。

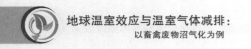

11.2 广东省农村畜禽废物沼气化的发展建议

本书根据广东省生物质资源、沼气建设的地域及利用模式特点，提出发展沼气建设的建议。广东省珠三角地区不适宜发展沼气。广东省珠三角地区农民人均收入高，且养猪数量极少。由于生物质资源的匮乏，且农户基本使用更清洁、更方便的能源，如天然气、煤气等，因此，不建议在珠三角地区发展沼气。建议在生物质资源丰富的地区推广沼气池建设，尤其应该发展广东省生物质资源丰富而沼气建设少的地区的沼气池建设。据本书分析，广东省生猪养殖两翼多，且西翼多于东翼。茂名、肇庆、湛江、梅州、清远、韶关、江门、阳江、惠州等地猪的养殖量大，其中茂名、肇庆、湛江、江门、惠州的沼气推广工作较为落后。茂名、肇庆、湛江是全省排名前三的养猪大市，但其沼气池拥有量分别排名全省的第7位、第11位、第9位，与其养猪量不成比例。这些地区具有沼气池建设的资源优势，需要进一步加大投入力度，推广农村户用沼气池和规模化养殖场的沼气池建设工作。

宣传生态农业模式，加强对沼气、沼液、沼渣的多方面利用，实施沼气、沼液、沼渣的商业化。农业部门要对开展沼气建设的地区实施综合利用进行方法与技术的指导，保证农民开展“猪（畜禽）－沼－果”“猪（畜禽）－沼－茶”“猪（畜禽）－沼－菜”的利用模式，以沼液、沼渣等有机肥料灌溉高附加价值的经济作物，帮助大型养殖场实现商业化运作。一是加大资金投入力度。在生物质资源丰富的地区，为了加强沼气建设，有关部门需要争取省政府的支持，金融部门要把沼气建设作为扶持项目，加大信贷投入。二是培训沼气技术人员。为了沼气建设更广泛，需要有专业的技术推广队伍开展沼气的日常管理、沼气配件和技术维修服务，使农户想学技术有人培训，建设沼气池有人指导。努力推进沼气建设专业化施工、物业化管理、社会化服务、市场化运作，确保沼气持续发展、农民长期受益。

11.3 研究结论与展望

广东省生猪养殖量远大于其他家畜，生猪养殖是省内最主要的农业污染源。从产量上来看，广东省生猪出栏头数基本呈上升趋势，生猪养殖数量呈现出珠三角少，两翼多，且西翼多于东翼的特点。生猪养殖主要分布在茂名、肇庆、湛江、梅州、清远、韶关、江门、阳江、惠州等地，东莞、深圳、中山、汕尾、潮

州等地养殖较少。广东省户用沼气池建设空间分布却极为不均。广东农村户用沼气池建设在粤北和粤东地区占了全省的绝大部分，珠三角地区分布极少。广东省以韶关和梅州为沼气建设的高水平地区，粤东地区的潮州、揭阳、河源三市的沼气池拥有量也较大，粤西地区只有阳江和茂名的沼气池超过了 1.8 万个，而珠三角地区的广州、深圳、中山、佛山、东莞、珠海、江门等地则极少。

广东农村户用沼气池建设受多种因素共同影响。城市化水平、政府投资力度、农村人均纯收入作为影响广东农村沼气建设的重要因素，养猪数量是广东农村户用沼气发展的充分非必要因素，温度对广东地区来说没有影响，电及燃料的价格指数、各地区果桑面积及淡水鱼饲养量对沼气建设没有明显影响。广东省农村户用沼气温室气体减排量少、减排潜力大。广东农村户用沼气池 2007 年减少排放的温室气体总共为 2.1×10^4 t。2007 年全年家畜养殖排放温室气体 2.427×10^5 t（CH_4），折合为沼气池建设后减排比例为 0.38%。全省只有 29 万个沼气池，拥有沼气池的农户只占全省 800 万户农户中的很小一部分，需继续加强户用沼气池建设。

广东省大型沼气的工程商业化具有可行性。沼气工程效益的实现途径有沼气收益、有机商品肥收益、减少能源消耗、减少污染气体排放、减少化肥使用量。广东省 2008 年大型沼气工程共有 287 处，每处年平均产气量为 5.14×10^5 m^3，以上述 5 项为指标，计算得出平均每处大型沼气工程 2008 年收益为 42.54 万元，全省总共可收益 12166.44 万元。

虽然本书初步取得了一些研究成果，但由于自身研究水平、研究经费和研究时间等客观条件的限制，也存在一些不足之处，这主要包括 2 个方面。第一，用各市沼气池数量代替地区沼气发展水平作因变量是不完善的，应该还要考虑各地户用沼气池容积以及产气量。由于时间和经费限制，无法开展逐个村、户的调研，不能具体了解各地户用沼气池的容积以及产气情况，只能用各市沼气池数量代替了该地区沼气建设水平做偏相关分析及回归分析，所以可能使影响因素与沼气建设的相关系数有少许差异，但不会影响最终结论的确定。第二，减排过程还应考虑使用沼液、沼渣代替化肥，从而减少化肥生产过程中排放的温室气体。但由于时间和经费限制，本书没有调查各地区使用沼液、沼渣代替化肥情况，因此没有计算这部分温室气体的减排。

本书从环境科学、经济学、温室气体减排的角度对广东省畜禽养殖沼气化发展的生物质来源、模式、空间分布、影响因素、商业化可行性进行了初步研究，是农村沼气发展问题当中新兴的研究领域，但距离理论、方法以及可实施性上的成熟还有很大的差距，还需要大量的后续研究进行完善，如广东畜禽废物沼气商业化不仅需要研究经济的可行性，还应加强技术功能特性、技术保障和质量服务体系的完整性等方面来分析该商业化的可行性。此外，还应该详细探讨技术产业化条件、技术的经济性、融资问题等可能出现的阻碍。本书研究了畜禽废物沼气建设的发展现状、空间分布及影响因素，还应该进一步分析不同沼气建设的发展前景。以后的调研工作，在时间和经费允许的条件下，要做到更广泛与精确，要特别关注生物资源丰富但沼气建设量少的地区，也就是 BRT 指数低的地区，摸清情况分析原因，才能有效促使该地区家畜粪便沼气化，有效减少温室气体排放。

参考文献

白春节，2007．城市剩余活性污泥直接饲养蚯蚓可行性研究［J］．微生物学通报，34（1）：116－118．

毕崇存，王文，王洁，2003．用沼液喂育肥猪的效果观察［J］．中国沼气，21（1）：42－43．

卞有生，2000．生态农业中废弃物的处理与再生利用［M］．北京：化学工业出版社：84－91．

曾国揆，谢建，尹芳，2005．沼气发电技术及沼气燃料电池在我国的应用状况与前景［J］．可再生能源（1）：38－40．

常志洲，朱万宝，叶小梅，等，2000．禽畜粪便生物干燥技术研究［J］．农业环境保护，19（4）：213－215．

陈碧辉，2006．温室气体源汇及其对气候影响的研究现状［J］．气象科学，26（5）：586．

陈传波，丁士军，2001．基尼系数的测算与分解［J］．上海统计，19（7）：20－24．

陈孝红，王传尚，程龙，2007．关岭生物群的起源与环境演化［J］．资源环境与工程，21（增）：4－9．

陈迎卞，2004．广东省畜牧业发展情况报告［J］．广东畜牧兽医科技，29（6）：5－7．

陈泽，2000．生物质沼气发电技术［J］．环境保护，27（10）：41－42．

陈子俭，汪呈理，1999．温室效应与气候变暖［J］．安庆师范学院学报（自然科学版），5（1）：62－64．

成文，卢平，罗国维，2000，等．养猪场废水处理工艺研究［J］．环境污染与防治，22（1）：24－27．

程绍明，马杨晖，姜雄晖，2009．我国畜禽粪便处理利用现状及展望［J］．农机化研究，13（2）：222－224．

戴旭明，2000．加拿大牧场的粪便处理技术［J］．浙江畜牧兽医，15（1）：42－43．

单昊书，吴瑛，徐越，等，2007．畜禽粪便再利用现状和存在的问题探讨［J］．中国家禽，29（16）：44－45．

邓劲松，李君，张玲，2009．城市化过程中耕地土壤资源质量损失评价与分析［J］．农业工程学报，25（6）：261－265．

丁惠萍，张社奇，冯秀绒，2003．太阳辐射与温室效应［J］．物理，32（2）：

94 – 97.
丁仲礼，傅伯杰，韩兴国，2009．中国科学院“应对气候变化国际谈判的关键科学问题”项目群简介［J］．中国科学院院刊，23（1）：8 – 17.
董红敏，李玉娥，陶秀萍，2008．中国农业源温室气体排放与减排技术对策［J］．农业工程学报，24（10）：269 – 273.
董红敏，李玉娥，朱志平，等，2009．农村户用沼气 CDM 项目温室气体减排潜力［J］．农业工程学报，25（11）：293 – 296.
董仁杰，刘广青，侯允，2001．中国沼气利用现状［J］．农业工程学报，17（1）：1 – 6.
董艳，仝川，杨红玉，等，2007．福州市自然和人工管理绿地土壤有机碳含量分析［J］．杭州师范学院学报：自然科学版，6（6）：440 – 444.
段茂盛，王革华，2003．畜禽养殖场沼气工程的温室气体减排效益及利用清洁发展机制（CDM）的影响分析［J］．太阳能学报，24（3）：286 – 289.
范竹波，2007．沼气的综合利用技术．科学之友（1）：154 – 155.
方精云，刘国华，徐嵩龄，1994．我国森林植被的生物量和净生产量［J］．生态学报，16（5）：497 – 508.
傅晓，2009．梅州市沼气建设发展现状及对策研究［J］．广东农业科学（6）：204 – 207.
高红莉，周文宗，张硌，2008．城市污泥的蚯蚓分解处理技术研究进展［J］．中国生态农业学报，16（3）：788 – 793.
龚红娥，2002．基尼系数及其实际应用［J］．市场与人口分析，8（6）：35 – 40.
管东生，陈玉娟，黄芬芳，1998．广州城市绿地系统碳的贮存、分布及其在碳氧平衡中的作用［J］．中国环境科学，18（5）：437 – 441.
广东省统计局．广东统计年鉴 1995—2009［M］．广州：广东年鉴出版社.
郭正府，刘嘉麒，2002．火山活动与气候变化研究进展［J］．地球科学进展，17（4）：595 – 604.
国家发改委，2006．关于确定中国电网基准线排放因子的公告［R］.
国家科学技术委员会，1990．中国科学技术蓝皮书第 5 号：气候［M］．北京：科学技术文献出版社：523.
何逸民，冯春复，阳燕，等，2009．畜禽粪便污染及其治理技术进展［J］．广东畜牧兽医科技，34（1）：3 – 6.
胡明秀，2004．农业废弃物资源化综合利用途径探讨．安徽农业科学，32（4）：757 – 759.
胡永云，2012．全球变暖的物理基础和科学简史．物理，41（8）：495 – 504.

黄邦汉，李泉临，1999．中国沼气利用之嚆矢—罗国瑞及其瓦斯“神灯”明灭的启示［J］．中国农史，18（1）：102－107．

黄德辉，2001．浅议猪·沼·果生态农业模式［J］．生态经济（11）：73－74．

黄海龙，罗建新，赵莉，等，2007．畜禽粪便的环境生态效应及资源化利用［J］．作物研究，21（12）：771－774．

黄红星，张禄祥，罗慧君，2007．广东省农村沼气发展现状与对策建议［J］．广东农业科学（10）：101－103．

贾永全，韦春波，陈晓鸥，2009．大庆市畜禽粪便处理与利用状况的分析研究［J］．家畜生态学报，30（4）：106－109．

江波涛，罗新义，郭春晖，2007．畜禽粪便资源化处理技术［J］．技术交流（11）：91－93．

江立方，顾剑新，2002．上海市畜禽粪便综合治理的实践与启示［J］．家畜生态，23（1）：1－4．

姜大膀，刘叶一，2016．温室效应会使地球温度上升多高－关于平衡气候敏感度［J］．科学通报（7）：691－694．

《气候变化国家评估报告》编写委员会，2007．气候变化国家评估报告［M］．北京：科学出版社．

李丹，杨香华，朱光辉，等，2013．澳大利亚西北大陆架中晚三叠世沉积序列与古气候——古地理［J］．海洋地质与第四纪地质，33（6）：61－70．

李玲玉，杨艳丽，张培栋，2009．中国农村生物质能消费的 CO_2 排放量估算［J］．可再生能源，27（2）：91－95．

李蒙俊，杨立新，1996．具有高效能量转换的沼气燃料电池［J］．中国沼气，14（3）：41－42．

李淑兰，吴晓芙，刘英，等，2005．猪场废水处理技术［J］．中南林学院学报，25（5）：132－138．

李颖，黄贤金，甄峰，2008．区域不同土地利用方式的碳排放效应分析：以江苏省为例［J］．江苏土地，16（4）：16－20．

廉毅，陈德林，隋波，等，1997．长春市太阳总辐射通量密度与大气中 CO_2 浓度关系初探［M］//丁一汇，中国的气候变化与气候影响研究．北京：气象出版社：102－107．

林而达，刘颖杰，2008．温室气体排放和气候变化新情景研究的最新进展［J］．中国农业科学，41（6）：1700－1707．

凌云，路葵，徐亚同，2001．禽畜粪便好氧堆肥研究进展［J］．中国沼气，19（2）：45－46．

刘嘉麒，钟华，刘东生，1996. 渭南黄土中温室气体组分的初步研究［J］. 科学通报（24）：51－54.

刘灵，杨仪锦，李永刚，等，2016. 贵州从江南加地区钨铜多金属矿的成矿规律及成矿模式初探［J］. 贵州地质，33（4）：265－271.

刘强，刘嘉麒，刘东生，2000. 北京斋堂黄土剖面主要温室气体组分初步研究［J］. 地质地球化学（2）：82－86.

刘尚余，骆志刚，赵黛青，2006. 农村沼气工程温室气体减排分析［J］. 太阳能学报，27（7）：652－655.

刘晓东，张敏锋，惠晓英，等，1998. 青藏高原当代气候变化特征及其对温室效应的响应［J］. 地理科学，18（2）：113－121.

刘燕华，葛全胜，何凡能，等，2008. 应对国际CO2减排压力的途径及我国减排潜力分析［J］. 地理学报，63（7）：675－682.

刘振波，高林朝，王滨杰，2006. 沼气的综合利用技术和发展前景［J］. 科学研究（6）：34－36.

卢辉，邵承斌，敖黎鑫，2008. 畜禽粪便处理技术的研究动态［J］. 重庆工商大学学报（自然科学版），25（6）：264－267.

陆日东，李玉娥，石锋，等，2008. 不同堆放方式对牛粪温室气体排放的影响［J］. 农业环境科学学报，27（3）：1235－1241.

骆世明，黎华寿，2006. 广东沼气农业模式的典型调查与思考［J］. 生态环境，15（1）：147－151.

梅建屏，徐健，金晓斌，等，2009. 基于不同出行方式的城市微观主体碳排放研究［J］. 资源开发与市场，25（1）：49－52.

倪慎军，2005. 关于德国沼气发电技术应用的考察报告［J］. 河南农业（2）：16－18.

潘根兴，曹建华，周运超，2000. 土壤碳及其在地球表层系统碳循环中的意义［J］. 第四纪研究（4）：325.

潘光松，胡桂明，2015. 贵州从江县污牙白钨矿控矿条件及找矿前景［J］. 云南地质，34（1）：99－103.

庞云芝，李秀金，2006. 中国沼气产业化途径与关键技术［J］. 农业工程学报，22（增1）：53－57.

齐玉春，董云社，耿元波，等，2003. 我国草地生态系统碳循环研究进展［J］. 地理科学进展，22（4）：342－352.

齐玉春，董云社，2004. 中国能源领域温室气体排放现状及减排对策研究［J］. 地理科学，24（5）：528－534.

《气候变化国家评估报告》编写委员会，2007. 气候变化国家评估报告［M］. 北京：科学技术出版社：31 – 33.
钱利军，时志强，欧莉华，2010. 二叠纪——三叠纪古气候研究进展——泛大陆巨型季风气候：形成、发展与衰退［J］. 海相油气地质，15（3）：52 – 58.
瞿志印，徐旭晖，2008. 广东农村沼气发展的障碍与对策［J］. 南方农村（3）：49 – 52.
饶红娟，李永刚，吴寿宁，2017. 贵州省从江县污牙白钨矿床控矿因素探讨［J］. 地质评论，63（增刊）：193 – 194.
沈明星，王海候，沈晓萍，2008. 温度对蚯蚓处理牛粪能力的影响及其调控效果［J］. 江苏农业科学（3）：263 – 265.
宋长春，2003. 湿地生态系统碳循环研究进展［J］. 地理科学，23（5）：622 – 628
谭新，方热军，2006. 猪粪对环境的污染及其处理与利用技术［J］. 饲料工业，27（21）：58 – 60.
陶波，葛全胜，李克让，等，2001. 陆地生态系统碳循环研究进展［J］. 地理研究，20（5）：564 – 575.
汪海波，辛贤，2007. 中国农村沼气消费及影响因素［J］. 中国农村经济（11）：60 – 65.
汪建飞，于群英，陈世勇，2006. 农业固体有机废弃物的环境危害及堆肥化技术展望［J］. 安徽农业科学，34（18）：4720 – 4722.
王成杰，汪诗平，周禾，2006. 放牧家畜甲烷气体排放量测定方法研究进展［J］. 草业学报，15（1）：113 – 116.
王方浩，马文奇，窦争霞，2006. 中国畜禽粪便产生量估算及环境效应［J］. 中国环境科学，26（5）：614 – 617.
王庚辰，1996. 我国中层大气臭氧研究的某些进展［J］. 科技导报（8）：35 – 37，41.
王林云，2009. 发展低碳养猪业、保护环境、拯救地球——再论中国的节约型养猪［J］. 猪业科学（12）：72 – 75.
王绍武，1991. 全球气候变暖与未来发展趋势［J］. 第四纪研究，11（3）：26 – 76.
王效科，冯宗炜，2000. 中国森林生态系统中植物固定大气碳的潜力［J］. 生态学杂志，19（4）：72 – 74.
王宇欣，苏星，唐艳芬，等，2008. 京郊农村大中型沼气工程发展现状分析与对策研究［J］. 农业工程学报，（10）：291 – 296.
王兆夺，祝超伟，于东生，2017. 全球气候变化背景下对温室效应的思考［J］. 辽宁师范大学学报（自然科学版）（3）：124 – 131.
魏刚才，李培庆，种华，2005. 关于减少养禽业粪便污染的途径探讨［J］. 安徽农业科学，33（5）：883－885.
吴创之，马隆龙，2003. 生物质能现代化利用技术［M］. 北京：化学工业出版社：267.
吴淑杭，姜震方，俞清英，2003. 禽畜粪便处理技术与资源化途径综述［J］. 上海农业学报，19（2）：52－54.
吴小玲，葛大兵，张杰，等，2008. 规模化养猪场粪便处理技术研究进展［J］. 现代农业科技，(21)：272－274.
相俊红，胡伟，2006. 我国畜禽粪便废弃物资源化利用现状［J］. 现代农业装备(2)：59－63.
肖冬生，2002. 规模化养猪场粪污水处理和利用的研究［D］. 北京：中国农业大学.
肖国举，张强，王静，2007. 全球气候变化对农业生态系统的影响研究进展［J］. 应用生态学报，18（8）：1877－1885.
徐胜友，蒋忠诚，1997. 我国岩溶作用与大气温室气体 CO_2 源汇关系的初步估算［J］. 科学通报，42（9）：953－956.
徐晓刚，李秀峰，2008. 我国农村沼气发展影响因素分析［J］. 安徽农业科学，36(7)：2888－2890.
徐旭晖，2008. 江门市大中型沼气建设模式创新研究［J］. 广东农业科学（9）：188－189.
徐旭晖，2008. 韶关市沼气发展现状与对策［J］. 广东农业科学（8）：211－213.
严国安，刘永定，2004. 水生生态系统的碳循环及对大气 CO_2 的汇［J］. 生态学报，21（5）：827－833.
颜佳新，1999. 东特提斯地区二叠——三叠纪古气候特征及其古地理意义［J］. 地球科学，24（1）：13－20.
颜丽，2004. 沼气发电产业化可行性分析［J］. 太阳能学报（5）：12－14.
杨保，施雅风，李恒鹏，2002. 过去 2 ka 气候变化研究进展［J］. 地球科学进展，17（1）：110－117.
杨国义，陈俊坚，何嘉文，等，2005. 广东省畜禽粪便污染及综合防治对策［J］. 土壤肥料（2）：46－49.
杨丽丽，2011. 浅议全球的温室效应问题［J］. 中国化工贸易，3（11）：116－117.
杨艳丽，侯坚，张培栋，2009. 中国农村户用沼气发展的空间分异格局［J］. 资源科学，31（7）：1219－1225.
杨占江，汪海波，2008. 三门峡市农村户用沼气发展的影响因素及对策——基于对该市 151 户农户调查的分析［J］. 安徽农业科学，36（1）：280－282.

叶夏，阮妙鸿，张冲，等，2010. 福建省养猪场粪污沼气综合利用模式研究［J］. 生态家园（3）：60－63.
游玉波，董红敏，2006. 家畜肠道和粪便甲烷排放研究进展［J］. 农业工程学报，22（增2）：193－196.
余东波，2006. 沼气发酵液综合利用技术示范研究［D］. 昆明：云南师范大学.
袁道先，1993. 碳循环与全球岩溶［J］. 第四纪研究，13（1）：1－6.
袁周伟，2017. 贵州三叠纪化石群古地理与古生态环境全球对比分析与世界遗产价值［D］. 贵阳：贵州师范大学.
张红骥，寓亚冰，王凡，2007. 农业废弃物转化再生饲料的研究概况［J］. 黑龙江农业科学（1）：71－73.
张立建，2007. 基尼系数的快速算法［J］. 统计科普（12）：39－40.
张培栋，李新荣，杨艳丽，等，2008. 中国大中型沼气工程温室气体减排效益分析［J］. 农业工程学报，24（9）：239－243.
张培栋，王刚，2005. 中国农村户用沼气工程建设对减排 CO_2、SO_2 的贡献——分析与预测［J］. 农业工程学报，21（12）：147－151.
张全国，2005. 沼气技术及其应用［M］. 北京：化学工业出版社：43－47.
张仁健，王明星，郑循华，等，2001. 中国二氧化碳排放源现状分析［J］. 气候与环境研究，6（3）：321－327.
张无敌，宋洪川，丁琪，2001. 沼气发酵残留物防治农作物病虫害的效果分析［J］. 农业现代化研究，22（3）：167－170.
张无敌，2002. 沼气发酵残留物利用基础［J］. 昆明：云南科技出版社：33－35.
张宇，陈凤雨，2014. 贵州从江污牙钨矿地质特征及成因浅析［J］. 价值工程，17（1）：328－329.
张志强，曾静静，2008，曲建升. 应对气候变化与温室气体减排问题分析与对策建议［J］. 科学对社会的影响（1）：5－10.
赵会平，2005. 燃料电池的发展［J］. 电源技术应用（4）：78－79.
赵青玲，杨继涛，李遂亮，2003. 畜禽粪便资源化利用技术的现状及展望［J］. 河南农业大学学报，37（2）：184－187.
赵荣钦，黄贤金，徐慧，等，2009. 城市系统碳循环与碳管理研究进展［J］. 自然资源学报，24（10）：1843－1859.
赵彦彦，郑永飞，2011. 全球新元古代冰期的记录和时限［J］. 岩石学报，27（2）：545－565.
赵玉环，2002. 试析加快广东沼气建设. 绿色经济（9）：65－68.
郑乐平，1998. 温室气体 CO_2 的另一源——地球内部［J］. 环境科学研究，11

（2）：21 -24.
中国国家统计局，2008. 中国统计年鉴2007［M］. 北京：中国统计出版社：212 -213.
中华人民共和国农业部，2009. "中国——芬兰户用沼气清洁发展机制" 项目签约［J］. 草原科学，26（3）：21.
中华人民共和国农业部，2007. 全国农村可再生能源统计资料（1996—2006）［R］.
中国气候变化水利部气候变化研究中心，2008. 气候变化观测事实［J］. 南京水利科学研究院院报（11）：28 -30.
周元军，2003. 规模化猪场猪粪尿沼气发酵综合处理利用［J］. 畜牧与兽医，35（9）：19 -20.
朱玲，2009. 中国面临农业温室气体减排新课题［J］. 中国科技投资（7）：48.
朱仁斌，孙立广，邢光熹，2001. 南极苔原近地面 CO_2、CH_4、N_2O 浓度和通量的相互关系［J］. 中国科学技术大学学报（5）：106 -112.
竺可桢，1973. 中国近五千年来气候变迁的初步研究［J］. 气象科技资料（2）：15 -38.
卓然，2009. 温室效应：危害正日益显现［J］. 教师博览文摘版，17（6）：53 -55.
ABRAMOVICH S, ALMOGI-LABIN A, BEJAMINI C, 1998. Decline of the Maastrichtian pelagic ecosystem based on planktonic foraminifera assemblage change: implication for the terminal Cretaceous faunal crisis [J]. Geology, 26: 63 -66.
AKIYAMA H, TSURUTA H, WATANABE T, 2000. N_2O and NO emissions from soils after the application of different chemical fertilizers [J]. Chemosphere - Global Change Science (2): 313 -320.
ALVAREZ R, LIDEN G, 2008. The effect of temperature variation on biomethanation at high altitude [J]. Bioresource technology, 99 (15): 7278 -7284.
ANDREAS S, THOMAS B, NARYTTZA N D, et al, 2008. The metagenome of a biogas-producing microbial community of a production-scale biogas plant fermenter analysed by the 454-pyrosequencing technology [J]. Journal of Biotechnology (136): 77 -90.
ATSUSHI H, HIROKO A, SHIGETO S, et al, 2009. N_2O and NO emissions from an Andisol field as influenced by pelleted poultry manure [J]. Soil Biology and Biochemistry, 41 (3): 521 -529.
BAHMAN E, 1997. Composting manure and other organic residues Waste Management [J]. Livestock waste systems, 210.
BHATTACHARYA S C, ABDUL SALAM P, SHARMA M, 2000. Emissions from bio-

mass energy use in some selected Asian countries. Energy, 25 (2): 169 - 88.

BHATTACHARYA S C, ABDUL SALAM P, 2002. Low greenhouse gas biomass options for cooking in the developing countries [J]. Biomass Bioenergy, 22 (4): 305 - 317.

BOWRING S A, ERWIN D H, JIN Y, et al, 1998. U/Pb zircon geochronology and tempo of the end-Permian mass extinction [J]. Science, 280: 1039 - 1045.

BRALOWER T J, ARTHUR M A, LECKIE R M, et al, 1994. Timing and paleoceanography of oceanic dysoxia/anoxia in the late Barremian to Early Aptian (Early Cretaceous) [J]. Palaios, 9: 335 - 339.

BURTON C H, 1992. A review of the strategies in the aerobic treatment of Pig slurry: Purpose, theory and method [J]. Journal of Agrieultural Engineering Researeh (53): 249 - 272.

BURTON C H, 2007. The potential contribution of separation technologies to the management of livestock manure [J]. Livestock Science (112): 208 - 216.

CAI J, JIANG Z, 2008. Changing of energy consumption patterns from rural households to urban households in China: An example from Shanxi Province, China [J]. Renewable and Sustainable Energy Reviews, 12 (6): 1667 - 1680.

CALDEIRA K G, RAMPINO M R, 1990. Deccan volcanism, greenhouse warming, and the Cretaceous/Tertiary boundary [M] //SHARPTON V L, WARD P D. Global Catastrophes in Earth History. New York: Academic Press: 117 - 123.

CHAPPELLAZ J, BARNOLA J M, RAYNAUD D, et al, 1990. Ice-core record of atmospheric methane over the past 160000 years [J]. Nature, 345 (6271): 127 - 131.

CHEN R J, 1997. Livestock-biogas-fruit systems in South China [J]. Ecological Engineering (8): 19 - 29.

CHESTER D, 1993. Volcanoes and Society [M]. London: Edward Arnold: 25 - 185.

COURTILLOT V, 1999. Evolutionary Catastrophes: The Science of Mass Extinctions [M]. Cambridge: Cambridge University Press: 1 - 237.

COX K, 1988. Global volcanic catastrophes? [J]. Nature, 333: 802.

DASGUPTA R, HIRSCHMANN M M, WITHERS A C, 2004. Deep global cycling of carbon constrained by the solidus of anhydrous, carbonated eclogite under upper mantle conditions [J]. Earth Planet Sci. Lett., 227: 73 - 85.

DASGUPTA R, HIRSCHMANN M M., 2010. The deep carbon cycle and melting in Earth's interior [J]. Earth Planet Sci. Lett, 298: 1 - 13.

DE RAMUS H A, CLEMENT T C, GIAMPOLA D D, 2003. Methane emissions of beef cattle on forages: Efficiency of grazing management systems [J]. Journal of Environmental quality (32): 269 - 278.

DEMAIN A L, NEWCOMB M, WU J H, 2005. Cellulase, clostridia, and ethanol [J]. Microbiol. Mol. Biol. Rev. (69): 124 - 154.

DRAKE H L, KUSEL K, MATTHIES C, 2002. Ecological consequences of the phylogenetic and physiological diversities of acetogens [J]. Antonie Van Leeuw (81): 203 - 213.

DYER J A, DESJARDINS R L, 2007. Energy-based GHG Emissions from Canadian Agriculture [J]. Energy Inst, 80 (2): 93 - 95.

ENTCHEVA P, LIEBL W, JOHANN A, et al, 2001. Direct cloning from enrichment cultures, a reliable strategy for isolation of complete operons and genes from microbial consortia [J]. Appl. Environ. Microbiol. (67): 89 - 99.

ERBEZNIK M, HUDSON S E, HERRMAN A B, et al, 2004. Molecular analysis of the operon, coding for transport, in Thermoanaerobacter ethanolicus [J]. Curr. Microbiol. (48): 295 - 299.

FEINERMAN E, BOSCH D J, PEASE J W, 2004. Manure applications and nutrient standards [J]. Am. J. Agric. Econ., 86 (1) : 14 - 25.

GAUDIN C, BELAICH A, CHAMP S, et al, 2000. A multidomain cellulase from Clostridium cellulolyticum: a key enzyme in the cellulosome [J]. Bacteriol (182): 1910 - 1915.

GILL S R, POP M, DEBOY R T, et al, 2006. Metagenomic analysis of the human distal gut microbiome [J]. Science (312): 1355 - 1359.

GOLLEHON N, CASWELL M, RIBAUDO M, et al, 2001. Confined animal production and manure nutrients [J]. Agriculture Information Bulletin (771).

HADI T, 2003. Phosphorus loss to runoff water twenty-four hours after application of liquid swine manure or fertilizer [J]. Journal of Environmental quality (32): 1044 - 1052.

HARI K, ALOK K B, 2009. A promising renewable technology and its impact on rural households in Nepal [J]. Renewable and Sustainable Energy Reviews (13): 2668 - 2674.

HAYES J M, WALDBAUER J R, 2006. The carbon cycle and associated redox processes through time. Phil. Trans. R. Soc. B., 361: 931 - 950.

HENNING R, ROBOT C, 1998. The legacy at Svante Arrhenius understanding the greenhouse effect [M]. Stocholm: Royal Swedish Academy of Sciences: 13 - 42.

HENRY S T, WHITE R K, 1990. Composting broiler litter-effects of two management systems [J]. Agricultural and Food Processing Wastes (6): 1 - 9.

HESSELBO S P, GROCKE D R, JENKYNS H C, et al, 2000. Massive dissociation of gas hydrate during a Jurassic oceanic anoxic event [J]. Nature, 406: 392 -395.

IPCC, 2001. Climate change 2001: Synthesis Report-Contribution of Working GroupI, Ⅱ, III to the Third Assessment Report of the Inter-governmental Panel on Climate Change [M]. Cambridge: Cambridge University Press.

IPCC, 2006. Guidelines for National Greenhouse Gas Inventories [M]. IGES, Japan.

IPCC, 1997. Revised 1996 IPCC Guidelines for National Greenhouse Gas Inventories [M]. Bracknell: Meteorological Office.

JANZEN H H, ANGERS D A, BOEHM M, et al, 2006. A proposed approach to estimate and reduce net greenhouse gas emissions from whole farms. Can. J. Soil Sci (86): 410 -418.

JENKYNS H C, 1998. The early Toarcian (Jurassic) anoxic event: stratigraphic, sedimentary and geochemical evidence [J]. Am. J. Sci. , 288: 101 -151.

JOHNSTON F K B, TURCHYN A V, EDMONDS M, 2011. Decarbonation efficiency in subduction zones: Implications for warm Cretaceous climates [J]. Earth Planet Sci. Lett. , 303: 143 -152.

JONES P, BRIFFA K, 1992. Global surface air temperature variations during the twentieth century: Part 1 spatial temporal and seasonal details [J]. The Holocene, 2 (2): 165 -179.

JUNICHI F, AKIHIRO M, YASUNARI M, et al, 2005. Vision for utilization of livestockresidue as bioenergy resource in Japan [J]. Biomass and Bioenergy (29) : 367 -374.

KASAI E, AKIYAMA T, 2006. The science and engineering for recycling materials and energy [J]. Kyouritu Publisher (25): 43 -51.

KERI B C, THOMAS D, KYOUNG S R, et al, 2008. Livestock waste-to-bioenergy generation opportunities [J]. Bioresource Technology (99): 7941 -7953.

KERR A C, 1998. Oceanic plateau formation: a cause of mass extinction and black shale deposition around the Cenomanian-Turonian boundary [J]. J. Geol. Soc. London, 155: 619 -626.

KORNEGAY E, 1998. Nutrient Excretion [J]. Feeda stuffs (5): 14 -15.

KUZYAKOV Y, 2001. Tracer studies of carbo translocation by plants from the atmosphere into the soil (a review) [J]. Eurasian Soil Science, 34 (1): 28 -42.

LANDSBERG H E, 1981. The urban Climate [M]. Pittsburgh: Academic Press: 276.

LARIDI R, AUCLAIR J C, BENMOUSSA H, 2005. Laboratory and pilotscale phosphate and ammonium removal by controlled struvite precipitation following coagulation and flocculation of swine wastewater [J]. Environ. Technol. (26): 525 - 536.

LEGG B J, 1990. Farm and waste: utilization without Pollution [J]. Agrieultural and Food Processing Wastes (86): 2033 - 2041.

LI X H, 1999. U - Pb zircon ages of granites from the southern margin of the Yangtze Block: timing of Neoproterozoic Jinning: Orogeny in SE China and implications for Rodinia Assembly [J]. Precambrian Research, 97: 43 - 57.

LIU H, JIANG G M, ZHUANG H. Y, 2008. Distribution, utilization structure and potential of biomass resources in rural China: with special references of crop residues [J]. Renewable and Sustainable Energy Reviews, 12 (5): 1402 - 1418.

MANABE S, 1997. Early development in the study of greenhouse warning-the emergence of climate models [J]. Ambio, 26: 47 - 51.

MANGINO J, BARTRAM D, BRAZY A, 2001. Development of a methane conversion factor to estimate emissions from animal waste lagoons. Technical Report (224): 1423 - 1450.

MARTIN E E, MACDOUGALL J D, 1995. Sr and Nd isotopes at the Permian/Triassic boundary: a record of climate change [J]. Chem. Geol., 125: 73 - 100.

MCCARTNEY K, HUFFMAN A R, TREDOUX M A, 1990. Paradigm for endogenous causation of mass extinctions [M] //SHARPTON V L, WARD P D. Global Catastrophes in Earth History. New York: Academic Press: 125 - 138.

MCELWAIN J C, BEERLING D J, WOODWARD F I, 1999. Fossil plants and global warming at the Triassic-Jurassic boundary [J]. Science, 285: 1386 - 1390.

MCGUIRE W J, 1992. Changing sea levels and erupting volcanoes: cause and effect? [J]. Geology Today, 7: 141 - 144.

MCLEAN D M, 1985. Mantle degassing unification of the Trans K-T geobiological record [J]. Evol. Biol., 19: 287 - 313.

MESTDAGH I, SLEUTEL S, LOOTENS P, et al, 2005. Soil organic carbon stocks in verges and urban areas of Flanders, Belgium [J]. Grass and Forage Science, 60: 151 - 156

MEYBECK M, 1993. Riverine transport of atmospheric carbon: Sources, global typology and budget [J]. Water Air and Soil Pollution, 70: 443 - 462.

MILLIMAN J D, SYVITSKI J P M, 1992. Geomorphic/tectonic control of sediment discharge to the ocean: the importance of small mountainous rivers [J]. Journal of Ge-

ology, 100: 525 - 544.
MOLLER H B, SOMMER S G, AHRING, B K, 2002. Separation efficiency and particle size distribution in relation to manure type and storage conditions [J]. Bioresour Technol. (85): 189 - 196.
MULLEN J D, CENTNER T J, 2004. Impacts of adjusting environmental regulations when enforcement authority is diffuse: confined animal feeding operations and environmental quality [J]. Rev. Agric. Econ., 26 (2): 209 - 219.
MUNCH E V, BARR K, 2001. Controlled struvite crystallisation for removing phosphorus from anaerobic digester sidestreams [J]. Water Res., (35): 151 - 159.
NDEGWA P M, ZHU J, LUO A, 2002. Effects of solids separation and time on the production of odorous compounds in stored pig slurry [J]. Biosys. Eng. (81): 127 - 133.
NOWAK D J, CRANE D E, 2002. Carbon storage and sequestration by urban trees in the USA [J]. Environmental Pollution, 112: 381 - 389.
OFFICER C B, HALLAM A, DRAKE C L, et al, 1987. Late Cretaceous and paroxysmal Cretaceous/Tertiary extinctions [J]. Nature, 326: 143 - 149.
PLANK T, LANGMUIR C H, 1998. The chemical composition of subducting sediment and its consequences for the crust and mantle. Chem [J]. Geol., 145: 325 - 394.
POKHAREL S, 2007. Kyoto protocol and Nepal, energy sector [J]. Energy Policy (35): 2514 - 2521.
PRASERTSAN S, SAJJAKULNUKIT B, 2006. Biomass and biogas energy in Thailand: potential, opportunity and barriers [J]. Renewable Energy (31): 599 - 610.
RAMACHANDRA T V, SHRUTHI B V, 2007. Spatial mapping of renewable energy potential [J]. Renewable and Sustainable Energy Reviews, 11 (7): 1460 - 1480.
ROBINSON P L, 1973. Palaeoclimatology and continental drift [J]. Implications of continental drift to the earth sciences, 1: 451 - 476.
ROCHETTE P, FLANAGAN L B, 1997. Quantifying rhizosphere respiration in a com crop under field conditions [J]. Soil Sci. Soc. Am. J., 61 (2): 466 - 474.
ROHRBACH A, SCHMIDT M W, 2011. Redox freezing and melting in the Earth' s deep mantle resulting from carbon-iron redox coupling [J]. Nature, 472: 209 - 212.
SANTOS J Q, CAMPOS L S, FERNANDES E, 1988. Upgrading of agrieultural and agro-industrial waste [J]. Agrieultural Waste Management and Environmental Protection (2): 117 - 123.
SCHILS R L M, OLESEN J E, SOUSSANA J F, 2007. A review of farm level modelling approaches for mitigating greenhouse gas emissions from ruminant livestock sys-

tems [J]. Livest. Sci., 112 (3): 240 - 251.

SU J J, LIU B Y, CHANG Y C, 2003. Emission of greenhouse gas from livestock waste and waste water treatment in Taiwan [J]. Agriculture, Ecosystems and Environment (95): 253 - 263.

SZOGI A A, VANOTTI M B, HUNT P G, 2006. Dewatering of phosphorus extracted from liquid swine waste [J]. Bioresour Technol. (97): 183 - 190.

TARDUNO J A, SLITER W V, KROENKE L, et al, 1991. Rapid formation of Ontong Java Plateau by Aptian mantle plume volcanism [J]. Science, 254: 399 - 403.

TERENCE J C, MICHAEL E, JEFFREY D M, 2008. Small livestock producers with diffuse water pollutants: adopting a disincentive for unacceptable manure application practices [J]. Desalination (226): 66 - 71.

TONOOKA Y, LIU J P, KONDOU Y, et al, 2006. A Survey on Energy Consumption in Rural Households in the Fringes of Xian City [J]. Energy and Buildings (38): 1335 - 1342.

UNDP, 2005. Fighting Climate Change: Human Solidarity in a Divided World [R]. Human Development Report.

VANLAUWE B, NWOKE O C, SANGINGA N, et al, 1999. Evaluation of methods for measuring microbial biomass C and N and relationships between microbial biomass and soil organic matter particle size classes in West African soils [J]. Soil Biology and Biochemistry, 31: 1071 - 1082.

VERGé X P C, DYER J A, DESJARDINS R L, et al, 2008. Greenhouse gas emissions from the Canadian beef industry [J]. Agricultural Systems (98): 126 - 134.

WALID H S, ROBERT D, BERNUTH A, 1993. Simulation model for land application of anima manure [J]. An ASAE Meeting Presentation (93): 20 - 21.

WANG X F, BACHMANN G H, HAGDORN H, et al, 2008. The Late Triassic black shales of the Guanling area, Guizhou Province, south-west China: A unique marine reptile and pelagic crinoid fossil lagerstatte. Paleontology, 51 (1): 27 - 61.

WANG X H, FENG Z M, 2003. Common factors and major characteristics of household energy consumption in comparatively well-off rural China [J]. Renewable and Sustainable Energy Reviews, 7 (6): 545 - 552.

WANG X H, FENG Z M, 2005. Study on affecting factors and standard of rural household energy consumption in China [J]. Renewable and Sustainable Energy Reviews, 9 (1): 101 - 110.

WANG X L, ZHOU J C, WAN Y, 2013. Magmatic evolution and crustal recycling for

Neoproterozoic strongly peraluminous granitoids from southern China: Hf and O isotopes in zircon [J]. Earth and Planetary Science Letters, 366: 71 -82.

WELLINGER A, 1990. Psychrophilic methane genetation from pig manure [J]. Process. Biochem. (11): 26 -30.

WIDDOWSON M, WALSH J N, SUBBARAO K V, 1997. The geochemistry of Indian bole horizons: palaeoenvironmental implications of Deccan intravolcanic palaeosurfaces [M] // WIDDOWSON M. Palaeosurfaces: Recognition, Reconstruction and Palaeoenviron mental Interpretation. London: The Geological Society of London: 269 -281.

WIGNALL P B, TWITCHETT R J, 1996. Oceanic anoxia and the end Permian mass extinction [J]. Science, 272: 1155 -1158.

WIGNALL P B, 2001. Large igneous provinces and mass extinction [J]. Earth Science Reviews, 53: 1233.

WOLMAN A, 1965. The metabolism of cities [J]. Scientific American, 213: 179 -190.

WONG L F, TSUYOSHI F, XU K, 2008. Evaluation of regional bioenergy recovery by local methane fermentation thermal recycling systems [J]. Waste Management (28): 2259 -2270.

WOODLAND A B, KOCH M, 2003. Variation in oxygen fugacity with depth in the upper mantle beneath the Kaapvaal craton, South Africa [J]. Earth Planet Sci. Lett., 214: 295 -310.

WOODS A W, 1993. A model of plumes above basaltic fissure eruptions [J]. Geophys Res. Lett., 20: 1115 -1118.

YUKOH S, TAKASHI O, YOSHIAKI H, et al, 2009. Exergy analysis of the demonstration plant for co-production of hydrogen and benzene from biogas [J]. International Journal of Hydrogen Energy (34): 4500 -4508.

ZHANG J, SMITH K R, MA Y, et al, 2000. Greenhouse gases and other airborne pollutants from household stoves in China: a database for emission factors [J]. Atmos. Environ., 34 (26): 4537 -4549.

ZHU J, NDEGWA P M, LUO A, 2001. Effect of solid-liquid separation on BOD and VFA in swine manure [J]. Environ. Technol. (22): 1237 -1243.

ZIELINSKI G A, MAYEWSKI P A, MEEKER L D, et al, 1996. A 110000 yr. record of explosive volcanism from the GISP2 (Greenland) ice core [J]. Quaternary Research, 45: 109 -118.